U0151048

深空探测译丛

让人类重返月球
——阿尔忒弥斯登月计划

The Artemis Lunar Program
Returning People to the Moon

［美］曼弗雷德·"达奇"·冯·埃伦弗里德　著
（Manfred "Dutch" von Ehrenfried）

陈泽煜　崔万照　王瑞　杨兆伦　于晓乐　张雨婷　译

国防工业出版社
·北京·

著作权合同登记　图字:01-2023-0334号

图书在版编目(CIP)数据

让人类重返月球:阿尔忒弥斯登月计划/(美)曼费雷德·"达奇"·冯·埃伦弗里德 (Manfred "Dutch" von Ehrenfried) 著;陈泽煜,等译. —北京:国防工业出版社,2023.9
书名原文:The Artemis Lunar Program:Returning People to the Moon
ISBN 978-7-118-13004-1

Ⅰ.①让…　Ⅱ.①曼…　②陈…　Ⅲ.①月球探索—介绍—美国　Ⅳ.①V1

中国国家版本馆 CIP 数据核字(2023)第 103502 号

First published in English under the title
The Artemis Lunar Program:Returning People to the Moon
by Manfred "Dutch" von Ehrenfried
Copyright © Springer Nature Switzerland AG, 2020
This edition has been translated and published under licence from
Springer Nature Switzerland AG.
本书简体中文版由 Springer 授权国防工业出版社独家出版。

※

国防工业出版社出版发行
(北京市海淀区紫竹院南路 23 号　邮政编码 100048)
北京龙世杰印刷有限公司印刷
新华书店经售
*
开本 710×1000　1/16　插页 4　印张 22¾　字数 396 千字
2023 年 9 月第 1 版第 1 次印刷　印数 1—2000 册　定价 128.00 元

(本书如有印装错误,我社负责调换)

国防书店:(010)88540777　　书店传真:(010)88540776
发行业务:(010)88540717　　发行传真:(010)88540762

序

在阅读本书之前,请先思考这个问题:早在半个多世纪前美国 NASA 的航天员就已经登陆月球并带回了 382kg 的月壤及岩石样品供科学家研究,在之后的 50 多年时间里世界各国均使用无人月球探测器进行探测,那为何美国现在要举全国之力实现重返月球? 将"阿尔忒弥斯"载人登月计划与"阿波罗"登月工程综合比较,究竟有什么不同?

仔细阅读这本书,我们可以发现:借助"阿尔忒弥斯"载人登月计划,美国 NASA 不仅验证了人类在月球上的长期生存的能力基础,航天员将在月球表面及月球附近轨道建造并测试所需的各项技术和产品,更重要的是验证了部分在火星上长期生存所需的能力;同时 NASA 将与国际伙伴开展广泛的国际合作,探索开启商业月球探测的新模式。在本书中介绍的重型运载火箭、"猎户座"载人飞船、月球着陆器、载人月球车、月球轨道空间站等系统,以及原位资源利用技术、月球能源与通信导航技术、人工智能与机器人等技术,不仅可在月球表面和月球附近轨道上进行验证,推动航天科技巨大的进步和跨越式发展,更可为把首批航天员送往火星铺平道路。因此可以说重返月球的"阿尔忒弥斯"时代,不仅仅是为了科学发现,更是试图获取月球探测的商业利益,开启新航天新经济时代,鼓励新一代的航天探险家们赚取红利。

从本书的介绍来看,虽然在未来十年,"阿尔忒弥斯"载人登月计划极有可能将消耗掉 NASA 投在载人航天领域的全部资源,同时挤兑了无人深空探测、空间科学及应用卫星等领域的研究经费。但从长远来看,这个代价终究是值得的,因为那些加入了"阿尔忒弥斯"协定的国家,最终会为了获取登月航天员的一席船票,自觉地承担和容忍重返月球任务实施周期长、任务成本高的风险,同时在地球事务上尽量与美国保持一致态度。这不仅可以保持美国在全球深空探测领域的领导地位,更有助于巩固提升美国在地球上政治活动的话语权和国际影响力。

当前,中国的"嫦娥"月球探测和载人航天工程也走到了十字交叉点,下一步中国的载人月球探测工程该如何实施? 我坚信未来的中国月球探测任务必将在坚持独立自主的基础上,更加的开放和自信,大胆地创新实践,努力实现零的突破。本书的翻译者来自中国空间技术研究院的西安分院,他们不仅具有扎实的航天专业技术功底,更具有广博的国际视野和对前沿科技的敏感性,这恰恰是创新的源泉和有力的保障。因此我相信,这本书的翻译和出版,必将给更多的读者朋友们带来新的启迪和思考。

我长期从事载人航天和月球探测领域的研究工作,我深知像载人月球探测这样的战略性科技工程,需要的是几代人共同的努力,坚持不懈,一棒又一棒地接力下去,最终才能迎来成功和胜利的喜悦,因此我愿意支持年轻的同志们,主动学习、积极实践,为我们共同的梦想贡献力量!

译者序

　　2022 年 11 月 16 日凌晨，在美国佛罗里达州肯尼迪航天中心编号为 39B 的发射台上，矗立着美国新一代重型运载火箭"太空发射系统"，而在火箭的顶部则搭载着美国新一代"猎户座"载人飞船。它们的代号为"阿尔忒弥斯"1 号，即将执行美国新一轮载人登月计划——"阿尔忒弥斯"登月计划的首次无人探测任务。但这并不是这对箭船组合第一次在发射台上进行发射前准备了：同年 4 月，"阿尔忒弥斯"1 号在发射台上进行测试时便遭遇雷击，所幸火箭没有受损；8 月 29 日，"阿尔忒弥斯"1 号在发射台上再遭雷击，发射再次推迟；9 月 3 日，火箭芯级在发射台上突发液氢泄漏，该任务 1 周内第 2 次因故障而中止；9 月 26 日，飓风"伊恩"袭击了佛罗里达半岛，发射台上的"阿尔忒弥斯"1 号被迫再次撤回，发射尝试再次以失败而告终。而这一次，命途多舛的"阿尔忒弥斯"1 号终于得到了命运之神的眷顾。2022 年 11 月 16 日 1 时 4 分，太空发射系统在 39B 发射台上顺利实现点火，载着"猎户座"飞船及多颗立方体卫星义无反顾地奔向太空深处。

　　"阿尔忒弥斯"1 号任务的成功发射，拉开了美国新一轮载人探月行动的序幕。而在 60 年前，美国就已经举全国之力实施了"阿波罗"计划。该计划历时约 11 年，总耗资 255 亿美元，先后共将 12 名宇航员送上了月球表面。"阿波罗"计划不仅在月球表面留下了美国人的脚印和旗帜，还极大地增强了美国的科技实力，为美国后续经济、文化的发展奠定了坚实的基础，也深刻改变了人类的生活。如今人们使用的医用、生活设施，如电子计算机断层扫描、核磁共振扫描成像、微波炉、个人小型计算机,都是"阿波罗"计划的产物。虽然"阿波罗"计划已经让美国人率先踏足月球,但他们并不满足于此。这一次,美国不仅要在月球上留下脚印和旗帜,还要在月球上建立可持续运行的人类行动基地。

而在地球另一侧的东方,中国也实施了自己的探月计划——"嫦娥"工程。按照规划,中国将分三步实现无人月球探测、载人登月以及建立月球基地。如今,中国已经通过"嫦娥"5号实现月壤采样返回,正在大力推进载人登月计划。除了科学研究价值,月球本身在中国文化中就具有举足轻重的地位。中国古代先民根据月相周期变化创造了自己的历法,以指导农业生产;中国古代围绕月亮创造了大量的神话故事,丰富了人民的生活;唐诗是中国古文皇冠上的明珠,而月亮则是唐诗中绘景抒情时最重要的依托对象和图腾。如今,中国人正在奋起实现"奔月"之梦。中国载人航天工程办公室在2023年7月公开了中国载人登月初步方案,计划在2030年前实现载人登陆月球,其后将探索建造月球科研试验站,开展系统、连续的月球探测和相关技术试验验证。

冷寂多年的地月轨道上又迎来了新一轮"高峰期",载人登月的新时代已经来临。美国试图通过"阿尔忒弥斯"载人登月计划的实施重新向世界展示自己在太空领域的领导地位。*The Artemis Lunar Program:Returning People to the Moon* 是介绍美国"阿尔忒弥斯"载人登月计划的一部力作,它涵盖了美国新一轮登月计划的工程规划部署、运载火箭与航天器、着陆器与巡游车、轨道与探测点、乘组选拔与培训、月球基地建设等诸多方面。该书系统全面、内容详尽,不仅为航天工程从业者提供了一份参考手册,也是航天爱好者了解深空探测工程的理想书籍。作者 Manfred "Dutch" von Ehrenfried,长期从事航空航天领域相关研究,作为 NASA 的飞行控制员,参与过"水星""双子星"及"阿波罗"等多项任务,不仅具有丰富的宇航工程经验,近年来还出版了多部有关深空探测的优秀专著。

译者希望通过翻译本书,为我国深空探测事业从业者提供参考,也为广大航天爱好者提供一部了解美国登月工程的书籍。本书是在陈泽煜、崔万照、王瑞、杨兆伦、于晓乐、张雨婷的共同努力下翻译而成。陈泽煜翻译了1~3章、附录1~4，并对本书进行了统稿，崔万照对本书全文进行了审校，倾注了大量心血；王瑞翻译了正文第6章及附录9；杨兆伦翻译了第4、5章及附录5~8；于晓乐翻译了第7、9章及附录11；张雨婷翻译了第8章及附录10。国防工业出版社的编辑团队也对本书提供了大量支持和帮助，在此对他们表示由衷的感谢！本书涉及面广，涵盖了登月工程的各个方面，受限于译者水平，难免有疏漏之处，敬请广大读者不吝批评指正！

月球是一面镜子，通过不断靠近它，人类可以越来越清晰地认识到自己：我们是谁？我们的未来在哪里？我们能去往多远的地方？人类迄今所有的太空探索行动都不是一帆风顺的，"阿尔忒弥斯"载人登月计划虽然变故频发，但仍未能阻挡人类探索未知世界的勇气和步伐。伴随着火箭尾焰的光芒，人类的前途也将一片光明！

译者

2023 年 2 月

题　献

　　本书献给几十年来致力于研究月球数据的科学家、工程师以及学生，其中很多人的整个职业生涯都奉献于此。

　　他们潜心研究来自卫星、"阿波罗"计划中的火箭，以及屈指可数的月表着陆器上的数据。他们从失败的任务中学习经验，他们研究电磁波谱的每一条信息，他们还保存着半个世纪前"阿波罗"宇航员留在月球上的所有实验结果。一些"阿波罗"计划采集到的月球岩石还原封不动地保存着，以供未来的科学家使用比现在更先进的仪器进行分析。我们对邻居月球的所有认知都来自这些人的努力。

　　本书也献给那些曾经指导 NASA 规划的人，无论他们是来自 NASA 咨询委员会、立法委员会、政治家群体、行政机构还是非营利机构。虽然规划和任务的细节是由 NASA 各个工作组制定的，但还有其他一些机构也在指导我们的空间政策，包括各种研究所和非营利组织。特别感谢总统先生对空间探索事业的支持，以及重新设立美国太空委员会，该委员会的支持有助于指导和推进"阿尔忒弥斯"载人登月计划。

　　本书还献给那些将要带领"阿尔忒弥斯"乘组抵达目的地的飞行操作人员。他们是实现我们月球和行星探测梦想的人。在这方面，让我也把这本书献给我的第一位飞行主管克里斯托弗·哥伦布·克拉夫特。虽然他已驾鹤西去，但他为美国航天事业所做的贡献将激励后辈继续为航天事业而奋斗。

　　如果人类下一次登月在 2024—2028 年实现，这将使人类的首次载人火星探测计划在 21 世纪 30 年代末或 40 年代初实施，那么将要执行"阿尔忒弥斯"载人登月计划的宇航员现在大约 40 岁。如果登陆火星的宇航员与今天的宇航克拉夫特（Christopher Columbus Kraft），生于 1924 年，1944 年毕业于美国弗吉尼亚理工学院，后受聘于 NASA 咨询委员会，负责飞行器研究。他曾是"水星"计划、"阿波罗"计划的飞行主管。克拉夫特虽然未曾进入过太空，但登月第一人阿姆斯特朗将他誉为"任务控制中心中枢""掌握美国载人航天飞行的成败的人"。2019 年 7 月 22 日，就在人类首次登月 50 周年纪念日 2 天后，克拉夫特逝世，享年 95 岁。

克拉夫特工作时的照片

员有近似的经历与受教育程度，并且在抵达火星时也是大约 40 岁甚至 50 岁，那么他们现在就已经入学了。如果火星探测任务受阻推迟，那么他们现在可能还是幼童。因此，这本书也献给那些未来的探索者和那些渴望研究、学习、仰望月球，以及对此充满好奇心的人。

致 谢

在我的其他航空航天的专著中,可以引据我个人的经历和过往。而这本书的不同之处在于它所介绍的是一个刚刚启动的航天计划。虽然"阿尔忒弥斯"载人登月计划的一部分项目在多年前就已经开展,但该计划在近年才正式官宣,而第一次发射任务要在 5 年之后了。2014 年,"猎户座"飞船的样机曾经进行过飞行测试,但那也是在"阿尔忒弥斯"载人登月计划正式立项之前了。即使在初始阶段,"阿尔忒弥斯"载人登月计划也是有争议的。争议不在于其科学目的方面,而是在其成本、理念和规划方面。现在可能是写"阿尔忒弥斯"载人登月计划的好时机,因为这个故事的脉络已经零散地出现了,而且正在迅速演变。因此,我要感谢施普林格·普拉西斯出版集团,让我有机会书写人类第二次尝试探索月球的历史序幕。人类的首次登月已经是两代人以前的事情了!

首先对我的提案评审人表示感谢,他们是:来自苏格兰格拉斯哥市的作家和编辑大卫·M. 哈兰德博士;火星研究所所长帕斯卡尔·李博士;来自得克萨斯州休斯敦市的"阿波罗"计划前飞行主管、约翰逊航天中心前主任格里·格里芬;来自得克萨斯州弗兰兹伍德市的前航天飞机飞行主管、载人航天飞行行动协会主席威廉·D. 里夫斯;以及一位不愿意透露姓名的朋友。

其次,非常感谢那些给我机会记述这个载人航天新计划的人们,他们是纽约施普林格出版集团的莫里·所罗门和汉娜·考夫曼,英国奇切斯特普拉西斯公司的克莱夫·霍伍德,以及来自英国吉尔福德的封面设计师吉姆·威尔基。特别感谢大卫·哈兰德,他编辑了我第 1 本和第 6 本由施普林格·普拉西斯出版集团出版的专著本书是第 7 本,也由他编辑完成。6 年来,我们仅仅通过电子邮件联系,我希望有朝一日能当面向他表示感谢。

再次,我要感谢所有那些贡献了数百篇月球科学相关论文的学者,其中许多论文都列在参考文献中。虽然大多数论文的研究领域都集中在月球科学、工程和卫星方面,但它们与月球和火星的探索都紧密相关,因为其研究主题均是空间科学与技术,并且为未来的探索行动增加了基础知识要素。

我在参考文献中还提及了许多其他科学家及其报告。除了科学家的贡献外,我还要感谢维基百科和谷歌的协助。这些帮助使我填补了几乎所有主题的缺失部分,他们的贡献在多个章节中都有体现。特别感谢近年来自"阿尔忒弥斯"载人登月计划宣布以来所有报道航天事业的航天记者。他们对于重大事件的及时报道使本书大受裨益。我还想感谢那些在视频网站上发布视频博客的航天记者和航天爱好者。他们提升了公众对太空探索的兴趣,而且他们往往是第一个报道航天相关事件的人。

最后,我要感谢 NASA 和 ESA 的官方网站及其颇具见地的建议。"阿尔忒弥斯"载人登月计划得到了许多传统航空航天公司的支持,如波音公司、洛克希德·马丁公司和诺斯罗普·格鲁曼公司,也得到了那些在过去 10 年才成立的商业航天公司的支持,如 SpaceX、蓝色起源和毕格罗公司,而它们的网站也为本书提供了大量帮助。参与"阿尔忒弥斯"载人登月计划的数百家公司中,有许多都出现在了本书中,特别是那些研究、设计或提供单元、模块、居住舱、系统和其他方面的公司。

感谢每一位读者,希望你们能喜欢这本书,并将它作为一本方便快捷的参考书。

前　言

我们于 2020 年开启了一项新的空间探测计划,实现让人类重返月球的构想。时至今日我还记得"水星"计划、"双子座"计划、"阿波罗"计划、航天飞机项目以及当时所谓的"自由空间站"工程的启动时刻。但这一次感觉不一样了。像往常一样,声明是相同的:总统雄心勃勃地发表探索太空的声明,并号召这个国家去探索外星球;接着,NASA 的领导向国会提出申请,寻求获得必要的资金。但这一次,国会并没有表现出太大的兴趣,并且几乎在每个主题甚至是空间探索计划都存在分歧。恰逢人类登月 50 周年,民众怀着极大的民族自豪感缅怀这一历史事件。2019 年,NASA 获得了近 20 年来的最高评价。大约 63% 的美国人将 NASA 的表现评为"优秀"或"良好",略高于自 1999 年以来 40%～60% 的评级,这应该有助于 NASA 获得"阿尔忒弥斯"载人登月计划预算的批准。

这一次,在例行公事中有一个微妙的转折:似乎为了使"阿尔忒弥斯"重返月球计划更容易获得批准,NASA 引入了另一个目标——火星,以营造更强的使命感。特朗普总统在 2017 年 12 月 11 日签署的太空政策 1 号指令中写道:"这一次,我们不仅要插上国旗,留下足迹;我们还将为最终的火星任务奠定基础,也许有一天,我们将前往许多更远的世界。"本书将讨论"阿尔忒弥斯"载人登月计划与火星任务的关系,即使"阿尔忒弥斯"载人登月计划本身的成本肯定会在相当长的一段时间内推迟任何实质性的载人探火任务。

虽然"阿尔忒弥斯"载人登月计划的一部分,如运载火箭和载人航天器项目早在十多年前就启动了,虽然最初它们是作为不同计划的主要模块,但是被搁置了，并被重新配置以应对接下来的其他任务——现在的"阿尔忒弥斯"载人登月计划。幸运的是，美国国家航空航天局和航天工业界几十年来一直在研究国际空间站计划。其中许多模块，如栖息地、后勤舱、电力和环境控制系统等，都可以直接应用于"阿尔忒弥斯"载人登月计划。近年来，数以千计的试验和太空探索任务的推进促使"阿尔忒弥斯"登月计划相关模块设计知识的积累与技术水平的提高，包括月球轨道、月面系统以及有效载荷的研究。因此，NASA、美国商业航天工业界，以及我们的国际合作伙伴如 ESA、加拿大、日本和俄罗斯已经准备好并愿意支持"阿尔忒弥斯"载人登月计划。

本书将介绍科学、技术和工程方面的计划，这些计划将支持多次飞行到位于一个名为"门户"的小型空间站，而这个月球空间站位于一个独特的远距轨道上。在准备月面着陆时，航天员将乘坐运输火箭和月球着陆器下降到一个更寻常的近月轨道，并从这里下降到月球表面，再开始执行各种任务。这些任务使用商业航天工业界和我们的国际合作伙伴提供的飞船搭载及预置的科学及物流有效载荷。

这些任务规划概念引起了争议。因此，我关于 Gateway 和"阿尔忒弥斯"载人登月计划利弊的个人看法也包含在本书中。本书还讨论了供电系统、人工智能、机器人、导航、辐射屏蔽、光通信、深空探测等方面的进展。尽管这些项目早在"阿尔忒弥斯"载人登月计划宣布之前就已经启动，但它们是直接适用于重返月球计划的，现在是保障"阿尔忒弥斯"载人登月计划成功必需的。

多年来，科学界举办了许多研讨会，以确定科学研究重点的优先顺序。科学界已经将他们的发现和建议推进到可以提出特定月球探测任务与仪器应用的程度。他们正在开发用于探索月球的有效载荷，并全力支持"阿尔忒弥斯"载人登月计划。最初的计划是在靠近月球南极的、疑似水冰存在地点的附近区域着陆，但长期的目标是探索其他有趣的地方。本书还讨论了月球基地运营以及与计划着陆点相关的问题。

本书讨论了前几个任务的目标,以及 10 年后"阿尔忒弥斯"载人登月计划的目标,这些任务将寻求建立一个可持续的月球行动基地。本书还讨论了诸多探月活动,特别是那些涉及处理月壤以获得氧气、氢气、可呼吸空气及饮用水的活动。只有当宇航员能够从月球上提取可用资源时,一个可持续运营的月球基地才变得可行。在月球上学到的经验将把我们带到火星。

本书将尝试介绍正在计划中的每个元件、运载工具和模块,讨论它们的研究和合同授予。这其中还包括不断发展的商业航天工业界和我们的国际合作伙伴提供的模块。本书将讨论的技术进步超越了新月球探测计划所应用的技术范畴。本书将告诉读者"阿尔忒弥斯"载人登月计划是如何开始的。实际上,它将作为下一个月球探索时代的序幕。

本书附录解释了奇特的新月球轨道、太阳能和核电系统、先进技术,尤其是一位名为阿尔忒弥斯的女性神话人物,还包括对过去和现在宇航员的讨论,以及对宇航员的选择和火星任务时间的预测。为了增强整体视觉呈现效果,本书附带 100 多幅彩色图像、数小时的视频链接和相关参考资料。在阐述当前的月球探索梦想时,我增加了一丝谨慎和希望,同时也加入了一点现实主义(毕竟,我切身经历了近 60 年的太空探索事业及其起起落落)。我希望读者喜欢这本书,并在其作为了解这个项目多年来发展过程的参考。

目 录

第1章
绪论

2019 年,我们举行了纪念首次载人登月 50 周年庆典,并展望了未来的深空探测与重返月球。必须铭记的是,人类在月球上逗留的总时间只有大约 11 天,其中宇航员在月球表面的舱外活动时间仅有 80 小时。虽然我们知道如何着陆月球以及返回地球,并在月球表面展开了大量科学实验,带回了 382 千克的月壤样品以供科学家研究,但这些已经是半个世纪前的事情了。而这就是我们知晓的有关载人探月的全部信息。我们还通过绕月卫星及月球着陆器获得了大量月球知识。距离人类上次登上月球已经过去了整整两代人的时间,人类对于重返月球的渴望,让我们步入了现在这个时刻:一个可能存在但仍不确定的重返月球的机会,这一次探月任务将有希望建立一个月球行动基地。

"阿尔忒弥斯"载人登月计划(The Artemis lunar program)是一项新的载人航天计划,由美国国家航空航天局(National Aeronautics and Space Administration,NASA)、美国商业航天工业界,以及我们的国际合作伙伴——欧空局(European Space Agency,ESA)、加拿大、日本及俄罗斯共同发起。中国也可能参与,因为中国现在拥有一颗在月外拉格朗日 L2 点轨道运行的航天器知识链接：

这颗航天器指"鹊桥"中继卫星，是中国首颗，也是世界首颗地球轨道外专用中继通信卫星，于2018年5月21日在西昌卫星发射中心由"长征"4号丙运载火箭发射升空。"鹊桥"中继卫星由中国航天科技集团第五研究院研制。作为地月通信和数据中转站，"鹊桥"可以实时地把在月面背面着陆的"嫦娥"4号探测器发出的科学数据第一时间传回地球，具有重大的科学与工程意义，也是人类探索宇宙的又一有力尝试。

（见知识链接）。它作为中国在月球远地点着陆器的信号中继站，也可能在某些情况下被用来实现与门户空间站（gateway）的数据中继。门户空间站即一个小型的月球空间站，运行在一个很特别的新月球轨道上，该轨道位于地球和月球之间的拉格朗日L1点，称为"近直线晕轨道"（Near Rectilinear Halo Orbit，NRHO）。现在的目标是在2024年实现"第一个女性与下一个男性"着陆位于远地点的月球南极艾特肯盆地。但是，这个目标容易引起误解，因为艾特肯盆地直径大约为2500km，深度为13km，所以它也是太阳系已知的最大撞击坑之一。"阿尔忒弥斯"载人登月计划最初的探测目的地位于月球南极艾特肯盆地边缘处，那是一个可以同时直视地球和门户空间站的位置。

NASA对于"阿尔忒弥斯"载人登月计划立项的依据之一是登月任务积累的经验将会有助于火星探测任务。正如NASA局长詹姆斯·布林登斯汀（Jim Bridenstine）所言："月球只是试验场，火星才是目的地。"他于2019年10月在华盛顿特区举行的第70届年度国际天文学大会上发言的主旨"从月球到火星"已成为美国探月计划的主题。甚至构想独立于"阿尔忒弥斯"载人登月计划的火星探测活动，对于"阿尔忒弥斯"载人登月计划研发的技术以及从探月活动中积累的经验也持开放态度。探月计划与探火计划之间存在着直接的联系：太空发射系统（space launch system，SLS）、"猎户座"（Orion）载人飞船、综合发射设施、深空跟踪和通信设备，以及任务控制中心和配套的科学设施等其他系统。无论目的地在宇宙的任何位置，离开地球都无法离开这些基础设施。

2019年，NASA制订了一个"名义上的"计划，即到2024年让人类重返月球，并在2028年前实现人类在月球表面的可持续活动。这项计划涉及了37次发射任务,其中有8次借助SLS,其余的为商业运载火箭。计划还包括了接近50个模块、太空舱、载具、着陆器及巡视器。作为比较,在1962—1972年差不多的时间周期里,NASA在"阿波罗"登月计划中仅仅规划和部署了两种土星运载火箭、两种指令舱、两种登月舱以及一种月球车。而且建设了支持这些任务所需的所有地面基础设施。然而,"阿波罗"登月计划并没有打算为月球基地的建设铺平道路,它是一项"远征"任务,主要受登月舱所限,宇航员在月面的活动被限制在3天以内。当然,那是一个非同寻常的时代,登月任务具有强烈的紧迫感。"阿尔忒弥斯"载人登月计划正在规划一种可持续的"地—月"联通能力和持续的月面探索行动。长期愿景是建立一个月球基地,支撑月球探测并进行科学、工程以及潜在的深空探测应用运营调查,尤其是火星探测。也曾有人从这些尝试中寻找商业应用的可能性。

在古希腊的宗教和神话中,阿尔忒弥斯(Artemis)是掌管狩猎、荒野、野生动物、月亮以及贞洁的神。她是宙斯和勒托的女儿,阿波罗的孪生妹妹(有一种说法是她是阿波罗的姐姐,而非双胞胎)。也许这就是NASA希望有女性宇航员参与这项新计划的原因之一。毫无疑问,女性在航天飞机以及国际空间站项目中已经证明了她们的价值。不幸的是,在美国第一个空间探测计划——"水星"计划(Project Mercury),将女性排除在外。第一位登上月球的女性将成为新太空探索时代的阿尔忒弥斯。但是,她的宇航服不会配备弓箭与箭袋,而是舱外活动(extra-vehicular activity,EVA)工具和地质锤。

虽然"阿尔忒弥斯"载人登月计划的惯性轮正在朝"月球门户"(Gateway to the Moon)旋转,但存在一些内置摩擦可能会对此惯性轮的全速前进造成阻碍。相比于直接飞向月球,还存在一些关于月球门户空间站需求的讨论。一些人设想的登月计划被称为"打了类固醇的阿波罗"。也就是说,利用更大、更强性能的着陆器直接登月,不仅要在月面停留更长时间,还要逐步建立供人类在月球持续生存的基础。

NASA对"阿尔忒弥斯"载人登月计划的概念有如下表述:

(1)展示未来太空探索(包括火星探测)所需的新技术、能力及商业方法;

(2)确立美国在月球上的战略存在及领导地位,同时扩大美国在全球的经

知识链接：

类固醇是一种广泛分布于自然界的化合物，也可通过人工合成，一些种类的类固醇可作为激素刺激肌肉和力量的增长，被健身爱好者用来增加肌肉围度和增强力量。此处指与"阿波罗"飞船外形相似但推力、尺寸更大的新型航天器。

济影响力；

（3）扩大商业和国际伙伴关系；

（4）激励新一代并鼓励他们从事科学、技术、工程和数学（Science，Technology，Engineering and Mathematics，STEM）领域的职业。

很明显，不是必须有一个在轨运行的门户空间站才能完成其中任何一项任务，通过直接抵达月面的发射任务即可实现上述所有目标。有人认为，需要通过门户空间站来演示地外栖息地和其他相关技术，但相比于月球轨道，这些技术在地球轨道上更容易验证。在过去的 20 年里，这一直是国际空间站（International Space Station，ISS）扮演的角色。目前，已经有超过 230 位宇航员进入过 ISS。ISS 项目已经提供了多种新的出舱活动工具以及改进宇航员生存与生命支持系统的新方法。在那里开展的数百项工程和科学实验提高了多个学科的技术水平，这些技术将应用在"阿尔忒弥斯"任务的相关设计中。我们已经知道如何利用空间站在太空中生存和工作，以及创造重返月球所需的软、硬件条件，但不知道如何在月球上生活和工作。

事实上，如果美国现在还拥有类似"土星"5 号的超级重型运载火箭，NASA 就可以避免"阿尔忒弥斯"载人登月计划中所有的复杂设计而实现直接登月，毕竟"土星"5 号可将重近 50t 的载荷运送到跨月注入轨道。但"土星"5 号早在阿波罗时代就退出了历史舞台。1973 年，"土星"5 号的最后一次发射将太空实验室空间站送入了地球轨道。由于缺乏与之相当的运载能力，任务规划者必须秉持利用较弱的运载火箭来完成发射任务的运营理念，特别是 SLS 以及还在稳定发展的商业火箭。

　　严格来说,没有必要利用 SLS 向月球运送有效载荷,事实上 SLS 也不太可能被用于直接向月球运送有效载荷,运载火箭、货物和居住舱等硬件将外包给商业航天供应商。SLS 将预留给面向门户空间站的飞行任务。宇航员将在门户空间站换乘转运飞行器和月面着陆器,月面着陆器由降落级和上升级组成,这一架构与"阿波罗"登月舱类似。转运飞行器的作用是从遥远的晕轨道过渡到近距离的月球轨道,以便安排宇航员降落到月球表面。转运飞行器在本书成稿时仍处于竞争性规划及预研阶段。

　　目前,NASA 已经不再拥有 20 世纪 60 年代"阿波罗"登月计划时期的预算水平,即能达到国家预算总额的 4.3%,因为当时世界正处于冷战的紧迫状态。如今国防需求的强烈紧迫性已经不复存在,NASA 只能从国家预算中获得约 0.5% 的份额来支持他们所有项目——大约只有过去的 1/8。NASA 在 2020 财年总体预算请求最初增加了 16 亿美元,其中 1/3 用在了研发进度落后且超预算的 SLS 项目,其余的则被用于"猎户座"飞船、载人着陆器、机器人和门户空间站。时任副总统彭斯(Pence)和 NASA 局长詹姆斯·布林登斯汀都大力推广采用门户空间站路线的"阿尔忒弥斯"载人登月计划。虽然有一些反对的声音,但"阿尔忒弥斯"载人登月计划已悄然开启。

　　本书涵盖了门户空间站和预计 10 年后将在月球表面开展的活动;还介绍了商业登月有效载荷服务活动以及它们在"阿尔忒弥斯"载人登月计划中扮演的角色,包括宇航员、载具和科学有效载荷。虽然 NASA 一直在大力宣传"阿尔忒弥斯"载人登月计划与火星探测计划的关系,但这一理念主要还是来自特朗普(Trump)总统在 2017 年 12 月 11 日发布的总统太空政策 1 号指令(President's Space Policy Directive 1),即号召 NASA"与供应商和国际合作伙伴共同领导一个创新、可持续的探索计划,使人类能够在太阳系内进行探索,并将新的知识和机遇带回地球"。这将使政府、私营企业和国际社会的力量共同组织起来,使人类重返月球,并为未来人类的太空探索奠定基础。正如特朗普总统所说:"这一次我们将不仅仅是在月球表面插上星条旗、留下我们的脚印,我们将为最终的火星任务奠定基础。也许有一天,我们还会踏足其他更多的星球。"

　　事实上,门户空间站计划中从来没有将任何飞行器送至火星的规划,甚至是"阿尔忒弥斯"载人登月计划版本的"猎户座"飞船也无法完成这样的征途。

若要实现如此漫长而艰巨的旅程,它将不得不接受大规模的改装。从门户空间站出发或采用其他类似的方式前往火星并不是必要的。NASA 做出如此模糊且颇具误导性声明的动机是,我们将从"阿尔忒弥斯"载人登月计划中学习经验,可能还会有一些技术转化。从新一轮登月计划的实施中吸取的经验教训将用于最终火星任务的规划部署。

本书将介绍为实现火星着陆可能开展的活动,无论是否涉及门户空间站,已经投入的研究、科学、技术以及工程等方面的努力将同时为探月和探火任务提供支撑。独立于"阿尔忒弥斯"载人登月计划的人工智能、机器人、导航、辐射材料、跟踪与通信及其他方面的工作正在不断取得进展。

科学家已经在月球和火星表面部署了有效载荷,并计划建设可协助宇航员开展实验及监测实验进度的科学操作中心,就像他们为 ISS 上的宇航员做的那样。科学家已经为"阿尔忒弥斯"载人登月计划设计了多个实验、仪器及有效载荷,绝大多数将在月球南极艾特肯盆地附近的月球表面上实施,这里也是寻找可利用水冰的焦点地带。虽然这些传感器和仪器用于特定任务,但其基础技术可能适用于多个领域。随着时间的推移,月球探索将从一个位置迁移到另一个位置,这是一个不争的事实。

同样地,有些项目是任何太空任务都必需的,这些项目将同时适用于月球和火星。还有一些正在开展的项目是火星任务独有的,如更强大的栖息地和后勤舱、转移推进级以及转运载具。"阿尔忒弥斯"载人登月计划的初始经验有望为后续更复杂的任务提供技术和运营经验,包括未来的火星探测计划。

火星探测任务涉及超远距离的航行以及可能在火星表面展开的作业活动,导致任务的时间周期过长,这要求对宇航员的身心健康不得不投入足够的关注。虽然国际空间站和"阿尔忒弥斯"载人登月计划都可能有商业宇航员参与,但"阿尔忒弥斯"载人登月计划的首次登月人员大概率会由 NASA 派遣。之后,NASA 或其国际合作伙伴会派出第二批登月的宇航员。接着,其他国家将希望分享与其投资水平和参与程度相称的荣誉。

本书将讨论商业航天产业与 NASA 的伙伴关系对于"阿尔忒弥斯"载人登月计划的重要性。书中将介绍他们规划的运载火箭、栖息地和后勤舱,以及月球着陆器。书中将讨论科学家的角色,包括他们规划的研究和实验。其中,

NASA 的研究将涉及先进技术以及他们能提供的模块和设备,包括了最先进的供电系统、导航与精确着陆、深空追踪与通信、月面电力系统以及其他一系列进展。此外,书中还介绍了迄今为止 NASA 以及商业航天工业界针对宇航员的挑选和培训,以及他们在该计划中可能扮演的角色。同时还讨论了 NASA 和商业载人航天使用加压服的类型及应用的最新进展。

计划中存在一些潜在的问题,如"猎户座"飞船只有短短 21 天的续航能力,缺乏胜任第一次飞行任务中交会对接操作的能力。同时还需要对载人或无人的门户空间站开展长时间的连续监测,因为初次任务可能要持续 1 年左右的时间。另外还有一个纲领性问题,即 NASA 称他们想去月球南极的艾特肯盆地,但这个盆地位于月球的背面,且此处地貌极度崎岖,会带来潜在的着陆问题。由于卫星在轨侦测的结果显示,在环形山的阴影地带存在永久性的水冰,因此月球南极具有如此大的吸引力。NASA 计划将着陆点设在月球南极艾特肯盆地的边缘,除了可以获得水冰资源外,还带来两个好处:一是在许多环形山边缘的高处,太阳能系统可以持续地接收阳光照射;二是此处具有地球的视线,从而可以实现与地球的直接通信。提供载人和有效载荷着陆器设计的同行竞争正在上演,其他模块的设计也是如此。关于可发射到月球上的有效载荷数量,有一个重要的事情还悬而未决,即探索上面级(exploration upper stage,EUS)的支持资金并不稳定。如果要赶上已经发布的进度,那么 SLS 先进上面级的筹备情况将会引起质疑。事实上,SLS 的 BLOCK2 型火箭能否在 10 年内面世目前还值得商榷。

虽然特朗普政府对于推动人类深空探测事业表现出的积极性有希望占据先机,但整个航空航天领域对于能否在 2024 年实现载人登月的可能性存有怀疑,毕竟这个时间节点纯粹是政策性的。本书将从正反两个方面讨论"阿尔忒弥斯"载人登月计划的广泛争议。

本书末尾的附录为"阿尔忒弥斯"载人登月计划的初始动机及其诞生过程提供了更详细的背景信息,涉及新的晕轨道、太阳能电力推进系统和霍尔效应推进器技术的讨论,同时还包括阿尔忒弥斯的历史、她历代以来的影响以及她与新登月计划的关系。毕竟,弄清本计划名称的意义是很重要的。本书还包括了对宇航员遴选历史的讨论以及对未来火星宇航员组成的预测。历史时间线可以将整个事情置于客观视角。书中有超过 100 张图片和长达数小时的视频链接为计划中的登月之旅提供补充说明。参考文献提供了更详细的报告和相关研究的链接。

第2章
"阿尔忒弥斯"载人登月计划概述

2.1 NASA 的概念

在庆祝人类首次登月 50 周年之际,美国开始着手构建让人类重返月球的太空计划。就连 1972 年在月球表面发表最后讲话的吉恩·塞尔南(Gene Cernan)也没想到,美国会花费这么长时间才再次计划返回月球。实际上,根本没有人知道到底要花费多长时间。如今,NASA 表示,美国将在 2024 年再次派送宇航员登上月球,但这一说法值得怀疑。人类正处在下一个 10 年的开端,而让人类重返月球的最新概念仍处于争论中。20 世纪的最后 30 年已经成为历史,多位美国总统对其他载人航天计划(如航天飞机和国际空间站)发出了象征性的号召。与此同时,科学家将机器人派送到太阳系内的天体上,发现了至今仍让人类感到惊讶的奇妙之事。目前,国际空间站已经在轨运行 20 年,它可能会被售卖、捐赠,甚至可能坠入大气层而销毁。但人们希望它的服役期可以延长,因为它仍然有很多用处。美国是如何沦落到这一地步的呢?

几十年来,人类尝试利用机器人登月已经超过 140 次了,不管他们宣称的目的是什么,其中多半任务都成功了,但只有 3 个国家实现了月球软着陆,首先是苏联,美国紧随其后,最近一次是中国。2019 年初,中国成为第 1 个实现在月球背面着陆的国家。此后不久,以色列成为第 7 个将探测器送入月球轨道的国家,但探测器在尝试着陆时不幸坠毁。同年,印度也发射了轨道飞行器和着陆器,但着陆器在高速飞行时由于发动机故障而坠毁。美国派出了 7 名"阿波罗"宇航员着陆月球,其中只有阿波罗 13 号未能完成任务。此后,再没有其他国家将人类送上过月球,甚至再没有其他国家尝试过这一壮举。事实上,这是一项由 40 万人精心策划的人类成就,而其中许多人现在已经去世。

1994 年,"克莱门汀"(Clementine)号探测器成功地用紫外和红外光绘制了月球表面的地图,让人们了解了月球地壳的组成。它还利用无线电波对月球表面进行了侦测,结果显示,在月球两极的一些环形山表面上可能会存在水冰,这一发现在 1999 年的月球探测任务中被证实。2009 年,人们通过月球勘察卫星获得了月球的高分辨地图,发现月球表面上存在超低温(约零下 238℃)。人们对月球的兴趣正在升温,即使现在已经降温。月球上随时获取的水冰可能会在很多方面改变我们月球基地的运营方式。

与此同时,时任美国总统乔治·W. 布什(George W. Bush)在 2004 年号召将人类再次送上月球,随后是火星。星座计划(Constellation Program)旨在实现由时任 NASA 局长肖恩·奥基夫(Sean O'Keefe)领导的太空探索构想(vision for space exploration)项目所确定的目标。奥基夫的继任者迈克尔·格里芬(Michael D. Griffin)下令进行全面的回顾总结,称为"探索系统体系结构研究"(exploration systems architecture study),这是为了重塑 NASA 实现太空探索构想目标的方式。2005 年,

乔治·W. 布什,1946 年 7 月 6 日出生于美国康涅狄格州,第 43 任(第 54~55 届,2001—2009 年)美国总统,常被称为"小布什"。1967 年乔治·W. 布什从耶鲁大学毕业后加入了国民警卫队的空军,并从少尉升至中尉。1975 年,乔治·W. 布什获得哈佛商学院工商管理硕士(MBA)学位后开始从事得克萨斯州的石油产业。1989—1994 年乔治·W. 布什担任得克萨斯州游骑兵棒球队总经理。1995—2000 年乔治·W. 布什担任第 46 任得克萨斯州州长。

乔治·W. 布什

NASA 授权法案正式确定了其研究结果,该法案要求 NASA 构建人类在月球上的可持续存在,包括一个强有力的先驱计划以推进探测、科学、商业等方面的发展,以及巩固美国在太空中的领导地位,同时对未来开展火星及其他星球探测奠定基石。不久,修改后的"星座"计划启动,该计划首先将宇航员送往国际空间站,然后送往月球、火星和其他目的地,但这是 18 年前的计划了。

2009 年,美国奥古斯汀委员会(Augustine Committee)确定,如不能大幅增加资金支持力度,星座计划将无法继续实施。作为回应,奥巴马(Barack Obama)总统于 2010 年 2 月 1 日在年度财政预算通过之际宣布取消星座计划。随后,他在 2010 年 4 月 15 日由肯尼迪航天中心(Kennedy Space Center)主办的一次重要太空政策演讲中宣布修改了该提案,该计划最终在 2010 年 10 月 11 日由奥巴马签署的《2010 年 NASA 授权法案》取消。月球已然不在讨论之列,但 NASA 将继续开发一种重型运载火箭,当时称为"阿瑞斯"(Ares),现在称为"太空发射系统",将继续使用"猎户座"飞船。"猎户座"飞船的原型设计至少可追溯到 2006 年,使用了星座计划的多用途载人飞行器(multi-purpose crew vehicle,MPCV)概念。但是,除了月球和火星,这艘飞船还能去哪呢,如果去探访一颗小行星呢?

小行星重定向任务也称为"小行星回收与利用任务"或"小行星倡议",是由 NASA 在 2013 年提议的。不幸的是,多年来科学家仍未能找到一颗合适的小行星。合适的小行星需要离地球足够近,以便宇航员及时抵达,因为"猎户座"飞船只能支持载人深空航行 21 天,而这一限制至今仍然存在。因此,NASA 推断,由于缺乏足够的预算及适用的运载工具,在 2025 年前美国无法将人类送至小行星上。相关研究虽然持续了多年,但到了 2017 年这个计划被废止。基于这一现状,这一次我们又要失望了? 或者这仅仅是一个政党对投资太空探索的看法?

在位于美国得克萨斯州休斯敦市(Houston)的约翰逊航天中心(Johnson Space Center),任务规划者利用来自 NASA 其他研究中心的信息设计出了月球门户空间站的概念。NASA 已经知道如何设计和建造一个空间站,因为在地球轨道上就有一个正在运行的空间站。门户空间站的概念暂时解决了 NASA 的政策和技术问题,为 NASA 及其承包商提供了一个工作目标。门户空间站被设计成只需要借助 80t 运载能力的 SLS 就能进入月球轨道。目前,商业航天工业界还不具备这种能力,尽管他们的绘图板上有一些设计方案将很快与之匹配,甚至超越 SLS。即使是现在,一些现有火箭也能将大重量的有效载荷送入近地轨道(low earth orbit,LEO)。它们需要的只是一个额外的推进装置,以提供要抵达月球轨道所需的速度增量。但是,如何将宇航员和有效载荷送到月球表面(简称月面)?月面是科学家设想的目的地,但他们不一定关心如何到达月面。月球科学家不介意登上一辆公共汽车,拿着一张转乘车票,以便带着仪器到达他们想去的目的地。事实上,许多人并不一定在意车上是否有宇航员,机器人就可以满足需求。

在没有明确项目支持的情况下,SLS 运载火箭和"猎户座"飞船的开发与测试从未间断,尽管它们未来的目的地只有一个——月球。现在,"阿尔忒弥斯"载人登月计划赋予了它们新的使命。特朗普当选总统后不久,1993 年解散的美国国家太空委员会(National Space Council)又于 2017 年 6 月 6 日在副总统彭斯的领导下重新组建。2017 年 12 月,总统太空政策 1 号指令明确使用"阿尔忒弥斯"一词来规划国家太空政策的方向。

2018 年 4 月 18 日,国会确认詹姆斯·布林登斯汀为新的 NASA 局长,并于 5 月 2 日发布了一份 NASA 门户空间站备忘录(NASA Gateway Memorandum for the Record),副标题为"NASA 关于月球轨道门户平台合作与开发的声明"(A statement from NASA regarding partnerships and development of the Lunar Orbital Platform-Gateway)。匪夷所思的是,新局长的官方备忘录中并没有提到"阿尔忒弥斯"这个词。它从领导层的角度强调了门户空间站,并简要描述了它的功能、体系结构、容量和合作伙伴。这份声明只有两页半的篇幅,见附录 3。

随着时间的推移,SLS 及"猎户座"飞船的相关研制工作还在继续进行。即便有很大的优势,SLS 也没有准备好首飞。它的首飞原定于 2017 年完成,但现在看来似乎要到 2021 年才能实现(实际上,SLS 在 2022 年 11 月 16 日才实现首

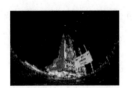
飞,详见知识链接)。SLS 和"猎户座"飞船的开发都受到了成本超支与进度延误的困扰,这使它们遭受了大量的批评。人们认为,NASA 应该依靠已经成功发射且更便宜的商业火箭,NASA 甚至考虑过用商业火箭发射"猎户座"飞船实施绕月飞行,例如,太空探索技术公司(SpaceX)的"猎鹰"重型(falcon healy)火箭或联合发射联盟(United Launch Alliance,ULA)的德尔塔Ⅳ重型(Delta Ⅳ heavy)火箭(在 2014 年搭载"猎户座"飞船进行了首次探索飞行测试)。但最终 NASA 坚持使用 SLS 来完成发射任务,理由是更换运载火箭会使任务变得复杂。尽管存在争议,但考虑到已经花费的资金和政治因素(这些设备制造商所在州的政治家的影响力),SLS 和"猎户座"飞船项目注定不会被废除。

附属于 NASA 人类探索行动委员会的顾问委员会对"阿尔忒弥斯"载人登月计划的定义如下:

(1)"阿尔忒弥斯"载人登月计划分为两个阶段,且这两个阶段的工作都已经展开。第一阶段为 2019—2024 年,将专注于建设支持人类半个多世纪以来再次实现登月的系统,如图 2.1 所示。第一阶段包括在逆行轨道上进行的第一次航天器无人试飞,如图 2.2 所示。SLS 和"猎户座"载人登月的首次发射称为"阿尔忒弥斯"1 号(Artemis 1)任务,原计划于 2020 年底发射,实际发射日期为 2022 年 11 月 16 日。

(2)第二阶段是到 2028 年,拥有在月球及其周围建立可持续人类存在必需的能力,如图 2.3 所示。NASA已经开启第二阶段任务的准备工作,将聚焦于月球表面栖息地、机动能力以及原位资源利用(in-situ resource utilization, ISRU)等技术。在第二阶段任务中,"阿尔忒弥斯"2号(Artemis 2)将搭载一名乘员进行一次绕月飞行。这项任务原计划于2022年完成,但因为"阿尔忒弥斯"1号任务已经延期,"阿尔忒弥斯"2号也将延期。这将是人类首次在高椭圆轨道上绕月飞行。门户空间站的动力推进模块原计划于2022年底交付,随后是加压舱。加压舱具有足够的承载能力,让执行"阿尔忒弥斯"3号(Artemis 3)任务的宇航员能够乘坐它并转移到载人着陆系统,从而降落到月球南极。

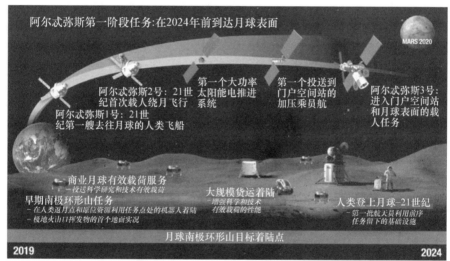

图2.1　(见彩图)"阿尔忒弥斯"载人登月计划第一阶段:
到2024年着陆月球表面(图片由NASA提供)

(3)第三次飞行任务被命名为"阿尔忒弥斯"3号,目前定于2024年发射,如图2.4所示。它将运送1名宇航员前往门户空间站,然后通过目前尚未定型的着陆器降落到月球表面。毫无疑问,这个着陆器会被另一个希腊神话名字命名,但不能以阿尔忒弥斯的女儿命名,因为她从未结婚,也没有孩子。如果"阿尔忒弥斯"3号按计划在2024年登月,那么这个时间点已经距离人类首次登月过去了55年,距离人类最后一次登月52年了。

为了在如此紧迫的时间内完成整个"阿尔忒弥斯"载人登月计划,NASA需要大幅增加资金投入。白宫要求2020财年在NASA常规预算之外再追加16亿

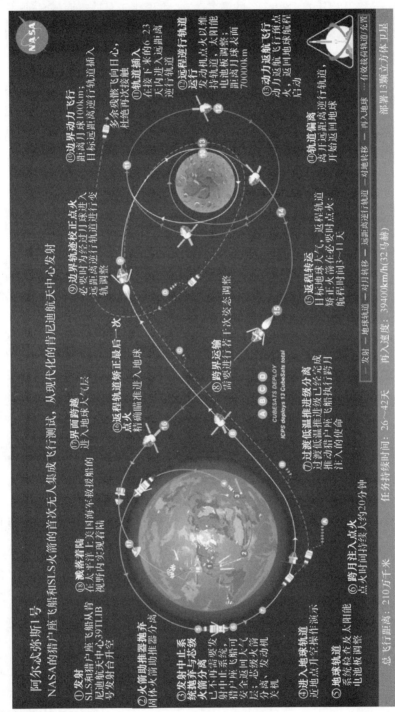

图 2.2 （见彩图）"阿尔忒弥斯"1号：无人驾驶飞行综合测试（图片由 NASA 提供）

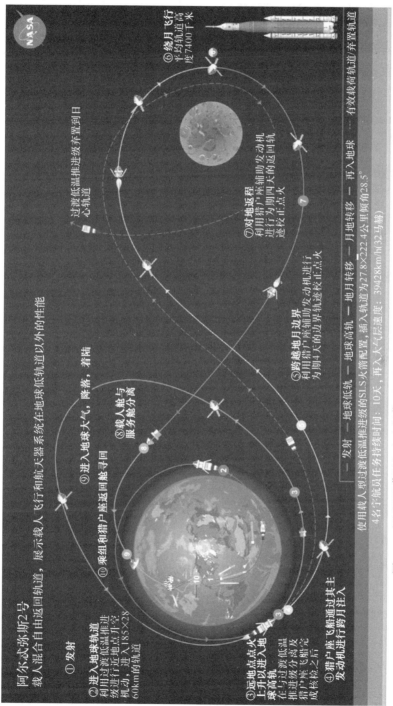

图2.3 （见彩图）"阿尔忒弥斯" 2号：载人混合自由返回轨道（图片由 NASA 提供）

发射 — 地球低轨 — 地球高轨 — 地月转移 — 跨越地月边界 — 绕月飞行 — 对地返程 — 月地转移 — 再入地球 — 有效载荷轨道弃置轨道

使用载人型过渡低温推进级级的SLS火箭配置，插入轨道为27.8×222.4公里倾角28.5°
4名宇航员任务持续时间：10天，再入大气层速度：39428km/h(32马赫)

图2.4 "阿尔忒弥斯"3号:载人的"猎户座"飞船接近门户空间站(图片由 NASA 提供)

美元,以资助"阿尔忒弥斯"载人登月计划。据估计,除了 NASA 的常规年度预算之外,整个"阿尔忒弥斯"载人登月计划在未来5年内还需要额外投入200亿~300亿美元的资金。NASA 不得不依靠商业航天工业界来提供部分开支。不过,在推动和营销这种规模的项目方面有很多先例。

由于"阿尔忒弥斯"载人登月计划是一个载人登月的任务,与"阿波罗"计划在诸多方面存在相似之处,尤其是在它的初始阶段。美国再一次处于人类太空探索的关键决策时刻。NASA 前首席航天史学家、作家罗杰·D. 劳纽斯(Roger D. Launius)博士研究过这段历史,特别是与"阿尔忒弥斯"载人登月计划规模近似的大型、高投入项目的营销史,总结出有且仅有五个主题可有效证明大规模航天工程的合理性,具体如下:

①科学发现和技术开发;

②国家安全和军事应用;

③经济竞争力和商业应用;

④人类命运与物种生存;

⑤国家信誉与地缘政治。

五个主题的具体方面随着时间推移而不断调整,但它们仍然是航天事业具有显著意义的唯一理由。

如果这个分析是正确的,那么"阿尔忒弥斯"载人登月计划就可以清楚地声明上述5个主题。尽管美国不再与俄罗斯处于冷战状态,但俄罗斯和美国之间仍然存在价值观与思想观念的冲突。"阿波罗"计划直接推动了军事技术的发展,"阿尔忒弥斯"载人登月计划也可能如此。技术转移明显体现在运载火箭、卫星、硬件、软件和其他诸多技术上。因此,毋庸置疑的是"阿尔忒弥斯"载人登月计划遵循了营销一个人类重大航天计划包含的5个主题。

从宏观的角度来看,该项目的进展显得岌岌可危,任何重大失误都可能给该计划造成严重麻烦。再加上关于重返月球计划总体方案的争议、一些人对探索火星的渴望以及残酷的美国政治,"阿尔忒弥斯"载人登月计划将会数以年计地被推迟。

2.2 单元总结

虽然"阿尔忒弥斯"是整个计划的名称,但它包括了多种运载工具、着陆器,以及仪器和实验有效载荷。表述构成门户空间站的部件使用的术语一般是"单元",即使它们可能是载具、模块或其他更常见的术语。这个术语也经常用于SLS和"猎户座"飞船。以下是它们在2019年底取得进展的总结,更多细节详见第4章。

2.2.1 太空发射系统

SLS现在已经为公众所熟知,而且已经被讨论了10年之久。时至今日,它仍然存在诸多争议,主要是因为它使用了"传统"技术,如航天飞机的主发动机及固体火箭助推器,这些运载工具已经利用改进的制造方法进行了升级(使用了旋转摩擦焊接工艺的芯级和现代航空电子设备的发动机)。

1. SLS芯级

2019年11月6日,NASA宣布与波音公司达成一项协议,波音公司将为"阿尔忒弥斯"载人登月计划生产10个芯级(core stage)和8个探索上面级(Exploration Upper Stages,EUS)。根据该协议,NASA最多可以再订购10个芯级。

2019年9月19日,NASA完成了芯级的主要结构部件组装。位于洛杉矶新奥尔良(New Orleans)的米秋德装配厂(Michoud Assembly Facility)将发动机安装到之前装配的结构中完成了芯级的构建。芯级是运载火箭的中心部分,包含两个巨大的液体燃料罐。燃料罐的高度约65m、直径8.4m,用以储存低温的液氢和液氧以及容纳为芯级 4 个 RS-25 发动机提供动力的其他系统。芯级还搭载了控制火箭飞行的计算机和多个航电设备。

2019 年 11 月 14 日，NASA 位于马歇尔太空飞行中心（Marshall Space Flight Center，位于美国亚拉巴马州亨茨维尔市）的系统集成实验室（Systems Integrations Laboratory）获得了 SLS 芯级飞控计算机和航电设备测试资格的认证。这需要工程师对运载火箭极端复杂的飞控软件和航电硬件系统进行全面的实时仿真模拟。

NASA 已经授权波音公司，提供了启动资金，以开始第三个芯级的生产工作，同时开始长周期材料的专项订购和提高成本效益的批量采购，以支持未来芯级的建造。这使波音公司能在 2024 年按时完成"阿尔忒弥斯"3 号芯级的制造，尽管 NASA 还在与波音公司谈判以便在未来敲定完整合同的细节。

2. SLS 芯级点火试验

2019 年 10 月，SLS 正在为"绿色运行"（green run）的芯级点火试验做准备。发射的前 8min 将从芯级与固体火箭助推器开始，产生 4000t 的推力从而将"猎户座"飞船发射到月球。将要进行测试的芯级高达 65m，这是 NASA 迄今为止建造的最高火箭单级。NASA 将在位于密西西比州斯坦尼斯航天中心（Stennis Space Center）的 B-2 测试台上对其进行"绿色运行"测试，还包括其他多项持续数月的测试。图 2.5 是位于斯坦尼斯航天中心 B-2 测试台上的 SLS 芯级模型"探路者"号。术语"绿色"指的

知识链接：

美国东部时间 2021 年 3 月 18 日，SLS 芯级"绿色运行"系列测试的最后一次测试在斯坦尼斯航天中心成功完成，工程师启动了芯级所有的电源系统，并启动了 4 台 RS-25 发动机，以模拟芯级在发射过程中的运行状态。

图 2.5 位于斯坦尼斯航天中心 B-2 测试台上的 SLS 芯级模型"探路者"号

（图片由 NASA 提供）

是将为芯级提供动力而协同工作的新硬件。"运行"是指首次同时运行所有组件。许多方面的测试都将是首次开展的，如给芯级加注燃料和加压。测试序列的最后是启动全部 4 台 RS-25 发动机，以测试发动机、燃料箱、燃料管路、阀门、增压系统和软件是否都能正常运行。虽然火箭的设计是为了适应不同的任务目标，但芯级的设计基本保持不变。"绿色运行"验收测试将使 NASA 确信火箭可按照预期反复运行。

芯级囊括了先进的航电设备,数千米长的线缆、推进系统和两个巨大的存储罐。存储罐将总共容纳 2930000L 的液氧和液氢,以供 4 台 RS-25 发动机产生足够的推力,从而将"阿尔忒弥斯"1 号运送至地月轨道空间。

在斯坦尼斯航天中心,芯级测试程序的第一步是将芯级安装在测试台上;第二步是工程师对所有部件逐个进行一系列的测试和功能检查,以确定是否存在问题。这一系列的测试将以 8min 的点火测试为高潮,模拟首次飞行计划中的点火、升空和发动机关闭的整个过程。测试结果也将提供重要的数据,以明确当燃料从推进剂存储罐中耗尽时系统是如何反应的。这将是芯级从顶部航电设备到底部发动机的首次全面运行。

系列测试是多个 NASA 场地与中心、项目组和承包商之间的协同工作。整个芯级是在米秋德装配厂建造,该装配厂还为马歇尔太空飞行中心提供了用于结构测试的样机。一旦马歇尔测试团队验证了火箭芯级的结构完整性,"绿色运行"就会证明芯级的所有部件和系统可正常运行。斯坦尼斯航天中心翻新了历史悠久的 B-2 测试台。长期以来,该测试台一直用于测试多个项目的多型火箭级,包括 20 世纪 70 年代的土星 5 号和航天飞机推进系统。

一旦芯级的测试完成,整个芯级将被再次检查,必要时进行翻新,然后运往 NASA 位于佛罗里达州的肯尼迪航天中心执行"阿尔忒弥斯"1 号发射任务。它的发动机将在下一次升空时发出轰鸣。

2019 年 8 月 23—24 日的一段延时摄影视频显示,斯坦尼斯航天中心的工作人员正在演练起吊和安装芯级"探路者"号。该模型依照 SLS 芯级的尺寸和重量制作的复制品,能帮助工作人员练习起吊和安装技术,并为后续的飞行阶段测试打下基础。

3. 固体火箭助推器

NASA 和 Orbital ATK 公司(现在称为 Northrup Grumman Innovation Systems)进行了 SLS 固体火箭助推器的第二次和最后一次资质试验(发动机资质 2 号测试)。2016 年 6 月 27 日,火箭助推器在地面上保持水平位置,在美国得克萨斯大学海角(Promontory)分校的沙漠中运行了整整 2 分钟。

这是大型五段助推器获准在 SLS 上应用之前的最后一次关键测试,当时的目标是在 2020 年或 2021 年底进行首次发射,搭载无人驾驶的"猎户座"飞船实施绕月着陆任务,其最初称为"探索任务"1 号(Exploration Mission 1),现在是"阿尔忒弥斯"1 号。

SLS 双助推器的建造很大程度继承了航天飞机的技术。航天飞机使用了四段助推器,但为了飞越地球轨道,SLS 需要五段更大的助推器。为现有的航天飞机固体火箭增加第五段助推器需要进行全面的热分析和结构分析,并进行新的测试。

第二次资质发动机测试(发动机"资质"1 号测试已于 2015 年点火试验,如图 2.6所示)建立在之前三次点火试验的基础上。测试完成后,最终评审将宣布重新设计的助推器可以用于飞行任务中。虽然航天飞机的助推器在完成飞行任务后可重复使用,但 SLS 将以完全一次性配置飞行,任务完成后助推器将被抛入大海,尚无回收和重新使用的计划。

图 2.6 SLS 固体火箭助推器点火资质鉴定试验(图片由 NASA 及 Orbital ATK 提供)

Orbital ATK 公司利用其库存的航天飞机助推器为 SLS 建造了固体火箭助推器。因此,"资质"2 号测试中发动机使用的助推器原型不仅已经随航天飞机完成了 40 次飞行任务,而且额外通过了 7 次静态测试。仅有一个新的尾部强化部件在此前没有经历过飞行任务。

与航天飞机使用的助推器相比,五段式固体火箭助推器可提供的总冲量提升了25%。除了增加一个芯级外,还做了一些改进,例如增加了现代航电设备和新的绝缘材料,取代了航天飞机固体火箭助推器笨重的石棉绝缘材料,质量减轻了约860kg。总体而言,用于SLS的五段式固体火箭助推器长度为53.95m,直径为3.71m,质量为72.6726t。发动机外壳由12.7mm厚的钢材制成,各个部件通过现场接头匹配,该现场接头由柄脚和U形夹组成,使用插销固定。每个管段内单个柱形单元之间的接头称为工装接头,并采用相似设计。接头由O形环密封,带有泄漏检查端口以验证组装后密封环的完整性。

发动机资质2号测试具有82项特定的测试目标,这些测试通过高速摄像机、温度压力传感器、应变计、位移传感器、电气传感器和一系列其他传感设备收集的数据来实现,以全面了解助推器在时长126s的运行期间内所有系统的性能。特别值得关注的是,从航天飞机版本升级到SLS配置的系统,如新的绝缘材料、推进剂衬层和重新设计的喷口,将增加助推器结构的坚固性。

由于每个固体火箭助推器可为SLS提供1500t的最大推力,这对助推器总共能为SLS火箭提供75%的总发射推力,它们将与芯级的4台RS-25发动机一起运行,而这4台发动机继承使用了航天飞机的外部燃料舱。总的来说,SLS将拥有4000t的推力,并能够在最初的Block 1型配置中将95t的载荷送入近地轨道,随后的Block 2型的有效载荷运送能力将增加至131t。

2019年6月8日,诺斯罗普·格鲁曼(Northrop Grumman)公司完成了第二枚SLS全部10个助推器动力部件的铸造及推进剂填充,并计划将其用于"阿尔忒弥斯"2号的发射任务。

4. RS-25发动机

2019年6月27日,"阿尔忒弥斯"1号的最后4台RS-25发动机从斯坦尼斯航天中心运送到米秋德装配厂。11月6日,芯级发动机组的安装工作完成。在11月剩下的时间里,来自NASA和洛克达因(Aerojet Rocketdyne)公司的技术人员对飞行计算机、航空电子设备与电气系统进行了综合功能测试,这些测试贯穿了高 65m 的芯级,为在著名的斯坦尼斯航天中心 B-2 测试台进行的"绿色运行"资质鉴定试验做准备。4 台 RS-25 发动机将不间断点火运行 8.5min,提供 900t 的推力。图 2.7 展示了 1 台 SLS 芯级 RS-25 发动机在斯坦尼斯航天中心点火测试时的情况。配备双固体火箭助推器后,芯级在发射时将提供总计 4000t 的推力。

图 2.7　SLS 芯级 RS-25 发动机在斯坦尼斯航天中心点火测试(照片由 NASA 提供)

5. SLS 运载能力

这里将讨论进入月球轨道的不同火箭型号,如表 2.1 和表 2.2 所列。建议牢记它们的运载能力。

表 2.1　不同 SLS 型号对于不同轨道的运载能力

SLS 型号	有效载荷质量/t		
	LEO	TLI	TMI
Block 1	95	26	
Block 1B	105	40	
Block 2	131	约60	约45

注意:过渡低温推进级是 Block 1 号有效载荷的一部分,探索上面级计划安装在 Block 1B 型及 Block 2 型火箭上,见 4.5 节。

表 2.2　不同 SLS 型号的总质量及推力

SLS 型号	总质量/t	发射/运行总推力/t
Block 1	2608	4000
Block 1B	2700	4000
Block 2	2900	5400

其他型号运载火箭相关参数如表 2.3 所列。

表 2.3　其他运载火箭的质量及推力

火箭型号	总质量/t	发射/运行总推力/t
"宇宙神"5 号(Atlas V)	591	564
"德尔塔"4 号重型(Delta IV Heavy)	735	964
"阿丽亚娜"6/2 号(Ariane 6/2)	532	1045
"猎鹰"重型(Falcon Heavy)	1423	2332
"猎鹰"超重型(Falcon Super Heavy)	5000	7230
"新格伦"号(New Glenn)	N/A	1750
"欧米伽"号(OmegA)	N/A	1545
"伏尔甘半人马座"(Vulcan Centaur)	547	1850
"土星"5 号(Saturn V)	2955	3455

从这些型号参数的比较中可以发现:①现有商业运载火箭的运载能力无法与 SLS 匹敌;②SLS 与"土星"5 号的运载能力均弱于未来的"猎鹰"超重型运载火箭。"猎鹰"超重型火箭值得我们期待。

024

6. 带有上面级的商业运载火箭

目前,存在一些观点,即利用如"德尔塔"4 号重型或"猎鹰"重型运载火箭等商业火箭来发射"猎户座"飞船,将其在近地轨道上与上面级对接后再前往月球。这将需要两次发射,一次用于"猎户座"飞船,另一次用于与"猎户座"飞船对接的上面级,二者在轨道对接后再向月球进发。这一替代方案无益于 SLS 技术的发展,也可能与计划进度或预算不符。截至 2019 年 11 月底,这一方案并未被采纳和执行。

2.2.2 "阿尔忒弥斯"1 号"猎户座"飞船

2004 年 1 月 14 日公开的载人探索飞行器(Crew Exploration Vehicle,CEV)作为空间探索计划中的一个构想,是"哥伦比亚"号航天飞机失事 1 年后开始研发的。之后,它被改为"猎户座"CEV,并用于星座计划。图 2.8 展示了"阿波罗"飞船和"猎户座"飞船的主要区别。2011 年,该计划终止后,飞船的开发工作继续进行,现已纳入"阿尔忒弥斯"载人登月计划中。

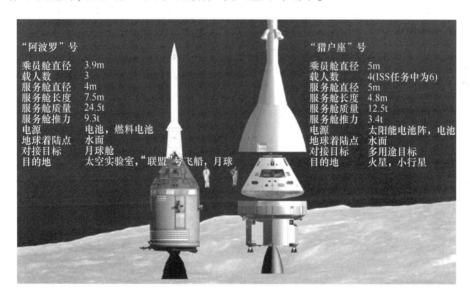

图 2.8 "阿波罗"飞船和"猎户座"飞船主要区别的对比(图片由 AmericaSpace 提供)

近 10 年来,"猎户座"飞船已经通过多次评估和测试,并为整个航天领域所熟知。这里只列出关于"猎户座"飞船重要的测试事件。图 2.9 为"阿尔忒弥斯"1号"猎户座"飞船于2019年7月进行测试时的照片。

图2.9 "阿尔忒弥斯"1号"猎户座"飞船于2019年7月的测试(图片由NASA提供)

2010年5月6日,NASA开展了一项名为"紧急中止"1号(pad abort 1)的飞行试验,测试了为"猎户座"载人飞船设计的发射中止系统(abort system)。这项测试在新墨西哥州拉斯克鲁斯(Las Cruces)附近的陆军白沙导弹靶场(Army's White Sands Missile Range)进行。发射终止系统于当地时间早上7时点火,飞行持续了约135s,直到乘员舱降落在发射台以北1.6km处。

这是为发射中止系统设计的第一次完全集成测试。总共3台发动机参与了测试。1台中止系统发动机产生了227t的瞬时推力,推动乘员舱离开发射台。它总共运行了大约6s,但最大冲量出现在前2.5s。乘员舱在最初3s内速度达到了大约716km/h,在上升轨道中的最高速度为867km/h,高度约为1.9km。姿态控制发动机与中止发动机同时点火,使用8个推进器操纵火箭,产生高达31kN的推力。它提供可调推力,从而使乘员舱稳定在受控的飞行路径上,并在中止系统烧毁时重新为火箭定向。抛弃式发动机是 3 台受测发动机中唯一一台用于常规火箭发射的发动机,它将整个发射中止系统从乘员舱中拉出。在抛弃式发动机脱离后,乘员舱启动了回收降落伞系统,该系统牵引乘员舱以 26km/h 的速度着陆,着陆点距离起点约 1.6km。本次测试取得圆满成功。

"猎户座"项目办公室位于得克萨斯州休斯敦的 NASA 约翰逊航天中心,是发射中止系统测试团队的领导机构。系统开发由位于弗吉尼亚州汉普顿(Hampton)的兰利研究中心(Langley Research Center)牵头,与位于阿尔卑斯州亨茨维尔的马歇尔航天中心合作。兰利研究中心设计并提供了用于飞行试验的乘员舱样机。

位于加利福尼亚州爱德华兹的 NASA 德莱顿飞行研究中心[Dryden Flight Research Center,现为尼尔·A. 阿姆斯特朗飞行研究中心(Neil A. Armstrong Flight Research Center)]与科罗拉多州丹佛市(Denver)的洛克希德·马丁(Lockheed Martin)公司合作,为乘员舱的集成做好了准备,并领导了白沙导弹试验场的飞行试验火箭集成。洛克希德·马丁公司是 NASA"猎户座"飞船的总承包商。NASA 白沙测试中心负责测试场中发射任务及相关设施的设计、建设和管理,以及集成和发射筹备团队的人事安排。

洛克希德·马丁公司领导的专业团队开发了发射终止系统。轨道科学公司[Orbital Sciences Corporation,现为诺斯罗普·格鲁曼创新系统公司(Northrop Grumman Innovation Systems)]负责相关设计、开发和支持工作,犹他州马格纳(Magna)市的 ATK 公司开发了中止和姿态控制发动机,加利福尼亚州萨克拉门托(Sacramento)市的喷气飞机(Aerojet)通用公司提供了抛弃式发动机,新泽西州莫里斯镇(Morristown)的霍尼韦尔(Honeywell)公司提供了机载中止控制序列和惯性导航的航电设备。

1. 飞行试验

"猎户座"飞船的第一次主测试是由联合发射联盟的"德尔塔"4 号重型运载火箭在佛罗里达州卡纳维拉尔角空军基地 37 号航天发射场发射,测试时间为 2014 年 12 月 5 日。图 2.10 为"德尔塔"4 号重型火箭搭载"猎户座"飞船 1

号进行飞行测试的发射过程。需要说明的是,该运载火箭只能将 28t 载荷送入近地轨道,或只能将 10t 载荷送入地月转移轨道,而 SLS 的运载能力则是该火箭的近 3 倍。4.5h 后,"猎户座"乘员舱溅落在圣地亚哥西南 965km 的太平洋上。

在无人测试期间,飞船两次穿过地球范艾伦带,在那里经历了长时间的辐射,最终到达地球上方 5800km/h 的高度。当飞船进入大气层时,它的速度达到了 32187km/h,外层温度高达 2204℃。试验测试了隔热板、航电设备、降落伞、计算机和关键的飞船分离操作,并运行了多个至关重要的"猎户座"乘组安全保障系统。乘员舱在 2019 年被翻新,且被命名为"中止上升"2 号(Ascent Abort −2)。

2. 降落伞鉴定最终试验

2018 年 9 月 12 日,NASA 完成了复杂的飞船降落伞系统的最后一次测试,以满足载人飞行要求,这是将人类送上月球及其他星球征途上一座重要里程碑。在亚利桑那州陆军尤马试验场进行的 8 次试验中,工程师研究了"猎户座"飞船降落伞系统在正常着陆情况、故障情况和各种潜在空气动力学条件下的性能,以确保宇航员能够从深空安全返回。

该系统包含 11 个降落伞、一系列类似炮弹的弹伞筒、爆破断线钳和长超过 48km 的凯夫拉(Kevlar)线,将测试舱顶部连接到 3344m^2 的降落伞伞盖材料上。在回到大气层内并下降 10min 后,各个系统必须按顺序精确展开,从而将猎户座乘员舱

知识链接:

溅落是指物体从高空落入江河湖海中,特指宇宙飞船及人造卫星等返回地球时按计划降落在预定海面上。

从大约482km/h的速度降至相对缓和的32km/h，以便降落在太平洋上。降落伞系统是唯一必须在半空中自行展开的系统，并且必须能够在发生多个故障情况下确保乘组人员的安全，例如，弹伞筒故障导致单个降落伞无法展开或织物部件故障的情况。

在最后一项测试中，一个"猎户座"飞船模型被从一架C-17飞机的货舱中拖出，飞机的飞行高度超过10km。"猎户座"飞船顶部覆盖降落伞系统的保护环被第一套降落伞拉开并抛弃，接着剩余的降落伞按照预定顺序精确展开。

3. 发射中止系统

2019年7月2日，NASA成功演示了"猎户座"飞船的中止系统。一台翻新的"和平卫士"（Peacekeeper）火箭发动机从佛罗里达州卡纳维拉尔角空军基地的第46号航天发射场升空，携带一个配备发射中止系统的"猎户座"乘员舱模型，执行了一项名为"中止上升"2号（Abort Ascent 2）的任务。起飞50s后，控制系统在接近9500m高度和1500km/h的速度下启动了发射终止系统。发射中止系统使用了3套发动机，将"猎户座"飞船从助推器上拉开，为乘员舱重新定位后自行分离。在这次测试中，试飞的"猎户座"飞船是实际飞船的"简化版本"，与实际飞船的质量和尺寸相同，但没有内部子系统。这个模型没有收回的必要，因此没有配备降落伞。图2.11为在肯尼迪航天中心进行的"猎户座"飞船发射中止系统"中止上升"2号试验。

"和平卫士"洲际弹道导弹

图 2.10　搭载"德尔塔"4 号重型火箭搭载"猎户座"1 号飞船
飞行测试发射过程(图片由 NASA 提供)

　　"中止上升"2 号试验旨在模拟 SLS 运载火箭上升过程中最极端的气动压力条件,称为"最大 Q"(Max Q)。它规定发射终止系统在某些限定条件下运行,以安全地携带"猎户座"离开故障的运载火箭。2010 年进行的发射台中止测试为此系统设置了另一个限定条件。在"中止上升"2 号上运行发射终止系

图 2.11 在肯尼迪航天中心进行的"猎户座"飞船发射中止系统"中止上升"2 号试验

（图片由 NASA 提供）

统的版本将与未来"猎户座"飞船载人飞行中使用的版本相同,即从"阿尔忒弥斯"2 号任务开始。

2.2.3 动力推进模块

2017 年 11 月,作为下一阶段空间探索技术合作伙伴（next space technologies for exploration partnerships）发布广泛机构公告（broad agency announcement）的一部分,NASA 选择了 5 家公司对门户空间站的动力推进模块（power and propulsion element,PPE）开展研究:

（1）得克萨斯州帕萨迪纳市的波音公司;

（2）科罗拉多州丹佛市的洛克希德·马丁公司;

（3）弗吉尼亚州杜勒斯市的轨道 ATK 公司（现在的诺斯罗普·格鲁曼公司）;

（4）科罗拉多州路易斯维尔市的内华达山脉公司;

（5）加利福尼亚州帕洛阿尔托市的劳拉空间系统。

新的动力推进模块是一个功率 50kW 的太阳能供电（solar electric power,

SEP）系统，用于未来的阿尔忒弥斯载人任务，将利用 NASA 的空间技术任务总局（Space Technology Mission Directorate）开发的先进太阳能电力技术。该研究的总体目标是了解早期 SEP 供电任务的概念与 NASA 深空门户空间站概念的额外要求之间驱动技术的差异。

动力推进模块是由喷气推进实验室（Jet Propulsion Laboratory，JPL）在已取消的小行星重定向任务（asteroid redirect mission）期间所开发。最初的概念是利用一个机器人和高性能太阳能电驱动航天器，从小行星表面取回一块数吨重的巨石，并将其送入月球轨道开展研究。当小行星重定向任务于 2017 年被终止时，太阳能供电系统被重新用于当时被称为"门户"的月球轨道平台项目（Lunar Orbit Platform-Gateway）。动力推进模块将实现航天器对整个月球表面的到访，并为来访的飞船提供"太空拖拽"服务。它还将作为门户空间站的指挥和通信中心。

动力推进模块的质量为 8~9t，可通过太阳能供电系统为离子推进器提供 50kW 的功率，同时可利用化学推进的方式提供补充动力。当时的计划是在 2022 年通过一枚商业火箭发射，实际上，截至本书出版时，该模块还未发射。2019 年 5 月，NASA 与马克萨科技（Maxar Technologies）公司签订了制造该模块的合同，该模块还将基于马克萨公司的 1300 系列卫星总线为空间站供电。马克萨公司获得了一份价值 3.75 亿美元的固定价格合同来建造动力推进模块。NASA 正在为动力推进模块提供 S 波段通信系统，以提供与邻近运载火箭之间的无线连接，同时提供适用于门户空间站未来应用舱的被动对接适配器。该合同包括不确定交付与不确定数量部分，最高总金额为上述的 3.75 亿美元。在 12 个月的基本执行期后，将分别有一个时长 26 个月的方案、一个时长 14 个月的方案以及两个时长 12 个月的方案。动力推进模块的设计将在基本执行期完成，之后执行的方案将用 1 年的时间来实现动力推进模块的开发、发射和在轨飞行演示。在此期间，动力推进模块将完全归马克萨公司所有并由其运营。若演示验证的结果令人满意，NASA 就有权选择购买该动力推进模块作为门户空间站的第一个模块。NASA 原定目标是在 2022 年底采用商用火箭发射动力推进模块。图

2.12 为动力推进模块概念图。

合同授予马克萨公司后不久,NASA 任命前宇航员肯·波尔索克斯(Ken Bowersox)为主管人类探索与运营业务的副局长,他一上任便立即提出重新审查动力推进模块设计的可行性。

图 2.12　动力推进模块概念图(图片由 NASA 提供)

更多细节与图片详见第 4 章。

2.2.4　居住舱设计现状

2019 年,NASA 在 6 家美国公司建造的独特设计、全尺寸深空居住舱原型机中开展了一系列地面测试。这些原型机分别从不同的角度展示了宇航员如何在门户空间站上生活和工作,而门户空间站为月球表面探测及科学技术验证提供了关键的平台。

NASA 并未打算选择一个居住舱原型机开展在轨测试;相反,在地面进行测试将有助于评估未来门户空间站栖息地模块的设计标准、通用接口及要求,并降低最终飞行系统的风险。

马歇尔·史密斯(Marshall Smith)说:"制定这些试验是为了让 NASA 同步

比较美国工业界的不同创新概念。"马歇尔·史密斯是 NASA 华盛顿总部人类月球探测项目的负责人，"虽然我们在采购居住舱时不会规定具体的设计，但由于我们从这些测试中获取的知识，在进行采购时承担的潜在风险将会小得多"。

为了进行这些测试，NASA 组建了一个团队，团队成员来自 NASA 及美国相关工业界。工程师和技术人员分析了每个居住舱概念预计的功能与性能，而人因工程团队则考虑布局和人体工程学，以优化效率和性能。在测试过程中，约翰逊航天中心未来的门户飞行操作员能够从每个原型机收集实时遥测数据流。当宇航员在每个居住舱原型机内执行程序时，飞行操作员将监控居住舱的性能并支持实际的任务活动，从未来门户乘组的角度出发提供观点和意见。

除了物理外壳，各公司还为其原型机配备了在深空探险中支持人类所需的基本必需品，具有代表性的有环境控制和生命支持系统、航电设备、睡眠区、运动设备和公共区域。

下一代居住舱开发工作始于 2015 年，4 家公司完成了为期 1 年的概念研究。这为 2016—2018 年的原型机开发奠定了基础，这些概念由 5 家公司提供，即洛克希德·马丁公司、诺斯罗普·格鲁曼公司、波音公司、内华达山脉公司和毕格罗航天公司（Bigelow Aerospace）。纳诺拉克斯公司（NanoRacks）提供了概念研究大纲。

NASA 宇航员迈克尔·格恩哈特（Michael Gernhardt）是该机构居住舱原型机系列测试的首席研究

知识链接：

人因工程学是一门以心理学、生理学、解剖学、人体测量学等学科为基础，研究如何使人-机-环境系统的设计符合人的身体结构和生理心理特点，以实现人、机、环境之间的最佳匹配，使处于不同条件下的人能有效地、安全地、健康和舒适地进行工作与生活的科学。因此，人类工效学主要研究人的工作优化问题。——中国朱祖祥教授主编的《人类工效学》

员,他说:"这种方法为我们在最终飞行版本开发之前的设计、建造、测试和完善工作预留了足够长的时间。我们正在使用这种'运行驱动工程'的方法,以便尽早了解我们需要什么来完成任务,从而降低风险和成本。"使用这种方法,门户空间站的建设者、运营商和未来用户可以通过合作更早、更全面地对概念进行评估,从而帮助 NASA 尽快推进阿尔忒弥斯载人登月项目。

更多相关细节信息与图片见第4章。

2.2.5 人类着陆系统

在阶段1,人类着陆系统的任务主要聚焦于上升阶段、降落阶段以及转运模块。门户空间站的工作重点是建立可容纳2名宇航员在2024年实现着陆月球表面所需的最低配置。目前,NASA的设想是将门户空间站基础型号作为2024年远征月球表面的集合点,但它也必须为未来探索月球及周围空间提供支撑。NASA 首选的概念研究倾向于三级着陆系统,该系统利用门户空间站来降低后续任务的重量和成本,并推动探测任务的可持续发展。尽管如此,NASA 仍然对其他概念研究持开放态度,美国工业界可以自由提出替代的着陆系统。例如,波音的概念研究并没有使用转移火箭。

从最初的方法研究中获得了一些关键信息。NASA 对几个着陆器的结构选择开展了调查研究。鉴于实际需求,单级着陆器被认为是不可行的,因此该计划继续保留两级、三级方案。目前,该计划正在考虑一个三级方案,因为它可以被配置在商业火箭中。三级方案的选项增加了合作机会。两级概念仍在发挥作用,并且可能被应用在不同的轨道中。

因此,载人着陆器是真正登上月球所需的最关键部分,但对于 NASA 来说其仍然没有确定的方案。NASA 目前还没有决定由哪家商业航天公司来开发相关硬件。同时,NASA 希望为"阿尔忒弥斯"载人登月计划设计两种着陆器。2019年4月,洛克希德·马丁公司公布了关于月球着陆器的想法,该想法对"猎户座"载人飞船的设计产生了显著影响。2019年5月,蓝色起源(Blue Origin)公司发布了其"蓝月"(Blue Moon)概念,该公司在过去3年中一直致力于蓝月计划,并在6月对其计划用于阿尔忒弥斯项目的发动机进行了点火测试。

通常情况下,当 NASA 指派承包商设计大型硬件时,NASA 对设计工作有很大的控制权,并监管大部分生产过程。但最近 NASA 一直在尝试一种新的经营方式,让这些公司对自己的建造过程有更多的掌控。NASA 只需要给一家公司提供资金来开发飞行器即可,飞行器由该公司负责设计,而 NASA 保持较小的参与度,这种模式称为"固定价格合同"。这与 NASA 在其商业载人和货运项目中所使用的模式相同。在该项目中,SpaceX 及波音等公司开发了向国际空间站运送宇航员补给的系统。

NASA 分别于 2019 年 7 月 19 日和 8 月 30 日发布了草案,鼓励各公司发表有助于形成合作伙伴关系的意见。草案发布之后,NASA 向业界发出了最终号召。在收到了上千条反馈后,NASA 取消了工业界认为可能会阻碍项目进展速度的要求,但保留了 NASA 提出的所有人身安全措施。例如,有业内人士表示,交付大量正式技术报告将导致公司花费大量资源,并产生过多的进度风险。考虑到这一点,NASA 设计了一个非正式的考察模型,用于访问承包商的关键数据,同时最大程度节省管理开销。因此,NASA 将所需合同交付物的数量从 116 项减少到了 37 项。

NASA 最初要求人类着陆系统可以重新补充燃料,以确保更加可持续的探索架构。然而,多家公司对这一要求表示担忧,因此 NASA 同意取消这一要求。这使业界能够更灵活地处理可持续性的根本属性——长期承受能力。为着陆器重新补充燃料需要从月球表土中提取推进剂,这在项目早期是不可行的。

NASA 预计将向工业界颁发多个奖项,以开发和演示人类着陆系统。第一家造出着陆器的公司将在 2024 年把宇航员运送到月面,接着第二家供应商将在 2025 年实现月面着陆。

着陆系统的开发提案于 2019 年 11 月 1 日到期,但该截止日期延长至 2019 年 11 月 5 日。本书第 4 章提供了关于人类着陆系统的更多细节。

2.3 争议

在新的太空计划开始时,通常是拥有最高地位、最强财力和最高话语权的一方获胜。一个很好的例子是,肯尼迪总统和同期的国会决定在绕地飞行之前就登上月球,而当时美国还在筹备绕地飞行计划,美国人起初都惊讶于肯尼迪总统发出的登月号召。但在经历一番思考后,人们认为登月是可行的。"阿尔忒弥斯"载人登月计划立项之初,美国正处在时任总统特朗普和时任副总统彭斯希望在他们任期内让美国人再次登上月球的时刻。但国会内部分歧严重,加上当时的国债情况,深空探测可获得的资金支持力度远没有肯尼迪时期的大。现在,在拥有了半个多世纪的太空探索经验后,已有很多知识渊博的人能够对提议的方法给出合理的反对意见。一些能力强、具备话语权的人毫不留情地表达自己的观点。以下是支持和反对 NASA 目前的空间探索路线,特别是"阿尔忒弥斯"载人登月计划的论点。

2.3.1 支持意见

1. NASA 官方

2019 年 7 月 19 日,特朗普总统在椭圆形办公室合影纪念"阿波罗"11 号登月 50 周年。他花了很多时间质疑政府对于人类深空探测活动的政策。在一些 NASA 官员、月球车项目参与者和立法者的包围下,特朗普反复询问 NASA 局长詹姆斯・布林登斯汀,为什么宇航员不能直接前往火星而是首先要前往月球。

"他们的说法是要到达火星必须先着陆月球。有没有不着陆月球就直接前往火星的方法,有没有这种可能?"特朗普问道。

布林登斯汀回答说:"月球是前往火星的试验场,可以让 NASA 测试延长人类在火星上生存时间所需的技术。当我们前往火星时,我们必须在那里待很长一段时间,因此我们需要学习如何在另一个世界生活和工作。"

特朗普政府宣称人类探索深空的目标是登月。特朗普总统在 2017 年 12 月签署的太空政策 1 号指令是将人们送至月球,从而在那里建立一个可持续的存在:"从地球近地轨道以外的任务开始,美国将带领人类重返月球以进行长期探索和月球资源利用,后续是前往火星和其他目的地。"

特朗普问"阿波罗"11 号宇航员迈克尔・柯林斯(Michael Collins)有何想法,柯林斯回答道:"直达火星。"根据这个计划,NASA 将完全绕过月球,直接前往火星。

"在我看来,应该直达火星,"特朗普答道,"我的意思是,有谁能比这些专家了解得更清楚呢?他们做这件事已经很长时间了。直达火星的路线如何?"

布林登斯汀解释说："挑战在于,如果我们直接前往火星,将会有很多我们还没有证实的事情。"他接着解释说："月球表面含有水冰,这些水冰可以被开采并转化为火箭燃料,NASA 需要在其他星球上提取类似资源的实践经验,因为火星探测任务可能依赖火星表面原位资源的利用。"

"所以你觉得真的必须先登上月球,搞明白一些事情,然后准备发射,……你的计划实际上是从月球发射到火星?"特朗普问道。

"思考这个问题的最佳方式,"布林登斯汀回答说,"是我们学习如何在月球上生活和工作,但我们是从一个绕月轨道的空间站发射到火星,这个空间站我们称为'门户',它让我们能够着陆月球。"

2. 国家太空委员会

时任美国副总统彭斯于 2019 年 3 月 26 日在阿尔卑斯州亨茨维尔举行的国家空间委员会第五次会议上发表了以下讲话,表明了政府对登月计划的立场,尽管没有提及阿尔忒弥斯的名字。

我在这里代表总统,告知马歇尔太空飞行中心的女士们和先生们以及全体美国人民,在美国总统的指示下,本届联邦政府的既定政策是在未来五年内让美国宇航员重新登上月球。

正如局长今天将要讨论的,为了取得成功,我们必须把重点关注于任务本身而不是途径。你必须考虑每一个可用的选项和平台来实现我们的目标,包括工业界、政府和整个美国航天企业界。

我们必须明白事情的紧迫性。我们必须在未来 5 年内实现让 1 名美国宇航员重返月球的目标。

为了开发这些新技术,NASA 必须在采购、合同和合作伙伴关系方面的工作上同舟共济。如果一家商业公司能够以比现有水平更快的速度和更低的成本向纳税人交付火箭、月球着陆器或其他任何功能模块,那么 NASA 需要有权利和勇气迅速果断地改变方向以实现这一目标。

在 2019 年 8 月 20 日举行的国家太空委员会第六次会议上,副总统彭斯引用特朗普总统的话如下:

正如他所说,我们将"自 1972 年以来第一次将美国宇航员送回月球,并进行长期的探索和活动,不仅是为了插上我们的旗帜、留下我们的脚印,我们将在那里为最终的火星任务奠定基础。"

副总统继续讲道:

今年早些时候,特朗普总统把2024年前重返月球写入了本届政府的政策规划,并确保下一位登上月球的男性和第一位登上月球的女性是美国人。我在这个房间里看到的支持不仅来自全国参与伟大航天事业的人们,还来自各行各业的普通美国人,这让我相信我们即将开始恢复美国在航天领域的领导地位。

很明显,国家太空委员会是推动 NASA 人类探索计划的最高级别组织,将采纳"阿尔忒弥斯"载人登月计划的路线。

3. NASA 咨询委员会

人类探索与运营委员会是 NASA 咨询委员会的常设委员会,其主要业务是支持 NASA 管理机构、人类探索与运营任务部以及 NASA 其他各个任务理事会的咨询需求。该委员会的工作范围包括 NASA 所有与人类探索和运营相关的计划、项目、活动与设施。NASA 咨询委员会的成员如下。

- 维恩·海勒(Wayne Hale)先生,委员会主任;
- 南希·安·布登(Nancy Ann Budden)女士,国防部部长办公室特别行动技术主任;
- 焦立中(Leroy Chiao)博士,NASA 前宇航员和国际空间站指挥官;
- 史蒂芬·康登(Stephen "Pat" Condon)博士,航空工业顾问,奥格登航空后勤中心、阿诺德工程开发中心和空军武器实验室前指挥官;
- 露丝·G. 卡塞塔·加德纳(Ruth G. Caserta Gardner)女士,NASA 肯尼迪航天中心工程和技术理事会技术副主任;
- 汤米·霍洛韦(Tommy Holloway)先生,前航天飞机和国际空间站项目经理;
- 迈克尔·洛佩兹·阿莱格里亚(Michael Lopez-Alegria)先生,NASA 前宇航员,美国海军退役舰长,商业航天联合会主席;

- 鲍勃·西克(Bob Sieck)先生,前航天飞机发射总监。

- 詹姆斯·沃斯(James Voss)先生,NASA 前宇航员,美国陆军退休上校,科罗拉多大学博尔德分校航空航天工程系学者;

- 马克·麦克丹尼尔(Mark McDaniel)先生,麦克丹尼尔律师事务所合伙人。

人类探索与运营委员会每年召开三次会议,通常在 NASA 咨询委员会全体会议前几天召开,并对公众开放。委员会成员由 NASA 局长任命,成员包括前宇航员和 NASA 高层管理人员拥有丰富的经验和专业知识。

在 2019 年 5 月的会议上,双方就"阿尔忒弥斯"载人登月计划进行了开诚布公的讨论。这些讨论通常涉及成员和与会者之间的意见交换;有些人会提出"魔鬼代言人"的问题,以激起不同角度的回应。以下是一些关于"阿尔忒弥斯"载人登月计划的论点。

代表人类探索与运营委员会的肯尼斯·鲍尔索克斯(Kenneth Bowersox)指出,登火任务将需要门户空间站,目前的问题是它如何有助于到达月球表面。对于这一考虑,我们需要退后一步并讨论"阿尔忒弥斯"载人登月计划与"阿波罗"计划之间的区别。在"阿波罗号"上,NASA 用一枚运载火箭发射了指挥服务舱和登月舱,并使用同一枚火箭返回。根据目前的方案,考虑到"猎户座"飞船和服务舱的尺寸,任务需要分成两部分来完成。那么在哪里对这两部分载荷进行组合最合适呢?最好的办法是通

知识链接:

魔鬼代言人本来指的是天主教评选圣人时,专职提反对意见的神父,而且这个神父还负责调查和举证候选人的缺点与问题。放到谈判中,魔鬼代言人指的是在谈判中代表少数派和反对派意见的人,这类人存在的目的是帮助群体客观、冷静地做出判断,避免在谈判时,选择性忽视少数派意见。

过燃烧低温燃料将它们发射到月球轨道上。如果对接是在月球轨道上进行的,那么使用哪一个轨道最好?近直线晕轨道是实现这一目的的最佳场所,它的温度适宜,较低轨道更加稳定;在乘组人员抵达并启用之前,着陆器可以在那里停留足够长的时间(可能长达数月)。门户空间站可提供冗余和动力,这也有助于勘探工作的可持续性。轨道的选择和门户空间站的应用是既分开又相互关联的。该计划双次发射的特点使其更适合利用门户空间站。

随着讨论的进行,许多人听取并发表了自己的意见,总结如下。

格斯滕美尔(Gerstenmaier)先生说,门户空间站能让我们更快地到达月球。

康登博士说,已经收集到足够多的信息,相信门户空间站是正确的选择,但他还没有收集到足够多关于到2024年实现这一目标的详细计划和资金概况的信息。

霍洛韦先生说,相信商业航天的能力将极大地帮助门户。

人类探索与运营委员会表示,就对外宣传而言,NASA一直试图用门户空间站登月的理念代替直接登月的方案,但如果门户的理念带有其他无法解决的问题,则NASA仍然对直接登月持开放态度。真正的差异出现在计划的2~3个层次上。

4. 月球和行星科学界

附录2是一封致NASA的公开社区信函,主题是关于2020财年预算中的月球发现和探索计划。这封信有来自美国22个州的76位月球和行星科学家、工程师与企业家的签名,他们显然非常支持"阿尔忒弥斯"载人登月计划。

在2017年12月"重返月球报告"的执行摘要中,月球探测分析小组表示:

研讨会与会者一致认为,让宇航员重返月球对于美国太空计划至关重要。月球离我们很近,具有科学研究意义,同时具有特别的实际应用价值。月球是一个战略目的地,那里的资源将促进经济发展,并培养新的能力,从而扩大人类在太阳系中的生存范围。鉴于国际社会普遍对人类登上月球感兴趣,必须尽快在月球表面建立一个强大持久的美国存在。

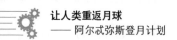

他们接着说："根据我们从最近的任务中学到的知识,月球是一个比我们在21世纪初想象的更具价值的探索和利用的目的地。"

2.3.2 反对意见

1. 白宫管理和预算办公室

2019年夏天,《科技艺术》的一份报告引用了"NASA内部和外部的多个消息源",强调了该机构的载人航天管理人员与白宫管理和预算办公室之间的争议。这些消息来源说,白宫管理和预算办公室试图扼杀门户空间站项目,因为他们认为若没有门户计划,重返月球任务则会更快、更省地实现。他们还表示,他们怀疑NASA的一些人正在推动门户计划,希望民主党提名人能够赢得即将到来的总统选举,要么恢复原定的2028年期限,要么恢复门户计划作为火星任务"深空探测试验场"的最初用途。

2. NASA咨询委员会

在上述2019年5月的同一次NASA咨询委员会会议上,下列人士对门户计划的路线表示了关注或反对。

NASA前宇航员、退役陆军上校詹姆斯·沃斯(James Voss)说,该委员会经常试图通过裁定路径是否正确来支持NASA人类探索与运营任务部。他问:"这一切真的需要'门户'吗?"

前宇航员迈克尔·洛佩兹·阿莱格里亚(Michael Lopez-Alegria)评论说,门户的需求和将目标日期压缩到2024年似乎是相互对立的,政府内部似乎在争论总路线中是否应该包含门户空间站。

当NASA负责人类探索和运营业务的副局长威廉·格斯滕梅尔(William H. Gerstenmaier)表示门户空间站路线会让我们更快地重返月球时,詹姆斯·沃斯说他需要看看这是如何实现的。沃斯进一步说,着陆器可以在月球轨道上等待,NASA并不真正需要一个门户空间站。

负责资助NASA的众议院商业、司法、科学和相关机构拨款小组委员会主席何塞·E.赛拉诺(José E. Serrano)重申了他对"阿尔忒弥斯"载人登月计划及其在2024年实现人类登月的怀疑。

前宇航员兼航天飞机指挥官特里·W.维尔茨(Terry W. Virts)在2018

年5月评论道,月球门户空间站将"阻碍人类探索,而不是使其成为可能"。维尔茨重申,门户空间站没有具体的载人航天目标,他无法设想通过建造另一个模块化空间站来开发或验证新技术。维尔茨接着批评NASA放弃了将人员与货物分开的计划目标,这是2003年"哥伦比亚"号航天飞机灾难后采取的一项措施。

已退休的航天工程师杰拉尔德·布莱克(Gerald Black)表示:"门户空间站对于支持人类重返月球表面和月球基地是徒劳无用的。"他补充说道:"它没有设计火箭燃料库,在往返月球的途中停留在门户空间站不会有任何用处,实际上还会消耗推进剂。"

2018年12月,NASA前局长迈克尔·D. 格里芬(Michael D. Griffin)表示,在他看来,只有在月球上建成能生产燃料并能运输到月球空间站的相关设施后,门户才能发挥作用。在实现这一目标后,门户空间站最好来充当燃料库。

"阿波罗"11号宇航员巴兹·奥尔德林(Buzz Aldrin)表示,他"非常反对门户空间站""将门户空间站用作机器人或人类登月任务的中转区是荒谬的"。奥尔德林还质疑"将乘组人员送往太空中间点,在那里搭载着陆器并降落"的好处。他表示支持罗伯特·祖布林(Robert Zubrin)直达月球的理念,该理念涉及从地球轨道到月球表面再返回的月球着陆器。

"阿波罗"17号科学家、宇航员哈里森·施密特(Harrison Schmitt)认为"拟议计划的进度与'阿波罗'计划下的进度不符"。他批评这些计划不够宏大。(施密特是向国会签署社区信函以支持月球发现和探索计划的人之一。)

在2019年11月由亚利桑那州立大学主办的空间展望会议上,太空实验室宇航员爱德华·吉布森(Edward Gibson)敦促NASA放弃将门户计划作为其2024年让人类重返月球表面战略的一部分,"我知道我们的预算非常有限,我希望看到事情快速推进。我认为最好装配地点就在月球上。"

航天飞机宇航员艾琳·柯林斯(Eileen Collins)表示:"2028年对于月球上的人类来说似乎太遥远了",而且"我们可以更快地做到"。

记者兼作家马克·R. 惠廷顿（Mark R. Whittington）在一篇文章中表示："月球轨道计划无助于我们重返月球。"他还指出："'阿波罗'计划期间没有使用绕月空间站，可重复使用的月球着陆器可以从月球表面的仓库加油，在任务间隙停留在驻留轨道上，而不需要复杂的大型空间站。"2019年2月，天体物理学家伊桑·西格尔（Ethan Siegel）在《福布斯》上发表了一篇题为"美国航空航天局关于在月球轨道建立空间站的想法让人类一事无成"的文章。西格尔说："绕月运行仅仅代表着渐进的进步，与近地轨道相比，在月球轨道上唯一的科学'优势'有两个：一是你在范艾伦带之外，二是你更接近月球表面（减少时间延迟）。"他最后的观点是，门户计划是"花费大量金钱的好方法，但无益于促进科学和人文发展"。

NASA前副局长道格拉斯·库克（Douglas Cooke）认为，NASA让人类登上月球最快、最可靠的方法是忽略商业发射装置，绕过门户空间站项目，加快探索上面级的开发，使SLS单次发射就能满足着陆器的输送，类似于20世纪60年代的"阿波罗"号。他认为，商业航空航天行业正在推动NASA将月球着陆器分成若干部分，使其与运载能力较小的商业火箭兼容，但这样做会增加风险并限制整个框架。

在《国家评论》的一篇文章中，火星协会创始人、一贯主张人类着陆火星的罗伯特·祖布林（Robert Zubrin）称门户是"NASA迄今为止最糟糕的计划"。在他看来，拟议的门户计划对于前往月球、火星、近地小行星或任何其他可能的目的地都毫无用处。他还说,已有的国际空间站就可以实现许多门户计划期望的目标,且"月球轨道上没有任何东西"。另外,"如果目标是建立一个月球基地,它应该建立在月球表面。这是科学所在,是建筑材料所在,也是制造推进剂和其他有用物质的资源所在"。

祖布林也许是门户最强烈的反对者,在火星协会的一次会议上,他称"门户"计划为"坠入流沙的巨大飞跃"、"如果你想把人送上月球或火星,你会在途中花一些钱建造一个月球轨道空间站吗?你不会的。"还有一次,他批评 NASA 的人类探索计划时说:"老实说,这不是一个目标驱动的计划,而是一个供应商驱动的计划。想象一下,经营你的企业是为了取悦你的供应商。"他进一步指出:"要清楚,门户计划是无用的。我们去月球不需要绕月空间站。我们不需要通过利用这样的空间站去火星。我们不需要通过它去近地小行星。我们不需要它去任何地方。然而,如果它建成,前往这些目的地的任务将被迫使用它,使其显得有用,这将增加所有此类任务的推进系统要求、复杂性、成本、风险和时间。"

值得一提的是,中国国家航天局探月与航天工程中心副主任裴照宇表示,从成本效益的角度来看,门户空间站将"失去成本效益"。相比之下,中国的计划将重点放在建造一个月球科研站上。

2.3.3 备选方案

特朗普总统在椭圆形办公室当着"阿波罗"计划宇航员的面质询 NASA 管理层,尽管这些宇航员批评了门户空间站在探月计划中的作用(当然,他们是支

知识链接:

裴照宇,男,湖南省永州市道县人,曾任中国国家航天局月球探测工程中心主任助理、新闻发言人,现任国家航天局探月与航天工程中心副主任。他参与并负责"嫦娥"1号卫星工程的新闻宣传工作,是探月工程三期副总设计师。

裴照宇

持火星探测计划的),但 NASA 仍在推进这一项目。当管理与预算办公室和美国国会参与 NASA 的预算过程时,就会出现替代方案。毫无疑问,NASA、工业界和其他商业利益集团将为门户计划进行游说。与这些利益相关的政客将为他们的选民利益而战,但试图否认特朗普获胜的民主党人将反对这一计划。商业航天工业界可能会起带头作用,并对这一进程以及空间探索的未来产生积极影响。商业运载火箭的潜在用途和上面级二次发射将更快、更省地到达月球。载人和货运着陆器的开发工作仍需继续推进。

NASA 需要借助来自商业航天公司的太空发射能力。目前,NASA 的计划是使用商用火箭,如 SpaceX 的"猎鹰"重型火箭、蓝色起源的"新格伦"号或联合发射联盟的"德尔塔"4 号重型火箭,至少发射两个关键模块,它们将结合起来形成一个小型门户空间站,以使"阿尔忒弥斯"载人登月计划得以运行。利用 SLS 完成发射目标是他们负担不起的。SLS 过于昂贵,NASA 无论如何也不会有足够的预算来利用 SLS 完成全部发射任务。

很明显,现在已经不是"阿波罗"计划的时代,月球的吸引力已不及以往,着陆火星还有很长的路要走。

2.3.4　最终的选择

2019 年 5 月,美国众议院前议长纽特·金里奇(Newt Gingrich)详细阐述了他的想法,即利用数十亿美元的成本加速实现特朗普政府在 2024 年将人类送上月球,2030 年将人类送上火星的目标。他提倡将商业航天运载能力来替代 NASA 目前使用的 SLS 和"猎户座"飞船。尤其是他提出了一项 20 亿美元的人类月球着陆器专项奖,他说:

我们的提案不建议取消当前的任何提案。很明显,以一次或最多两次 SLS 发射的成本,有可能激起一场竞争,可在更短的时间内利用更低的成本实现月球的着陆与开发。它基于只为成绩付费的原则。如果没有人能到达并着手开发月球,那么纳税人将不会支付资金。

基本想法是,如果 SpaceX、蓝色起源或其他公司能够独立开发自己的发射系统(特别是 SpaceX 星舰)并将人类送上月球,他们将获得 20 亿美元(或更多)的报酬。如果 NASA"阿尔忒弥斯"载人登月计划现有的传统承包计划被大幅推迟或超出其项目预算(目前估计为 300 亿美元),那么这将提供一个备用方案。

也许太空探索已经发展到了这一步。

2.4 预算

白宫于 2019 年 3 月 11 日发布了 NASA 2020 财年的总统预算申请,并于 5 月 13 日发布了补充预算申请。综上所述,NASA 的最高预算为 226 亿美元,比前一年增加了 5%。这项预算补充请求是为了响应一项总统指令而发布的,该指令要求 NASA 在 2024 年前将宇航员送上月球。

5 月 16 日,众议院拨款委员会发布了 2020 财年商业、司法、科学和相关机构资金法案的草案。它将为商业和司法部门、NASA、国家科学基金会以及其他相关机构提供资金。分配给 NASA 的 223.2 亿美元比 2019 年高出 8.15 亿美元。

这笔资金分配情况如下:

(1) 71.6 亿美元用于该机构的科学项目,这比 2019 财年高出 2.556 亿美元。

(2) 1.23 亿美元用于 STEM,有助于激励和培养未来将从事这些方向的员工。这比 2019 年高出 1300 万美元,并拒绝政府取消这些项目资金的要求。

(3) 51 亿美元用于勘探,比 2019 财年高出 7910 万美元,包括继续开发"猎户座"飞船、SLS 和相关地面系统的资金。

5 月 22 日,众议院拨款委员会批准了 2020 财年的商业、司法和科学拨款立法,其中包括 NASA 的项目。它无视白宫的补充预算要求,增加了对地球科学、天体物理学、STEM 项目推广和教育项目的资助;它还提供资金,继续支持宽视场红外探测望远镜(WFIRST)项目和所有拟议取消的地球科学任务。

2019 年 5 月 19 日,月球探测分析小组(Lunar Exploration Analysis Group,LEAG)表达了对"阿尔忒弥斯"载人登月计划的担忧,并于 2019 年 6 月 12 日向其同事发出了一封公开信。S. J. 劳伦斯(S. J. Lawrence)主席选择以下关键点澄清他的责任,因此明确了谁应该得到这笔钱:

前两个问题与政府内部的优先事项有关,美国宇航学会行星科学部的立场得到了其他专业学会的响应。然而,关于修正案中要求的9000万美元用于完成月球科学的问题上"没有达到全社会共识"的说法是不正确的,值得澄清。在月球发现与探索项目规划之时,NASA广泛咨询了月球发现与探索小组。

我们的理解是,修正案中向科学项目理事会申请的9000万美元拨款将用于月球发现与探索计划,而不是行星科学部。

最后,月球发现与探索项目还负责考虑通过NASA技术路线图以及人类探索和操作任务理事会"战略知识空白"(strategic knowledge gaps)项目实现技术目标。总之,月球发现与探索项目明确旨在创造机会,实现多学科领域范围的科学、技术和探索目标。因此,没有行业共识推动这些优先事项的说法是不正确的。

月球科学目标即是行星科学目标,其本身就值得充分考虑。正如2007年美国研究委员会月球探索科学背景报告明确指出的,月球具有独立于人类航天目标的深远科学价值;月球科学的优先次序不是,也不应该与人类太空飞行的潮流联系在一起。然而,我们也认同不断发展的能力和体系结构带来的新机遇可以使NASA与社区实现这些目标,这是月球发现与探索项目计划的责任。月球发现与探索项目领导着一个庞大、多样、包容的社区。月球探测分析小组很乐意帮助所有相关方广泛了解社区推动的月球探测优先事项,这是我们自2004年以来一直扮演的角色。

2019年8月7日,行星学会首席倡导者兼高级太空政策顾问凯西·德雷尔(Casey Dreier)总结了当时的预算情况:

就在夏季休会开始前几天,美国国会通过了一项为期2年的两党预算,该预算阻止了国防和非国防机构自行实施的破坏性开支削减。特朗普总统于8月2日签署了H. R. 3877号法案,使之形成法律条文。

与2019年相比,该法案将所有非国防自由裁量账户的支出上限(又称"预算授权")提高了270亿美元,将国防相关项目的支出上限提高了200亿美元。2021财年,这些预算将分别增长30亿美元和50亿美元。

如果没有这项立法,联邦机构在2020财年的预算就会面临高达1250亿美元的巨额削减；2011 年《预算控制法》通过后的一个后果是，如果国会无法限制支出，该法案就会自动实施削减（"扣押"）支出。国会只允许《预算控制法》在2013 财年全面生效一次，此后每年都在不同程度上免除《预算控制法》的支出限制。

最新的预算协议并没有直接确定 NASA 的支出水平。然而，这确实增加了预算，使得 NASA 在今年晚些时候的拨款过程中更容易获得更大的份额。

然而，两个遗留问题悬而未决，将使情况复杂化。第一个便是"阿尔忒弥斯"载人登月计划。特朗普政府出人意料地向国会提交了一份补充预算请求，以支持加快人类登月计划的进度，并提议在 2020 年为"阿尔忒弥斯"载人登月计划追加 16 亿美元的投入。总的来说，白宫对 NASA 的预算要求为 226 亿美元，比 2019 年增加了 5%。该预算还建议取消宽视场红外探测望远镜项目、NASA 的整个 STEM 外延与教育部门计划以及几项地球科学任务。

民主党领导的众议院做出回应，在 2020 年通过了他们自己的 NASA 资助法案，还将 NASA 的预算增加了约 5%（223 亿美元），恢复了特朗普政府削减的所有项目，并且没有为"阿尔忒弥斯"载人登月计划提供额外资金。众议院负责NASA 资助小组委员会主席、众议员何塞·塞拉诺（Jose Serrano）最近重申了他对"阿尔忒弥斯"载人登月计划及其在 2024 年将人类送上月球的目标的怀疑。

在列出预算细节后，关键是 226 亿美元中对于"阿尔忒弥斯"载人登月计划的投入并没有增加。凯西·德雷尔接着说：

共和党领导的参议院尚未采取任何立法行动，而是等待一项关于总体支出上限的协议，然后才着手进行详细的联邦拨款。参议员杰里·莫兰（Jerry Moran）主持参议院资助 NASA 的小组委员会，他可能会支持"阿尔忒弥斯"载人登月计划。参议院很可能会对特朗普政府的 NASA 提案做出更积极的回应，并在秋季与众议院的民主党人发生冲突。

如果 NASA 在非国防补充预算中获得同等份额，其预算就会在 2020 年增至 225 亿美元。但这还不足以支持众议院的优先事项，也不足以支持拟议中的"阿尔忒弥斯"载人登月计划。显然，NASA 应该在不牺牲一些科学任务的情况下增加 225 亿美元投入，以支持当下这一代人中的人类航天计划。在近年来这并非史无前例,但这一结果目前还不能保证。

国会双方必须在 10 月 1 日新财政年度开始前就资金立法达成一致,否则政府可能会关门。鉴于国会一直休息到 9 月 9 日,我们很可能在 10 月初看到短期的权宜之计,这将为各方提供更多时间来达成折中协议。

不管 2020 财年如何发展,2021 财年为 NASA 提供了一个预算小额增长的机会。非国防自由支配资金仅增加了 30 亿美元,增幅为 0.4%。若采取平均分配的方式,NASA 的投资额只能增长 1 亿美元左右,这甚至不足以抵消通货膨胀。

NASA 局长詹姆斯·布林登斯汀说,"阿尔忒弥斯"载人登月计划在未来几年将耗资 200~300 亿美元,这意味着 NASA 必须在 2021 财年大幅增加40~50 亿美元的投资,或者被迫从其他航天项目中夺取资金。布林登斯汀一再强调,从其他计划中获取资金将导致对"阿尔忒弥斯"载人登月计划政策性支持的崩溃。但如果没有整体预算增长,NASA 就会发现自己的处境将是在固定预算中谋求竞争更大的份额。从历史上看,这对太空计划并不友好。

2019 年 10 月 16 日,NASA 为 2020 财年(实际上始于 10 月 1 日)提供 16 亿美元预算补充的提议遭到了众议员代表何塞·塞拉诺的抵制,塞拉诺同时担任商业、司法和科学及相关机构小组委员会主席。塞拉诺质疑 NASA 局长吉姆·布林登斯汀关于将人类重返月球的时间节点从 2028 年提前到 2024 年的紧迫性,以及补充预算的理由。塞拉诺认为,这种加速是"政治上的",是对教育和其他对美国低收入人群资助项目预算的威胁。在被要求提供"阿尔忒弥斯"载人登月计划未来预算要求的细节时,布里登斯汀说,明年初应该就能得到总成本估算,白宫的预算要求是 2021 年。

2019 年 10 月 31 日,参议院通过了一项支出法案,在 2020 财年向 NASA 拨款 227.5 亿美元,但其项目资金的最终协议仍需数周(若不是数月)才能达成。参议院以 84 票赞成票和 9 票反对票通过了"微型客车"(minibus)拨款法案,该法案将几项单独的措施结合在一起,包括商业、司法和科学法案。该法案为 NASA、国家海洋和大气管理局和国家科学基金会等机构提供资金。"微型客车"法案还包括交通、住房和城市发展法案,为联邦航空管理局商业太空运输办公室提供资金。

在 2019 年 11 月 7 日对国会的回应中,白宫管理和预算办公室阐述了支持加速在 2024 年实现人类重返月球的支出需求。这意味着,NASA 在 2020 财年需要 23 亿美元用于勘探研发,而不是之前分配的 16 亿美元。10 月 1 日,美国联邦政府以预算持续决议开始了新的财年预算,该决议将支出维持在 2019 年的水平上。这对于 NASA 来说是不够的,因为 NASA 需要实现载人门户空间站绕月运行,以及开展为实现这一目标设计的商业月球着陆器的开发工作。

2019 年 11 月 13 日,在众议院科学、空间和技术委员会太空附属委员会的听证会上,"阿波罗"时代的退休宇航员汤姆·斯塔福德(Tom Stafford)与洛克希德·马丁公司及 NASA 的退休高管汤姆·杨(Tom Young)同时担任空间顾问小组资深主席,他们警告说,白宫要求 NASA 将人类返回月球表面的时间提前到 2024 年的指令在技术上过于复杂。他们告诉一众国会代表,NASA 需要更强有力的领导才能实现其 2024 年登月目标,更不用说推进着陆火星的任务了。

2019 年 11 月 21 日,特朗普总统签署了一项短期预算持续决议,以避免联邦政府停摆。上一个持续决议于 10 月 1 日(2020 财年开始)生效,因为众议院和参议院无法完成全年支出计划的工作。截至 12 月 20 日,最新的持续决议允许延续 2019 年的支出水平。NASA 曾警告称,2020 年预算不足可能会对将人类重返月球表面的时间提前到 2024 年的计划产生负面影响。

2020 年选举将在本书出版期间全面展开,它将于 2020 年 2 月 3 日以艾奥瓦州党团会议开始,并在 2020 年 11 月 3 日的选举中达到高潮。这是每个人心中的想法,这可能是 NASA 一些载人航天管理人员如此坚持建造月球门户空间站计划的真正原因。

民主党总统可能希望与 2024 年登月的日期保持距离。国会中的一些人显然认为这是一个出于政治动机的日期,因为这是特朗普可能的第二个任期的最后一年。因此,一位民主党总统可能会将其回归到一个预算更为合理的期限——2028 年,甚至决定重新评估整个人类探索计划。如果特朗普赢得选举,"阿尔忒弥斯"载人登月计划就可能会按计划进行。

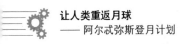
计划可能面临的变化

本书讨论了 NASA 内部在 2019 年夏天的一些变化，其中包括取消未来 SLS 升级的建议，以及对"探索"号飞船的早期飞行清单进行全面检查。NASA 还考虑从 2020 财年（2019 年 10 月 1 日）开始取消探索上面级和相关项目的融资。但 2019 年 11 月 6 日，NASA 和波音公司达成了一项合同，该公司将生产 10 个 SLS 芯级和最多 8 个"探索"号飞船上面级，以支持未来的"阿尔忒弥斯"载人登月计划。所以，"探索"飞船上面级又回到了正轨。在同一天，参议院引入了一项由两党共同发起的 NASA 授权措施，该措施将指示 NASA 把国际空间站的寿命延长至 2030 年，并从俄罗斯购买"联盟"号飞船以实现 2020 年底到 2030 年与国际空间站的交通往来，在 2024 年前使用波音公司提供的探索上面级来研制升级版的 SLS。该法案还指示利用公私合作伙伴关系开发登月能力，但将 NASA 的采购限制为两个系统（该机构曾寻求采购三个系统）。

在之前的参议院证词中，布林登斯汀局长确认 SLS 将无法实现 NASA 于 2020 年 6 月 1 日发射"阿尔忒弥斯"1 号的承诺，而 NASA 目前已开始考虑商业发射方案，可能会挽救该计划。

在宣布这项新研究后，布林登斯汀在给 NASA 工作人员的一封信中描述了正在考虑的进一步任务变化。根据新的提议，NASA"猎户座"载人飞船接下来的两次探索任务将被替代为三次，这三次任务旨在赶上进度。除了利用商业发射的阿尔忒弥斯 1 号外，新计划还将引入一个新的月球有效载荷，并跳过第一次载人飞行的试飞，转而选择一个可操作的猎户座任务以搭载这个新的有效载荷。

总统的 2020 财年预算申请中曾一度建议取消 SLS Block 1B、"探索"飞船上面级和相关项目（如 Mobile Launcher 2）的资金。它要求使用商业火箭发射服务来代替 SLS，而原本的方案中月球门户空间站有效载荷是与"猎户座"载人飞船一起借助 SLS Block B1 型火箭发射的。2020 财年提案中的登月飞行任务反映了受政府青睐的利用商业航天工业界来配置门户空间站的路线。特别地，SLS 发射将限于 Block 1 型号，且仅限于载人飞行，不包括非载人的有效载荷。

假设动力推进模块的发射计划在 2022 年底如期进行，并且商业供应商进行了为期 1 年的演示,NASA 将在 2023 年底接受所有权交接。如果在演示期间执行了"猎户座"飞船交会对接任务,动力推进模块仍然要求演示太阳能供电系统,该项演示涉及从与运载火箭分离时的初始轨道转入晕轨道运行之间的远距离转移(详见本书附录 5)。

特朗普政府在推进人类深空探索方面表现出的紧迫性虽然带来了希望,但整个航天界对 2024 年(甚至 2026 年)实现月球着陆的可能性,以及与最初计划的 2028 年相比,仍存在着根深蒂固且合理的怀疑。

2.5 政治影响

2015 年,罗杰·D. 劳纽斯(Roger D. Launius)博士对我们早期太空计划的政治情况发表了一些评论,在目前看来似乎同样正确,特别是在"阿尔忒弥斯"载人登月计划试图获得资助的时期。

空间探索的短暂历史表明,政治重要性是多方面的。如果没有对这一强大工具的政治需求,那么人类可能仍在试图进入太空,但不会取得成功。这一说法的矛盾之处在于,尽管人类在 1969 年就已经在另一个天体上行走,但人类在尝试更大胆的太空任务时并没有取得成功。太空计划的政治重要性是推动太空尖端科学发展的最重要因素。当肯尼迪总统为国家太空计划确定了明确的方向时,还没有人知道如何到达月球,没有人知道如何进入太空,苏联甚至在这方面击败了美国。但是,在没有政策和财政支持的情况下,人们能够找到一个可行的解决方案,踏上奔月之旅,在月球表面着陆,然后安全返回

知识链接:

美国和苏联在冷战时期为了争夺航天实力的最高地位而展开了太空竞赛。第二次世界大战结束后,两国俘获大量德国火箭技术及人员,太空竞赛就以导弹为主的核军备竞赛拉开了帷幕。太空竞赛取得了开拓性的成果,如向月球、金星、火星发射人造卫星、无人驾驶空间探测器,以及向近地轨道和月球发射载人飞船。1957 年 10 月 4 日,"斯普特尼克"1 号的轨道运行使苏联此次赢得了胜利。1961 年 4 月 12 日,尤里·加加林成为首个进入太空的人类成员,使苏联再次打败美国。1969 年 7 月 20 日,伴随美国"阿波罗"11 号完成人类第一次登月任务,太空竞赛达到顶峰。1972 年 4 月,"阿波罗"–联盟测试计划达成合作协议,并在 1975 年 7 月,美国航天人员与苏联航天人员在地球轨道相遇,双方局面得到一定时期的缓和。

地球。这一切似乎都是可能的。总体而言,美国的国家航天计划,特别是载人航天事业,是向世界展示实力、赢得冷战和获得世界霸权的完美工具。美国选择"登上月球……做其他事情,不是因为它们容易,而是因为它们很难"。如此复杂和艰难的努力,以及积极的和成功的结果,代表着向全世界宣示的绝对力量。

时过境迁,在2015年及其过去的40年中,情况发生了巨大变化。美国不再需要证明任何事情,就重要性而言,NASA已经无法在联邦其他机构中独树一帜了。NASA肩负的重任是让国家和政治家相信对于重大太空任务的投资是值得的。虽然太空计划的政治重要性仍然是推动太空探索进步的关键因素,但它并不是取得进展所需的唯一重要因素。NASA必须统一思想,并确定一个明确的目标,确定实现它的路线,并独自朝着这个目标努力。每隔几年就改变一次任务,会损害该机构的形象,会让政客们觉得对NASA的支持资金并没有被良好地使用,从而引起他们的不信任感与不安全感。尽管明显需要政治的大力支持,但仅仅指责政客缺乏明确方向是不公平的。明确的政策由政府制定,但遵循这些目标必须在NASA的能力范围内。

对"阿波罗"计划而言,在肯尼迪入主白宫、詹姆斯·韦伯任职NASA以及来自苏联的太空威胁下,当时的政治形势再好不过了。特朗普入主白宫后,民主党人打算弹劾他。NASA局长詹姆斯·布林登斯汀试图向国会推销"阿尔忒弥斯"载人登月计划,这是多么的可怕。

知识链接:

詹姆斯·韦伯(1906 - 1992),1961年2月14日—1968年10月7日,担任NASA的第2任局长。领导了"阿波罗"计划等一系列美国重要的空间探测项目。为纪念他领导美国"阿波罗"登月计划取得的成就,NASA特别将"下一代太空望远镜"更名为"詹姆斯·韦伯空间望远镜"。

詹姆斯·韦佰

NASA 要在 2024 年实现登月,需要比现在多得多的资金,这取决于国会。民主党人将 2024 年登月视为特朗普政府第二届任期末尾的一个政绩工程。民主党人将不遗余力地阻止他取得这一骄人的政绩。他们宁愿推迟该计划——如果他们的候选人获胜,就声称"阿尔忒弥斯"载人登月计划是他们自己的政绩。这就是政治的本质。

知识链接:

2020 年 12 月 15 日,来自美国民主党的约瑟夫·拜登击败特朗普,赢得大选,成为美国第 46 任总统。

相关图片链接

Fig. 2. 1 https://www.nasa.gov/sites/default/files/atoms/files/nac_budget_charts_final_updated_pfp.pdf

Fig. 2. 2 https://www.nasa.gov/sites/default/files/thumbnails/image/em1－mission－map_update_june_2019.jpg

Fig. 2. 3 https://en.wikipedia.org/wiki/Artemis_2#/media/File:Artemis_2_Trajectory.jpg

Fig. 2. 4 https://www.nasa.gov/sites/default/files/thumbnails/image/2_concept－gateway－2024-00001.jpg

Fig. 2. 5 https://www.nasa.gov/sites/default/files/styles/full_width/public/thumbnails/image/ssc_082919_sls_pathfinder_lift-9.jpg

Fig. 2. 6 https://www.northropgrumman.com/Photos/pgL_SP-60002.jpg

Fig. 2. 7 https://upload.wikimedia.org/wikipedia/commons/thumb/b/b1/Shuttle_Main_Engine_Test_Firing.jpg/375px_huttle_Main_Engine_Test_Firing.jpg

Fig. 2. 8 https://www.americaspace.com/wp－content/uploads/2019/11/Apollo－vs－Orion.png

Fig. 2. 9 https://mk0spaceflightnoa02a.kinstacdn.com/wp － content/uploads/2019/07/40846557993_7e4b9b181b_k.jpg

Fig. 2. 10 https://commons.wikimedia.org/wiki/File:Launch_of_Delta_IV_Heavy_with_Orion_EFT-1_(KSC-2014-4746).jpg

Fig. 2. 11 https://www.nasa.gov/sites/default/files/thumbnails/image/aa2_inflight.4k.jpg

Fig. 2. 12 https://www.nasa.gov/sites/default/files/thumbnails/image/ppe－gateway－2024_00012.png?utm_source=miragenews&utm_medium=miragenews&utm_campaign=news

第3章
航天器、着陆器、巡游器与有效载荷

3.1 商业航天器

"阿尔忒弥斯"载人登月计划的各项工作已经展开,涉及 NASA 各研究中心及其承包商,从地面到太空的方方面面,涵盖了分布于世界各地的任务控制与追踪设施、运载火箭、航天器及乘组人员。本书将尽可能详尽地对它们展开描述,重点关注那些需要让宇航员进入国际空间站,然后在未来 5 年登上月球表面的设施设备。

由于 NASA 新的登月方案是与工业界合作,本书将从商业航天开始介绍。乘组人员将利用"猎户座"飞船抵达门户空间站。通过 SLS 发射的"猎户座"飞船被认为是来自 NASA 的航天器而非商业航天公司。利用商业火箭发射的商业航天器可以执行对接门户空间站的无人飞行任务。

目前设计的商用航天器仅用于近地轨道飞行,它们以后也可能会被重新设计用于月球轨道。

3.1.1 波音 CST-100 星际客船

波音"星际客船"(Starliner) CST-100 太空舱(宇航员太空运输系统)是由波音公司开发的航天器,参与了 NASA 的商业载人航天计划,其设计用于近地轨道,主要目的是将宇航员运送到国际空间站。它在概念上类似于洛克希德·马丁公司为 NASA 建造的"猎户座"飞船,但后者能够在月球空间执行任务。

　　"星际客船"的发射质量为 13t,直径为 4.56m,长度为 5.03m,体积为 $11m^3$,略大于"阿波罗"飞船指挥舱,但小于"猎户座"飞船。图 3.1 展示了波音"星际客船"CST-100 飞船的特征。

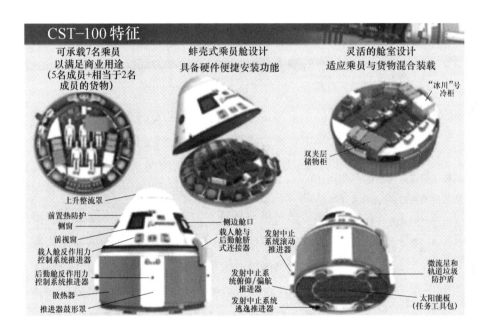

图 3.1　波音"星际客船"CST-100 飞船的特征(图片由波音与 Pinterest 网站提供)

　　"星际客船"最多可搭载 7 人,可在轨道上停留 7 个月,最多可重复使用 10 次。它与 4 种运载火箭兼容,分别是"宇宙神"5 号、"德尔塔"4 号、"猎鹰"9 号以及"伏尔甘"号。2019 年 12 月 20 日的试飞使用了"宇宙神"5 号 N22(代码表示没有空气动力护罩、2 个固体推进器和 1 个带有 2 个发动机的上面级),并从美国佛罗里达州卡纳维拉尔角空军基地的 SLC-41 发射台发射。

　　CST-100 的设计借鉴了波音公司在 NASA"阿波罗"号宇宙飞船、航天飞机和国际空间站项目以及国防部资助的轨道快车(Orbital Express)项目方面的长期经验。它没有沿用"猎户座"载人飞船的相关技术,因为"猎户座"载人飞船

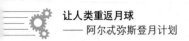

2019 年 12 月 20 日，波音公司研制的波音 CST-100 Starliner 搭乘阿特拉斯-5（Atlas-V）运载火箭从卡纳维拉尔角空军基地第 41 发射台成功发射。波音 CST-100 Starliner 按原计划与国际空间站对接并停靠一周，由于飞船的任务经过计时器与实际存在约 11h 的偏差，飞船在船箭分离后误判飞行阶段，实施大量点火操作，消耗了过多的推进剂。NASA 和波音公司发现问题后采取紧急处置措施将飞船送入安全轨道，但由于推进剂消耗过多，飞船无法继续与国际空间站进行对接，在轨开展一系列技术验证后返回地球，于 12 月 22 日安全着陆在白沙导弹基地。

是洛克希德·马丁公司的飞船，但其在任务中将使用 NASA 的对接系统。隔热板使用了波音公司的轻型烧蚀器。星际客船的太阳能电池将提供超过 2.9kW 的电力，并将其安装在位于服务舱底部微型流星体碎片防护罩的顶部。

与美国早期的太空舱不同，CST-100 将在地面上进行气囊缓冲着陆，而不是在水中降落。NASA 计划在美国西部设立 5 个着陆区，以便每年为 CST-100 提供大约 450 次着陆机会。

2019 年 5 月，所有主要的点火试验，包括低空中止推力器模式的模拟，都是使用一个完整的服务舱测试样机完成的。该服务舱测试样机是"飞行式"的，因为用于点火试验的服务舱试验装置包含了燃料箱与氦罐、反应控制系统、轨道机动和姿态控制推进器、发射中止发动机以及与实际载人航天器类似的航空电子设备。这些测试为 2019 年 11 月 4 日在新墨西哥州白沙导弹靶场 32 号发射场进行的星际航线发射台中止测试奠定了基础。宇航员将通过进出机械臂和 SLC-41 发射台表面上方约 51.5m 的白色空间登上这艘飞船。图 3.2 为驶向国际空间站的 CST-100 飞船的艺术渲染图。

截至 2019 年 11 月中旬，NASA 监察长的评估是，这艘飞船可能要到 2020 年夏天才能获得飞行认证。波音公司对该声明提出异议。

3.1.2 SpaceX 载人"龙"飞船

"龙"飞船 2 号（Dragon 2）——载人"龙"（Crew Dragon）飞船是由 SpaceX 公司开发和制造的可重复使用的飞船，并被作为货运"龙"（Dragon Cargo）飞

图 3.2　驶向国际空间站的"星际客船"CST-100 飞船(来自波音公司的艺术渲染图)

船的后继型号。它通过"猎鹰"9 号 Block 5 型火箭发射,通过海面溅落的方式返回地球。

与货运"龙"飞船相比,载人"龙"飞船拥有更大的窗口、新的飞行计算机和航电设备、重新设计的太阳能电池阵列,以及改进的外部轮廓线。计划设计两种型号:一是载人"龙"飞船,即一种可搭载 7 名宇航员的载人飞船;二是货运"龙"飞船,作为"龙"飞船的迭代品。货运"龙"飞船将被改装为已经成功飞行的载人"龙"飞船。

载人"龙"飞船在一组 4 个的侧装推进舱中配备了 1 个集成的发射逃生系统,每个侧装推进舱配有 2 个"超级天龙座"(Super Draco)发动机,其直径为 4m,高度为 8.1m,圆柱形主干部分带有太阳能电池板、辐射散热器,以及在紧急中止时提供空气动力学稳定性的尾舵。载人"龙"飞船的加压容积为 9.3m^3,非加压容积为 12.1m^3。载人龙飞船的部分部件可重复使用,这样可显著降低成本。飞船在起飞时将搭载 1 名乘组人员,在返程时运送货物,可以将 3307kg 的载荷运送到国际空间站。图 3.3 为 SpaceX 载人"龙"飞船的信息图,图 3.4 则展示了水平集成装配厂中的载人"龙"飞船 1 号样机。

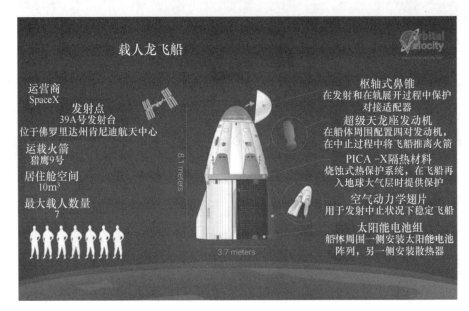

图 3.3　SpaceX 载人"龙"飞船的信息图（图片由 Orbital Velocity 网站提供）

图 3.4　（见彩图）水平集成装配厂中的载人"龙"飞船 1 号样机

（图片由 NASA 与 SpaceX 提供）

2019 年 4 月 20 日,在发射逃生系统的静态火灾测试中,载人"龙"飞船在 1 号着陆设施的爆炸中被摧毁。虽然"龙"飞船的天龙座推进器的初步测试是成功的,但事故发生在随后的超级天龙座中止系统测试期间。通过遥测技术、高速摄像机记录和回收碎片的分析表明,问题发生在少量四氧化二氮泄漏进了为推进剂罐加压的氦管线处,这显然是发生在测试前的处理过程中。爆炸是在点火前 100ms、系统增压期间止回阀损坏发生的。由于被摧毁的太空舱原本被计划用于进行下一步的认证(飞行中止试验),但因为它发生了爆炸,以及随后的问题归零工作导致下一步工作不得不推迟,进而使后续的载人轨道试验延期,这项测试推迟到 2020 年 1 月。

2019 年 6 月 20 日,经 NASA 和美国政府问责局(GAO)确认,载人"龙"飞船计划在 2020 年 2 月之前首次搭载宇航员升空,并在上半年的某个时候首次发射载人的波音"星际客船"。这两家公司之间存在激烈的竞争关系,都想成为第一家向国际空间站派送宇航员的商业公司。

虽然载人"龙"飞船能容纳 7 名宇航员,但最初计划的载人数量是 4 名。它通过海面溅落的方式着陆,并使用 4 个主降落伞(两种类型)。"龙"飞船初样型号的降落伞系统经过全面的重新设计,以适应在各种发射中止情况下展开降落伞的需要。

载人"龙"飞船侧面装有 8 台超级天龙座发动机,分别在 4 个发动机舱中以冗余对的形式组合。每台发动机可以提供 71kN 的推力,用于发射中止。每个发动机舱还包含 4 台天龙座推进器,可用于姿态控

知识链接:

北京时间 2020 年 5 月 31 日凌晨 3 时 22 分,SpaceX 首次利用载人"龙"飞船把 2 位宇航员送入地球轨道。本次发射采用"猎鹰"9 运载火箭,发射地点位于美国佛罗里达州肯尼迪航天中心。参加本次试飞的两位宇航员是道格拉斯 G. 赫尔利(Douglas G. Hurley)和罗伯特 L. 贝恩肯(Robert L. Behnken),分别出生于 1966 年和 1970 年。

载人"龙"飞船首次载人发射的场景

制和轨道机动。超级天龙座发动机的燃烧室采用金属直接激光烧结工艺,由镍铁合金制成。发动机安装在保护舱中,以阻止发动机故障的蔓延。发射中止和在轨机动所需的推进剂与氦气增压剂均装在复合碳包覆的钛球罐中。

载人"龙"飞船将使用 NASA 的对接系统实现与国际空间站的自动对接。货运"龙"飞船是"靠泊"式的,这是一种非自主的与空间站对接的方式,它通过使用"加拿大臂"2 号(Canadarm2)机械臂完成。载人"龙"飞船的驾驶员仍然能够通过与静态平板电脑连接的手动控制装置实现飞船的对接。飞船可以在全真空下运行,乘组人员将穿着 SpaceX 设计的宇航服,以使他们免受舱内快速减压紧急事件的影响。此外,即使航天器出现直径达 96.35mm 的等效孔泄漏,航天器仍可以安全返回地球。

PICA-X 隔热板(酚碳热烧蚀板)可在返回过程中为飞船提供保护,而可移动的压舱舱板在飞船返航的大气进入阶段可实现对飞船姿态和着陆点的精确控制。可重复使用的鼻锥在升空和再入大气过程中对飞船与对接适配器提供保护。在空间对接时,鼻锥通过铰链打开,在发射和再入大气层时则关闭。

3.1.3 内华达山脉公司"追梦者"号

2014 年 9 月 16 日,SpaceX 和波音公司得到了 NASA 商业载人运输能力(commercial crew transportation capability)项目(旨在呼吁业界开发供美国宇航员往返国际空间站的运输系统)的资助。NASA 认为,内华达山脉公司(Sierra Nevada Corporation)的第三个提案不够成熟,因为其更复杂的设计意味着更多的研发和认证关口,以及更多的进度不确定性。尽管"追梦者"(Dream Chaser)号没有中标商业载人运输能力项目,但它的一些特点还是值得讨论的。

在输掉商业载人运输能力项目竞标 2 周后,内华达山脉公司宣布其设计了一个发射系统,该系统将内华达山脉公司的"追梦者"号航天飞机等比例版本与平流层发射系统的空中发射系统相结合。它们推出了"追梦者"号项目,将为全球客户提供对近地轨道的定制访问。

2016 年 1 月 14 日,内华达山脉公司获得了一份商业再补给服务(commercial resupply services)合同,合同规定在 2019—2024 年为国际空间站提供补给,并保证至少进行 6 次发射。多年来,内华达山脉公司考虑了许多可能适合"追梦者"号的运载火箭制造商,包括"宇宙神"V 型(Atlas V)、"阿丽亚娜"6

（Ariane 6）、新型"伏尔甘"（Vulcan），以及使用日本
运载火箭的可能性。

　　2018 年 12 月 18 日，内华达山脉公司宣布取得
了商业再补给服务的一个重要进展。第 4 次综合评
估作为项目进展中的里程碑，使内华达山脉公司得
以继续"追梦者"号飞行器的装配工作，从而可以向
国际空间站运送货物。内华达山脉公司采用了可折
叠机翼的设计，使其能够适应现有的多型有效载荷
整流罩，并增加了 1 个货运舱。2019 年 8 月 14 日，
该公司宣布已选择使用 4 个固体燃料捆绑式推进器
和 1 个双发动机"半人马座"（Centaur）上面级的"伏
尔甘"运载火箭。一个直径 5m 的有效载荷整流罩将
容纳折叠机翼式的航天飞机。这种配置使"追梦者"
号可向国际空间站运送超过 5.4t 的货物。"追梦者"
号将转运约 3175kg 的载荷，并携带大量货物返回地
球，降落在肯尼迪航天中心的跑道上。"追梦者"号
飞行器的首次发射原定于 2021 年底。图 3.5 为在轨
飞行的"追梦者"号飞行器假想图。

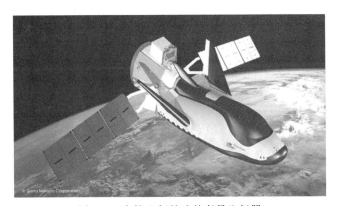

图 3.5　在轨飞行的追梦者号飞行器

（渲染图由内华达山脉公司提供）

知识链接：

　　截至本书出版时，"追梦者"号的首次发射还在筹备中。

该公司还寻求航天飞机载人型号的合同，在被 NASA 以商业载人合同裁定为不予使用时搁置。内华达山脉公司保留了早期的《太空行动协议》用于商业开发（该机构在没有资金的基础上延长了协议），以支持该航天飞机载人型号最终被采纳的可能性。

从手续文件相关工作的角度来看，货运版"追梦者"号飞行器最近通过了 NASA 的第 5 次综合评估，这次评估是对内华达山脉公司在一系列的地面与飞行操作中表现的关键状态检查。货物装载操作是地面操作测试的一部分。

2019 年，内华达山脉公司发布了洛克希德·马丁公司著名的"臭鼬工厂"（Skunk Works）正在建造"追梦者"号的罕见照片，详见链接 https://www.nasaspaceflight.com/2019/04/dream - chaser - progress-crs2-snccrew-version-alive。

3.2　商业登月有效载荷服务

商业登月有效载荷服务是 NASA 于 2018 年 4 月开启的一项计划，旨在推动向月面运送小型机器人着陆器与巡游车的外协项目，其中一部分载荷将被送往因水冰而闻名的月球南极区域，其目标是寻找可以使用原位资源利用技术开发的资源，开展月球科学研究，从而为"阿尔忒弥斯"载人登月计划提供支持。商业登月有效载荷服务计划使用固定价格合同购买地球和月球表面之间端到端的有效载荷服务。

商业登月有效载荷服务项目由 NASA 总部的科学任务局（Science Mission Directorate）、人类探索与运营委员会（Human Exploration and Operations）以及科学技术任务局（Science Technology Mission Directorates）共同管理。NASA 希望承包商提供安全集成、承载、运输和运营 NASA 有效载荷所需的所有活动，包括运载火箭、月球着陆器、月球表面系统和返回地球的再入飞行器。"飞行良机"（Flight opportunities）计划预计将在 2020 年中期开始。

3.2.1　9 家运输服务合同承包商

2018 年 11 月，NASA 宣布了其认为有资格竞标商业登月有效载荷服务运输服务合同的首批 9 家公司，如表 3.1 所列。图 3.6 为 NASA 管理层和商业登月有效载荷服务承包商合影。

知识链接：

NASA 选取了 9 项空间科学实验载荷，进行高空科学气球、零重力试验飞机或者亚轨道火箭的搭载试验。进行此项搭载试验的目的是把这些空间技术从实验室带到真实的太空环境中去，使这些载荷更接近于实际的应用环境，该计划被称为"飞行良机"。NASA 每年进行 2 次选拔，挑选出具有应用前景的载荷，并将这些载荷搭载到达太空的边缘，从而提供相对低成本的太空环境模拟飞行实验。

表 3.1　9 家运输服务合同承包商

公司	载具
宇航机器人技术 （Astrobotic Technology）公司	"游隼"（Peregrine）着陆器
深空系统 （Deep Space Systems）公司	巡游车
德雷珀实验室 （Draper Laboratory）	"阿尔忒弥斯"7 号着陆器
萤火虫太空 （Firefly Aerospace）公司	"萤火虫起源"（Firefly Genesis）着陆器
直觉机器 （Intuitive Machines）公司	Nova-C 着陆器
洛克希德·马丁太空 （Lockheed Martin Space）公司	McCandless 着陆器
马斯滕太空系统 （Masten Space Systems）公司	XL-1 着陆器
月球快线 （Moon Express）公司	MX-1, MX-2, MX-5, MX-9
超轨 （OrbitBeyond）公司	Z-01 和 Z-02 着陆器

图 3.6 NASA 管理层和商业登月有效载荷服务承包商

NASA 局长詹姆斯·布林登斯汀(左一)和科学任务局副局长托马斯·祖尔布钦(Thomas Zurbuchen)(右一)与有资格通过商业月球有效载荷服务合同竞标的 9 家美国公司的代表合影。各公司代表(从左二开始)有直觉机器公司总裁兼首席执行官史蒂夫·阿尔特姆斯(Steve Altemus)、马斯滕太空系统公司首席执行官肖恩·马奥尼(Sean Mahoney)、萤火虫太空公司商业业务发展总监埃里克·萨尔万(Eric Salwan)、德雷珀实验室国家安全与太空业务副总裁詹妮弗·詹森(Jennifer Jensen)、洛克希德·马丁航天公司商业民用太空公司高级项目副总裁乔·兰登(Joe Landon)、深空系统公司史蒂夫·贝利(Steve Bailey)、月球快线公司首席运营官达文·马哈拉吉(Daven Maharaj)、宇航机器人技术公司首席执行官约翰·桑顿(John Thornton),以及超轨公司首席工程顾问杰夫·巴顿(Jeff Patton)(照片由 NASA 的比尔·因伽尔斯(Bill Ingalls)于 2018 年 11 月 29 日拍摄。)

3.2.2 3 家有效载荷着陆器承包商

2019 年 5 月 31 日,NASA 选择了 3 家商业服务提供商,向月球提供科学和技术有效载荷以支持"阿尔忒弥斯"载人登月计划。每艘商用着陆器将搭载 NASA 提供的有效载荷,这些载荷将在月球表面进行科学调查和先进技术演示,从而为 NASA 宇航员在 2024 年实现月球着陆铺平道路。这些有效载荷被寄予厚望来引领新的月球科学、精确定位着陆器位置、评估月球辐射环境、评估着陆器和宇航员活动对月球的影响，以及实现高精度导航。

1. 3 家被选中的公司

（1）位于匹兹堡市的宇航机器人公司，其获得了 7950 万美元的资金。该公司计划在 2021 年 7 月之前将多达 14 个有效载荷送到被命名为"死亡湖"的陨坑，这是一个位于月球近地侧东北部的巨大陨石坑。位于休斯敦市的直觉机器公司获得了 7700 万美元的资金。该公司当时提出 2021 年 7 月之前将 5 个有效载荷发射到风暴洋，这是一个让科学界很感兴趣的深色区域，占据了月球近地侧西半球的大部分。位于新泽西州爱迪生市的超轨公司，其获得了 9700 万美元的资金。该计划涉及 2020 年 9 月前将 4 个有效载荷运送至雨海（mare imbrium），这是一个熔岩平原，占据了月球近地端最大的撞击盆地之一。

每个合作伙伴都向 NASA 提供端到端的商业有效载荷交付服务，包括从地球发射并在月球表面着陆的有效载荷集成与运营。这些先期任务将实现重要的技术演示验证，其结果将为人类未来重返月球表面所需的着陆器和其他探测系统的开发提供信息。他们还将协助 NASA 筹备载人火星探索任务。

知识链接：

风暴洋（Oceanus Procellarum）是月球最大的月海，南北径约 2500 千米，面积约 400 万千米²。风暴洋位于月球西半球，面向地球一面的西侧，是一片广阔的灰色平原，四周有小型的月海，如南面的云海、北侧的雨海等。风暴洋由远古火山喷发形成的玄武岩构成，年龄 32 亿~40 亿年。

风暴洋在月球上的位置

雨海是月球上布满整个雨海撞击盆地的辽阔月海，也是太阳系中最大的撞击坑之一。

雨海照片

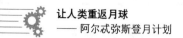

2. 宇航机器人公司的游隼号着陆器

"游隼"号(peregrine)着陆器将精准、安全地把有效载荷投送到绕月轨道和月球表面上。有效载荷可以被安装在舱板上或舱板下,并且可以根据需求固定连接或展开部署。"游隼"号着陆器的航电设备可进行高可靠性的地面运算,坚固耐用、耐辐射的控制计算机使自主着陆成为可能。

"游隼"号着陆器的结构坚固、厚实、简单,便于有效载荷的集成,其拓展式甲板能实现有效载荷任意的配置和放置。有效载荷可以从月球车的甲板底部投放。"游隼"号着陆器使用标准的锚夹带与运载火箭配对,4条支架可在着陆时吸收冲击并保持着陆器的稳定。图 3.7 是宇航机器人公司的"游隼"号着陆器。接口配置可以适应商业公司、政府、大学、非营利组织和个人在单次任务中的各种有效载荷类型。1 号任务有效载荷的容量为 90kg。

图 3.7 宇航机器人公司的"游隼"号着陆器(图片由宇航机器人公司提供)

宇航机器人与 Dynetics 公司合作共同开发推进系统,发动机则由前沿宇航(Frontier Aerospace)公司生产。该系统配备了 5 台发动机,每台发动机的推力为 667N,总推力为 3335N。主发动机与航天器的中心轴同心,可以执行跨月注入、轨道修正和月球轨道插入机动,接着进行机动降落。它们使用一甲基肼作为燃料,MON-25作为氧化剂。MON-25由25%的一氧化氮和75%的四氧化二氮组成。这种推进剂组合可自燃,可在较宽的温度范围内工作。在携带265kg的有效载荷后,"游隼"号着陆器的发射质量为1283kg。导航和控制系统使用了传统算法,并通过最新的机器视觉算法进行了优化。"游隼"号着陆器也使用了现成的传感器和算法以实现在巡航及在轨运行过程中的导航功能。它通过无线电飞行时间、多普勒效应、太阳和恒星跟踪器以及惯性测量单元来确定位置与姿态。在机动降落和着陆过程中,多普勒激光雷达提供速度信息,引导航天器在着陆限定区内安全降落到目标位置。图3.8为"游隼"号着陆器在月球上着陆的艺术渲染图。

图3.8 "游隼"号着陆器在月球上着陆艺术渲染图(由astrobio.com提供)

3. 直觉机器公司 Nova-C 着陆器

Nova-C着陆器直接继承了NASA的M项目着陆器的遗产和项目经验,以及"墨菲斯"(Morpheus)计划的相关经验。M项目及其配套的地面项目"墨菲斯"由约翰逊航天中心设计、开发和测试,以展示行星着陆的新技术,包括自动避障、精确着陆以及高性能低温液氧/液态甲烷集成推进技术。事实上,"墨菲斯"着陆器的核心研制团队为了成立公司离开了政府部门。

直觉机器公司正致力于开发商业月球有效载荷和数据服务,向月球轨道提供运输服务,向月球表面提供完整的有效载荷服务,以及向月球轨道或表面设备提供数据通信和供电服务。该设计基于月球表面 1500kg 的干质量、100kg 的有效载荷容量和 200W 的功率。Nova-C 着陆器长 3m、直径 1m,其照片如图 3.9 所示。目前的计划是 2021 年 Nova-C 着陆器搭乘一艘 SpaceX 的"猎鹰"9 运载火箭抵达月球。

图 3.9 直觉机器公司的 Nova-C 着陆器(图片由直觉机器公司提供)

在软着陆后,Nova-C 着陆器能够通过执行垂直起飞、巡航和垂直着陆来重新定位。它能够为其服务的有效负载提供全天候数据覆盖。有效载荷可安装面积超过 9m^2。这一设计提供了一个技术平台,可扩展到适合更大有效载荷的中型和大型着陆器。图 3.10 为正在着陆月球的 Nova-C 艺术渲染图。

图 3.10 正在着陆月球的 Nova-C 艺术渲染图(由直觉机器公司提供)

4. 超轨公司的 Z-01 着陆器

2019 年 5 月 31 日,NASA 宣布,选择超轨公司作为其 3 个商业合作伙伴之一,并计划于 2020 年和 2021 年用 Z-01 月面着陆器将 NASA 有效载荷送入月球。超轨公司获得了 9700 万美元的投资,用于在 2020 年 9 月之前将 NASA 的有效载荷着陆在月球雨海。然而,该公司却于 2019 年 7 月 29 日退出合同,理由是无法如期发射该任务。以下是该提案的描述。

Z-01 月面着陆器基于 TeamIndus 公司(后合并为 Axiom 研究实验室)的月球着陆器开发而来,以前被称为 HHK1,其照片如图 3.11 所示。在首次任务中,它将携带重达 40kg 的商业有效载荷。它的特点是拥有 1 台可产生 440N 推力的主发动机,以及 16 个 22N 的助推器,用于更精细的轨道机动和姿态控制。它的第 1 次任务计划在 2020 年第 3 季度通过"猎鹰"9 火箭发射。它们还计划了一个更大的 Z-02 月面着陆器。

这项任务的目的地坐标为北纬 29.53°、西经 25.68°,正好位于月海 Annegrit 陨石坑的北部。此次任务的着陆椭圆约为 2km×1.9km。着陆器将具有自动避障功能。其中,科学有效载荷之一是月球紫外宇宙成像仪,它是一个 80mm 口径的望远镜,可以在近紫外波段扫描天空,寻找瞬变源。该望远镜于 2019 年 3

图 3.11 超轨公司的 Z-01 月球着陆器(图片由超轨公司提供)

月完成了研制和测试工作,因此仍有可能搭载于 Z-01 月面着陆器登上月球。Z-01 月面着陆器还将发布一款名为 ECA(Ek Choti si Asha,印地语,意为"小希望")的微型探测器,该探测器也是由 Axiom 研究实验室开发的。ECA 是一个对着陆点附近区域进行视觉探测的技术演示项目,探测范围至少为 500m。ECA 主体为一辆太阳能驱动的四轮车,最大行驶速度为 6cm/s。它的质量不到 10kg,包括 1 对铰接式立体摄像头和 1 个太阳传感器。探测车的监控和指挥将全部利用着陆器作为中继实现。月球车在运行到月球日落后,预计将在漫长寒冷的月夜中失效。

3.2.3　5 家增补有效载荷承包商

2019 年 11 月 18 日,NASA 将 5 家美国公司加入到供应商名单中,从而授予它们通过 NASA 商业月球有效载荷服务(CLPS)程序向登月任务交付业务的竞标资格。这一增补行动使得 CLPS 参与者的数量增加到 14 家,也扩大了 NASA 与美国工业界的合作范围,从而创造一个向月球运送有效载荷的强大市场,同时扩大了合作关系网络,这将推动"阿尔忒弥斯"载人登月计划在 2024 年实现。

被选中的公司包括：蓝色起源(Blue Origin)公司,位于华盛顿州肯特市；瑟雷斯机器人(Ceres Robotics)公司,位于加利福尼亚州帕洛阿尔托市；内华达山脉公司,位于科罗拉多州路易斯维尔市；SpaceX,位于加利福尼亚州霍桑市；泰瓦克纳米卫星系统(Tyvak Nano-Satellite Systems)有限公司,位于加利福尼亚州尔湾市。

3.2.4 挥发物研究极地探索漫游车

挥发物研究极地探索漫游车(Volatiles Investigating Polar Exploration Rover,VIPER)主体是NASA的一个项目,但由于需要通过商业着陆器送至月球表面,它仍然是CLPS项目的一部分。它将于2022年12月被送到月球南极,以获得该地区水冰分布和储量的具体情况,并实现对此处水冰的首次取样。

VIPER是一种"托盘"式着陆器,大小与高尔夫球车近似,被设计用于将300kg的载荷运送到月球表面,并在大约100天的时间内漫游数英里。它的4个科学仪器包含1个钻孔机,用于采集各种土壤环境的样本。图3.12为VIPER原型的工程模型。

当VIPER穿越地表时,它将使用配戴的中子谱仪系统探测地表下的"潮湿"区域,以便利用一个可提取地下1m深处样品的钻头展开进一步调查。这款名为TRIDENT(The regolith and ice drill for exploring new terrain)的钻机由Honeybee Robotics公司开发。钻孔样本将有两台仪器进行分析,分别为NASA肯尼

知识链接：

截至2023年6月,这一项目还处于研发过程中,发射日期被无限期推迟。

图 3.12　VIPER 原型是一个工程模型,用于评估月球车的移动系统

注:它包括移动单元、计算和电机控制器。测试项目包括评估月球车在模拟月球环境的各种斜坡、地质和土壤上的行驶性能(照片由 NASA 的艾姆斯(Ames)及丹尼尔·鲁特(Daniel Rutter)提供)。

迪航天中心设计的月球活动观测质谱仪和 NASA 艾姆斯研究中心开发的近红外挥发物光谱仪系统。VIPER 的目标是确定潜在可用资源的成分及含量,包括水冰。

VIPER 是 NASA 与外协单位合作的成果,是 NASA 总部科学任务理事会管理的月球发现和探索计划的一部分。艾姆斯研究中心是月球车项目目前的总体单位,负责领导该任务的科学、系统工程、实时月球车表面操作和软件开发。月球车的硬件由约翰逊航天中心设计,而仪器由艾姆斯、肯尼迪和商业合作伙伴 Honeybee Robotics 公司提供。

3.2.5 托盘着陆器

随着各国对月球探测和科学研究的日益重视,人们希望向月球表面运送各种各样的有效载荷。许多有效载荷(如VIPER)需要用到表面机动能力,如漫游车。NASA联合该机构的航天器及子系统工程师开发了一种"托盘式"着陆器设计,旨在向月球极地地区输送并快捷部署中型有效载荷。着陆器将为其有效载荷提供动力,但当进入月球夜间后着陆器将会失效。

该着陆器的设计基于最低一级要求,在设计过程中对于成本的侧重度高于常规的风险、质量和性能权衡参数。换言之,对于着陆器的设计不求更好与最好,够用即可。作为NASA设计的一款航天器,着陆器将使用单串(零容错)系统作为基线。尽管在精密自主着陆和低成本结构设计与制造等领域有一些改进,但在其开发过程中还是尽可能地利用现有的技术和组件。需要注意的是,这些技术和其他衍生技术可以扩展到其他着陆器设计与任务中。参见本书参考文献中引用的《NASA月球着陆器参考设计》(NASA/TP—2019—220391)。

3.3 商业有效载荷与设备

NASA有时会集成多个项目来支持一个共同的目标,而月球科学家也在参与"阿尔忒弥斯"载人登月计划。2019年2月,月球仪器开发和推进(Development and Advancement of Lunar Instrumentation,DALI)项目向10个团队提供了资金,用于推进包括商业月球有效载荷服务合同中商业企业提供仪器在内的未来登月项目航天设备的熟化。预计3年内资金到位时,此类仪器将达到较高的技术准备水平。DALI的目标是月球勘探、原位资源利用和月球科学。

第一批被选中的仪器原计划于2021年发射升

知识链接:

截至2023年6月,"阿尔忒弥斯"载人登月计划所研制的月面仪器尚未实现成功发射。

空。届时将会发布多份合同,并且由于商业着陆器的初代版本容量有限,早期有效载荷可能会很小。此外,初代着陆器和漫游车将是实现精确着陆与避障、发电、资源利用、低温流体管理、自主操作与传感、机动性、机械装置、航空电子设备和材料的硬件技术演示验证。该计划只要求使用美国的运载火箭(但不要求使用 SLS)完成发射任务。着陆器和漫游车的质量从几十到 1000kg 不等。目前,一款质量为 500kg 的着陆器计划于 2022 年发射。

截至 2019 年 5 月 31 日,首批获得竞投 CLPS 合约资格的公司如表 3.2 所列。

表 3.2　首批获得竞投 CLPS 合约资格的公司

公司	总部所在地	拟议服务项目
*宇航机器人技术公司	宾夕法尼亚州匹兹堡市	"游隼"着陆器
深空系统公司	科罗拉多州立托顿镇	巡游车设计与服务
德雷珀实验室	马萨诸塞州坎布里奇市	"阿尔忒弥斯"7 号着陆器
萤火虫太空公司	得克萨斯州锡达帕克市	"萤火虫起源"(Firefly Genesis)着陆器
*直觉机器公司	得克萨斯州休斯敦市	Nova-C 着陆器
洛克希德·马丁太空公司	科罗拉多州立托顿镇	McCandless 着陆器
马斯滕太空系统公司	加利福尼亚州莫哈维市	XL-1 着陆器
月球快线公司	佛罗里达州卡纳维拉尔角	MX-1,MX-2,MX-5,MX-9
*超轨公司	新泽西州爱迪生镇	Z-01 和 Z-02 着陆器

注:标有星号"*"的公司是"主要承包商",他们可以将项目分包给自己选择的其他公司。

2019 年 7 月 29 日,NASA 宣布它已接受超轨公司提出的解除合同的请求,原因是"公司内部问题"。

由于计划中第一次飞行前的窗口时间很短,NASA的相关场所正在紧锣密鼓地开发第一批科学有效载荷,随后将选择包括来自大学和工业界提供的有效载荷,其目的是每年调用有效载荷以创造更多的机遇。

2019年2月21日,NASA宣布了首批12个有效载荷和试验,它们将分别执行以下任务。

(1)线性能量转移光谱仪,用于监测月球表面辐射。

(2)磁强计,用来测量月球表面磁场。

(3)近地侧月球表面低频无线电观测,这是一项用射频信号测量月球表面附近光电子鞘层密度的实验。

(4)一套由3台仪器组成的设备,用于收集航天器在月球表面降落和着陆期间的数据,以辅助开发未来载人着陆器。

(5)用于月球表面羽流研究的立体相机,它是一组用于监测着陆器发动机羽流与月球表面之间相互作用的相机。

(6)着陆器对月球表面和外大气层的改变,作为另一台着陆监测器,用于研究航天器对脆弱的月球外大气层影响。

(7)导航多普勒激光雷达,它是一种速度和测距仪器,用于速度和距离精确传感,可使月球着陆更加精确。

(8)近红外挥发物光谱仪系统,它是一种分析月球表面成分的成像光谱仪。

(9)中子光谱仪系统和月球表面的先进中子测量是一对中子探测器,用于量化月壤表层土表面附近的氢(以及水)。

(10)月球表面挥发物离子阱质谱仪,它是测量月球表面和外大气层挥发物的质谱仪。

(11)用于实现长期月球表面发电的太阳能电池示范平台,一种用于长期任务的下一代太阳能电池阵列。

(12)"月球节点"1号导航演示器,为轨道飞行器和着陆飞船提供地理定位的导航信标。

2019 年 7 月 1 日,NASA 宣布选择由大学和工业界提供第 2 批 12 项增补的有效载荷。其中,7 项是科学调查,5 项是技术演示:

(1)宇航机器人技术股份有限公司:"月亮使者"(MoonRanger)是一种小型、快速移动的漫游车,能够驶出着陆器通信范围并返回着陆器。

(2)行星科学研究所(Planetary Science Institute):"海姆达尔"(Heimdall)是一个灵活的相机系统,用于在商业载具上进行月球科学研究。

(3)蒙大拿州立大学:月面演示可重构、耐辐射计算机系统,将展示一种耐辐射计算技术。

(4)阿尔法空间测试与研究联盟(Alpha Space Test and Research Alliance)有限责任公司:表土黏附特性有效载荷将确定月球表土如何黏附在暴露于月球环境的一系列材料上。

(5)西南研究所(Southwest Research Institute):月球大地电磁测深仪将通过研究电场和磁场来表征月球地幔的结构与组成。

(6)加利福尼亚大学伯克利分校:月球表面电磁学实验,将研究月球表面的电磁现象。

(7)波士顿大学:月球环境日光层 X 射线成像仪,将捕捉地球磁圈与太阳风相互作用的图像。

(8)马里兰大学:下一代月球后向反射器,将配合地球发射的激光来精确测量地月距离。

(9)科罗拉多大学:月球紧凑型红外成像系统是一种用于绘制月球表面组成和温度分布的红外辐射计。

(10)得克萨斯理工大学卢伯克分校:月球地下

海姆达尔的形象图

热快速探测仪,将测量月球内部的热流。

(11) 加利福尼亚帕萨迪纳市的 Honeybee Robotics 公司:PlanetVac,一种从月球表面获取地表土并将其转移到其他仪器或容器中以返回地球的技术。

(12) 科罗拉多州威斯敏斯特市的马克萨技术(Maxar Technologies)公司:月球表土的样本采集、形态筛选和探测,一种使用机械臂的样本采集技术。

更多相关技术实验和进展参见第 7 章。

3.4 月球科学研究

2018 年 4 月 23 日,NASA 新任局长詹姆斯·布林登斯汀宣誓就职时,NASA 取消了其唯一的探月任务——"资源勘探者"(Resource Prospector)项目。图 3.13 为"资源勘探者"号巡游车原型机。在过去的 10 年里,NASA 在该月球车仪器项目上花费了 1 亿美元。这项任务的目标是从月球南极地区挖掘氢、氧和水等物质。2018 年 4 月 26 日,参与月球探索分析小组的科学家致函 NASA 局长,阐述了他们反对取消该项探月计划的理由,指出这是人类重返月球的关键一步,其他国家正在研制机器人着陆器,以研究月球南极地区的资源。1 周后,

图 3.13 "资源勘探者"号巡游车原型机(图片由 NASA 提供)

NASA解释说,未来将继续进行月球表面探测,但将使用根据新的商业月球有效载荷服务(CLPS)计划合同中的商业着陆器。其中,一些商用着陆器将配备最初为资源勘探者开发的冰钻和科学仪器。NASA官员解释说,在这个项目下,"资源勘探者"号的仪器将在更大规模的月球表面探测活动中发挥作用。

"资源勘探者"号的主要目标是更好地了解月球极地的资源。多艘航天器已经评估那里有冰态水的存在。这些数据主要来自NASA的月球勘测卫星、月球环形山观测卫星以及日本宇宙航空研究开发机构(Japan Aerospace Exploration Agency,JAXA)的Kayuga号。资源勘探者会在很长一段时间内近距离观察这些水冰,确定其含量与分布。

艾姆斯(Ames)研究中心、格伦(Glenn)研究中心、戈达德(Goddard)航天中心、约翰逊(Johnson)航天中心、兰利(Langley)研究中心和马歇尔(Marshall)航天中心参与了CLPS科学有效载荷的开发。同样,由大学、学会和非营利协会组成的月球科学界也都在支持阿尔忒弥斯项目(如前面提到的有效载荷和仪器清单)。

位于得克萨斯州休斯敦市的月球和行星研究所(The Lunar and Planetary Institute)于2019年6月发布了关于"阿尔忒弥斯"载人登月计划的简报。到2024年,月球科学的目标是通过让着陆器进行直接探测了解月球极地挥发物,研究南极艾特肯盆地的地质,并降落在"月球漩涡"地貌上,对月球表面磁场进行首次直接测量。非极地着陆器和漫游车的探索区域将扩大"阿波罗足迹"的范围,并巡视火

月球涡漩照片

山地貌。伴随阿尔忒弥斯1号任务的13颗立方体卫星将提供轨道数据和矿物测绘。资源利用实验将确定利用月球冰块产生水资源的能力。预计针对月球南极的持续行动将利用几乎不间断的太阳光,以及永久阴影区域内存在的挥发物(尤其是水)。其他目标是确定在月球南极艾特肯盆地(South Pole-Aitken Basin)边缘崎岖的地形上最安全着陆地点,以及直接对地通信的潜力。

NASA高级地月空间与表面能力小组(Advanced Cislunar & Surface Capabilities Group)和基于学界的月球探测分析小组(Lunar Exploration Analysis Group, LEAG)为"阿尔忒弥斯"载人登月计划的科学规划提供意见。他们的多个报告都被列在参考资料部分,附录2是LEAG主席的一封信。

2019年10月,LEAG召开了月球科学和探索学界成员年会,讨论月球科学目标的规划和优先级排序等工作,为接下来的10年探索做准备,并为NASA的阿尔忒弥斯项目计划提供建议。会议主要有两个主题:为下一个行星勘测10年计划奠定基础,以及为人类通过"阿尔忒弥斯"载人登月计划重返月球做准备。截至目前,他们的报告还没有公布。

2019年11月5日,NASA月球科学家在约翰逊航天中心的月球管理实验室(Lunar Curation Laboratory)打开了"阿波罗"17号(Apollo 17)于1972年12月提供的一个未被接触过的岩石和土壤样本。这项研究是在NASA"阿波罗"下一代样本分析计划(Apollo next-generation sample analysis)下完成的。该计划利用先进的技术,使用新方法研究"阿波罗"飞船采集的样本,而这些方法在样本最初返回地球时还未被应用。

3.5 着陆点

如前文所述,着陆点的首要选择之一是月球南极艾特肯盆地。沙克尔顿陨石坑(Shackleton Crater)就位于这片巨大的区域内(几乎覆盖月球南极),那里有一些有趣的探索地点。显然,前几次载人着陆需要与门户空间站和地球进行直接通信。人们期望在所有可能的着陆点都能与任务控制中心和科学操作中心进行通信,但是不通过信号中继的方法,月球远地端的一个地点将无法实现信号传输。幸运的是,月球南极有一些高台地形区域,它们不仅拥有几乎永久的阳光照射,而且能直接看到地球。此外,在月球近地侧的NRHO上,围绕拉格朗日 L1 点运行的门户空间站可以实现对月球南极基地和月球表面探测器之间进行大范围的信号中继。在遥远的未来,将有可能在 L2 晕轨道上放置另一颗卫星,以支持远地端的月面活动。迄今为止,尚无对远地侧载人探测的具体计划。

3.5.1　月球南极艾特肯盆地

科学家对月球南极艾特肯盆地的兴趣出于多个原因。南极艾特肯盆地是一个位于月球远地侧的巨大撞击构造,其中心位于南纬 53°,西经 169°。它的直径约为 2500km,内缘长轴线绵延约 2000km,面积约为美国的一半。NASA 通过对 1994 年克莱门汀(Clementine)任务所获立体像对的分析,结合激光测高法,首次得到了其完整的地形图。最近的"月球勘探者"任务利用伽马射线能谱仪对其成分进行了分析。NASA 的月球勘测轨道器、JAXA 的 Kaguya、印度空间研究组织(Indian Space Research Organisation,ISRO)的 Chandrayaan 轨道飞行器以及重力回溯与内部结构(Gravity Recovery and Interior)实验室(由 1 对卫星组成)提供了大量辅助数据,绘制了月球重力场分布图,并对月球内部结构的细节进行了推测。"伽利略"(Galileo)号飞船甚至在飞往木星的途中也对其进行了研究。图 3.14 展示的是月球近地侧和远地侧的地貌图。

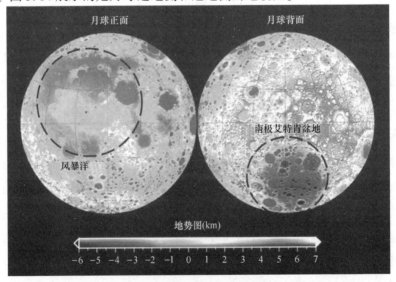

图 3.14　(见彩图)月球正面和背面的地貌图

注:对风暴洋(Procellarum)和南极艾特肯盆地进行了标注(图片由 NASA 及月球勘探者号提供)

南极艾特肯盆地是月球上公认最大、最深以及最古老的盆地。它的海拔范围跨越深约13km的低谷到高约8km的环形山脉。地球上的观测者可以看到最接近月球南极点的山峰,在人们意识到这些山峰就是南极艾特肯盆地边缘的一部分之前,它们就已经被命名为"莱布尼茨山脉"(Leibnitz Mountains)。

重力及地形数据绘制的质量分布图揭示了这一地貌的结构及历史,显示了下月幔(月壳和月核之间的一层)异常巨大的质量。这种异常可能延伸到300km的深度。贝勒(Baylor)大学和月球与行星研究所(Lunar and Planetary Institute)的行星研究员彼得·B.詹姆斯(Peter B. James)博士说:"鉴于其密度以及盆地底部下沉0.8km以上的事实,其质量很可能是某种金属。古老的小行星撞击将是一个合乎逻辑的解释。对大型小行星撞击过程的计算机模拟表明,在适当的条件下,小行星的铁-镍核心可能在撞击过程中卡在上地幔,在这种情况下,撞击形成了南极艾特肯盆地。另一种可能是,巨大的质量可能来自密集的氧化物,其与月球岩浆洋凝固的最后阶段有关。"月球深凹背面和月球表面低洼的开放盆地之间显著的差异可能是太阳系早期历史上一颗不规则的矮行星与月球发生碰撞造成的。

最具科学价值的区域位于南极艾特肯盆地的深部,预计在那里会有大量撞击产生的熔体物质。其中一些熔体物质作为月壤的重要组成部分保留了下来,对这一地区精心挑选的一组样本进行分析可揭示最古老的月球撞击盆地的年龄。

3.5.2 沙克尔顿陨石坑

沙克尔顿陨石坑(Shackleton Crater)是以南极探险家欧内斯特·沙克尔顿(Ernest Shackleton)的名字命名的,它坐落在月球南极艾特肯盆地内,几乎正好位于月球南极点,坐标为南纬89.9°,东经0.0°,其直径21km,深4.2km。沿着陨石坑边缘分布的山峰几乎持续暴露在阳光下,而内部则永远处于阴影中,形成一个永久黑暗的火山口。从地球上看,它处于月球的最底部,位于一个崎岖的高地区域,伴有大量不同年代的陨石坑。从操作角度来看,这不是最容易的着陆点,尤其对于第一批载人任务来说。此外,如果宇航员降落在可直视地球或是可以同门户空间站保持良好通信的山脊区域,那么宇航员将不得不跋涉数英里进入陨石坑,以便勘探水冰。对科学家来说,这可能是一个理想的地点,但对宇航员来说,这是一个更困难的、存在潜在危险的地点。研究者应该对沙克尔顿陨石坑周围的发光区域进行更细致的观察,以确定人类将要使用的着陆器能否胜任在那里的着陆工作。乘组人员需要可运行真实着陆器软件的模拟器,以便在这种崎岖地形上演练着陆行动。图3.15展示的是Kaguya卫星拍摄到的沙克尔顿陨石坑、马拉珀特山(Malapert)及地球的照片,图3.16展示的是Kaguya卫星拍摄到的月球马拉珀特山上的"地出"。

图3.15　沙克尔顿陨石坑、马拉珀特山与地球的合影。马拉珀特山是
月球南极几座被太阳永久照射的山峰之一
(图片由JAXA的Kaguya卫星提供)

月球科学家对于沙克尔顿陨石坑的偏爱出于多种原因。沙克尔顿陨石坑边缘的一些地区几乎可以获得永久的太阳光照,从而可利用太阳能电池板产生持续的电能,这使该地区成为未来月球基地良好的备选地点。该地区的温度也比赤道两侧区域更适宜,因为它不会经历100℃的日间极端高温,也不存在低至零下150℃的夜间低温。但最具价值的是阴影区域的水冰,因为水冰资源可为月球基地提供饮用水水源和火箭推进剂原料。

图 3.16　马拉珀特山上的"地出"（图片由 JAXA 的 Kaguya 卫星提供）

初步的理念是将月球基地建立在陨石坑边缘,该处可持续地被阳光照射,从而实现不间断的电力供应和对地通信,同时可在下方 4.2km 深的永久阴影区中开采水冰与其他有价值的原材料。在宇航员和机器人工作的地方也可以架设电力线以提供照明,而宇航员也不必走那么远的路就能获得水冰。

如图 3.15 和图 3.16 所示,位于沙克尔顿陨石坑边缘可接受阳光永久照射的月球基地可以直视地球,同时可直接与位于 L1 晕轨道上的门户空间站进行通信。在这些图片的背景中,有一个 5km 高的隆起,那就是马拉珀特山。这条山脊大致由东向西延伸,看起来显得更宽,尽管远处一些细节被阴影遮挡。山脊的最高峰几乎位于 0°经度方向,具有位于地球和计划中门户空间站视线范围内的理想属性。有人建议将马拉珀特山作为考察月球南极艾特肯盆地的发射机站点。山脊的远侧则位于地球无线电辐照的阴影处,因此可作为搭建射电望远镜的场地,因为来自地球的无线电"噪声"将被屏蔽。

有趣的是,如果能看到宇航员站在那里,就会发现他们是上下颠倒的。

相关图片链接

Fig. 3.1 https://i.pinimg.com/originals/61/48/2e/61482ed635ce05570011ab021f32ec2e.jpg

Fig. 3.2 https://cdn.mos.cms.futurecdn.net/n5d5g9tuvtBUmmAdbgAKnn-970-80.jpg

Fig. 3. 3 https：//images. squarespace － cdn. com/content/v1/5705dc13d210b8bf599dd4f1/1552870417483 － 3KYG9VSRM5FVEFJBLR5Y/ke17ZwdGBToddI8pDm48kEBFJqzv3PjRXdJu ＿ ry1Tr17gQa3H78H3Y0txjaiv_0fDoOvxcdMmMKkDsyUqMSsMWxHk725yiiHCCLfrh8O1z4YTzHvn Khyp6Da－NYroOW3ZGjoBKy3azqku80C789l0lCYWGxfdB_uf1_ERfebHZ72udla7gCRdGSMmFxay 2i8－Slk1NFVTYSmV62CRlj8jw/CrewDragonInfographic. jpg？ format＝1500w

Fig. 3. 4 https：//upload. wikimedia. org/wikipedia/commons/f/ff/NASA _ Crew _ Demo－1 _% 2831433487787%29. jpg

Fig. 3. 5 https：//spacenews. com/wp－content/uploads/2019/08/Dream－Chaser－in－flight1－ web879－879x485. jpg

Fig. 3. 6 https：//www. nasa. gov/sites/default/files/thumbnails/image/44291155200 _1698597497 _ o. jpg

Fig. 3. 7 https：//farm66. staticflickr. com/65535/47974860952_cf305ff650. jpg

Fig. 3. 8 https：//www. astrobotic. com/system/news/nasa－pr－may31－2019. jpg

Fig. 3. 9 https：//s. hdnux. com/photos/77/16/57/16575434/3/920x920. jpg

Fig. 3. 10 https：//www. nasa. gov/sites/default/files/thumbnails/image/clps_fixed. jpg

Fig. 3. 11 https：//cdnph. upi. com/svc/sv/i/2891554143613/2019/1/15541529913571/Lunar － lander－firm－OrbitBeyond－eyes－Florida－for－new－facility. jpg

Fig. 3. 12 https：//www. nasa. gov/sites/default/files/styles/side _ image/public/thumbnails/ image/viper_rover_mgru_in_rockyard1. jpg？ itok＝Dw1hn3y1

Fig. 3. 13 https：//upload. wikimedia. org/wikipedia/commons/5/55/Resource _ Prospector _ NASA_rover_prototype－2015. jpg

Fig. 3. 14 http：//public. media. smithsonianmag. com/legacy_blog/Proc－SPA. jpg

Fig. 3. 15 https：//global. jaxa. jp/press/2008/10/img/20081024_kaguya_1e. jpg

Fig. 3. 16 https：//rapidnotes. files. wordpress. com/2015/03/earthrise－at－the－moons－south－ polar－horizon－with－shackleton－crater－in－the－foreground. jpg？ w＝1200

第4章
系统模块、着陆器、运载火箭和上面级

4.1 动力推进模块

本书第 2 章概述了"阿尔忒弥斯"载人登月计划中的动力推进模块(Power and Propulsion Element,PPE)。本节将更详尽地介绍马克萨科技公司,包括其团队构成及作为门户空间站第 1 个模块工程的动力推进模块。此外,了解该公司的发展历程及其对太空领域的参与情况同样重要。

马克萨科技公司总部位于科罗拉多州威斯敏斯特市,专业从事空间技术服务,主营通信技术研发、近地观测、雷达、在轨卫星业务、卫星产品及相关配套服务。经过多年的调整合并,形成了现在的规模。2017 年,数字地球(Digital Globe)公司和麦克唐纳、德特维勒及合伙人有限公司(MacDonald,Dettwiler and Associates Ltd.,MDA)合并为马克萨科技公司,并作为母公司控股总部位于加拿大不列颠哥伦比亚温哥华的 MDA 公司、总部位于加利福尼亚州帕洛阿尔托的劳拉空间系统(Space Systems Loral,SSL)公司、总部位于科罗拉多州威斯敏斯特的数字地球公司,以及总部位于弗吉尼亚州赫恩登的辐射方案(Radiant Solutions)公司。而 MDA 作为马克萨科技公司组织内的一个独立业务部门运营。

马克萨科技公司著名的产品包括应用于 NASA 航天器上的"加拿大臂"(Canadarm)号机械臂,在国际空间站使用的加"拿大臂"2 号(Canadarm2)机械臂以及 Dextre 机器人。马克萨科技公司大约有 5900 名员工,遍布全球 30 多个地区。

2019 年 5 月,马克萨科技公司被选中承担月球门户空间站第 1 个模块的研发任务,它们与蓝色起源公司以及德雷珀实验室共同合作、设计、研发动力推进模块。鉴于各自的专业领域,蓝色起源公司将为该航天器开发适于载人的相关系统,德雷珀实验室负责航天器的导航和轨道控制,马克萨科技公司将为其提供动力推进及中继通信能力,确保地面和月球表面探测器之间各项指令的正常运行。2019 年 7 月,马克萨科技公司与亚拉巴马州亨茨维尔的 Dynetics 公司签署了一份合作协议,以满足相关元器件的供给。

马克萨科技公司的动力推进模块设计基于劳拉空间系统公司最初的 1300 型卫星平台,这一平台为广泛的应用和技术进步提供了可能性。图 4.1 展示了 1300 型卫星平台总线系统的基本设计。目前,已有 100 多颗使用 1300 型卫星平台的商业航天器在轨运行,比任何其他型号的通信卫星都要多。同时,1300 型平台也是 NASA 为"普赛克"(Psyche)计划准备的基础平台,该计划将于 2026 年探索火星以外的小行星;另外,还包括 NASA 的复原 L(Restore-L)号飞船,计划在未来为陆地星 7(Landsat-7)号补充燃料。

大功率太阳能电力推进(离子推进)可用来有效地操纵动力推进模块并使其进入预定轨道,随后动力推进模块将在服役期内用于推动门户空间站在月球轨道之间移动,以实现 NASA 科学和探索行

绘画作品中的普赛克形象

动成果的最大化。该公司在太阳能电推进方面积累的经验包括 36 个在轨运行的航天器以及超过 10 万小时的点火时间。

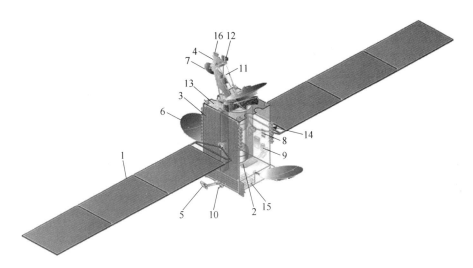

图 4.1　1300 型卫星平台总线系统的基本设计(图片由劳拉系统公司及马克萨公司提供)

1—太阳能阵列;2—推进剂贮罐;3—太阳能光学反射镜;4—塔架结构;5—离子推力器;

6—天线反射镜;7—天线副反射镜;8—通信面板设备;9—航天器电子控制系统;10—霍尔推力器;

11—天线馈电;12—地平仪;13—保温毯;14—行波管放大器;15—电池;

16—测控天线(跟踪、遥测和通信)

霍尔推力器(Hall effect thruster,HET)是动力推进模块及离子推进的基础。之所以称为"霍尔推力器",是因为它的发明是基于美国物理学家埃德温-霍尔(Edwin Hall)在 1879 年攻读博士学位时的一项发现。在空间推进技术中,霍尔推力器作为一种离子推力器,其内部通过磁场限制电子进行轴向运动并撞击工质使其电离,同时利用电场加速喷射形成羽流从而产生推力,出射的离子束流最后再与中和器产生的电子中和,其基本原理如图 4.2 所示。霍尔推力器被归类为中等比冲(1600s)的空间推进技术,自 20 世纪 60 年代以来开展了大量理论和试验研究。该技术最著名的应用莫过于 20 世纪 90 年代末由 NASA 发射的开创性航天器"深空"1 号(Deep Space 1)。作为 NASA 21 世纪计划的一部分,它所测试的突破性技术后来被"黎明"号(Dawn)和"新视野"号(New Horizons)

等科学任务广泛应用。马克萨科技公司进一步改进了这种电推力器,并将其应用于月球门户空间站的动力推进模块。

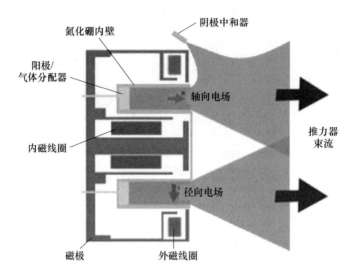

图 4.2　霍尔推力器的原理(图片由维基媒体及芬利-麦克沃特(Finlay McWalter)提供)

马克萨科技公司的动力推进模块设计中的另一项关键技术是卷式柔性太阳能电池阵列(roll out solar array,ROSA),如图 4.3 所示。作为一项突破性技

图 4.3　卷式柔性太阳能阵列(图片由 NASA 格伦研究中心提供)

术,其特点在于紧凑性、模块化和可扩展的太阳能阵列系统设计,在发射时可以卷起来,而不是传统的像手风琴一样的折叠式结构。作为一种已取得高能效认证的技术,它可以拓展到至少可提供200kW功率,以适用于大功率运行。ROSA于2017年在国际空间站上成功测试,并由此大规模应用于马克萨科技公司的所有航天器平台。

动力推进模块需要50kW的功率,其中40kW用于电推进系统,以维持航天器在月球轨道空间的机动。动力推进模块携带2t的氙工质,在中途需要进行燃料补给。动力系统支持与地球及门户空间站附近的其他航天器之间的通信,后续也可用于月球表面的信号传输。图4.4为月球轨道上的动力推进模块艺术渲染图。

图4.4 月球轨道上的动力推进模块艺术渲染图(图片由NASA提供)

航天器的设计将在基准期内完成,之后选项的执行将为开发、发射和在轨飞行演示提供条件。整个飞行演示将持续1年时间,在此期间该航天器的所有权及运营权属于马克萨科技公司。测试完成后,NASA有权将其作为门户空间站的第1个系统模块进行收购。整个动力推进模块计划于2022年底由商业火箭发射。

4.2 居住舱和后勤舱

NASA 公布了计划在地面进行测试的 5 个样机。这些模块并不是"阿尔忒弥斯"载人登月计划的终选方案,而是为了让 NASA 了解将适用于最终设计的界面、需求和设计标准。NASA 在预定的研究方案中比较了不同的设计概念,并由此作为评估依据,以降低采购阶段的风险。

4.2.1 洛克希德·马丁公司的多功能后勤舱设计

洛克希德·马丁公司设计的原型样机是多功能后勤舱(Multi-purpose logistics module,MPLM),该舱将用于与国际空间站之间的物流传递,并利用洛克希德·马丁公司研制的行星探测飞船和"猎户座"飞船实现宇航员与门户空间站之间的往返任务。原型样机中采用可重构式的设计以满足不同的任务需求,结合硬件样机和软件模拟进行测试。洛克希德·马丁公司把从未在轨运行过的多纳泰罗多功能后勤舱(Donatello MPLM)改装为月球居住舱原型样机,在NASA 肯尼迪航天中心进行地面测试。样机长 6.7m,宽约 4.6m,加压后的体积为 64m^3。相比之下,"猎户座"太空舱的体积为 20m^3。图 4.5 为洛克希德·马丁公司的居住舱概念图。

图 4.5 洛克希德·马丁公司的居住舱概念图(图片由洛克希德·马丁公司提供)

4.2.2 诺斯罗普·格鲁曼公司的"天鹅座"飞船设计

诺斯罗普·格鲁曼公司的样机设计是基于国际空间站的供补给飞船"天鹅座"(Cygnus)号。居住舱概念图显示了一个舒适、高效的生活环境,以及不同的内部配置可能性。

2019年7月,NASA委托诺斯罗普·格鲁曼公司为门户空间站建造一个小型居住舱。因为NASA发现诺斯罗普·格鲁曼公司是唯一一家拥有舱体设计、生产及工具库的公司,可满足2024年实现载人登月的要求。拟计划的居住舱以"天鹅座"飞船为原型,该公司在"天鹅座"飞船大规模改装方面积累了丰富的经验,使其能够作为居住舱使用,其中包括增加径向对接端口及舱体散热装置。因为该舱体积较小,可通过现有的载荷整流罩在商业运载火箭上发射。

目前生产的"天鹅座"飞船加压舱的直径为3m,可根据特定货物的需要,将尺寸扩大到5~6m。诺斯罗普·格鲁曼公司研发了两种居住舱样机,一种长6m,直径3m;另一种稍大一些,长7m,直径4.4m。图4.6为诺斯罗普·格鲁曼公司的门户空间站概念图。

图4.6 诺斯罗普·格鲁曼公司的门户空间站概念图(图片由诺斯罗普·格鲁曼公司提供)

4.2.3 波音公司的居住舱设计

波音公司的居住舱设计构想主要继承了过去成熟的国际空间站设计经验,

在 1993 年被选定作为国际空间站的主要承包商后,该公司开发了多个空间站模块。新的设计优化了内部空间,在不影响舱内气压的情况下,可为不同载荷配置适宜的压强分隔区。图 4.7 为波音公司的门户空间站概念图。

图 4.7   波音公司的门户空间站概念图(图片由波音公司提供)

4.2.4   内华达山脉公司的大型充气式织物环境居住舱设计

内华达山脉公司的大型充气式织物环境(largeinflatable fabric environment,LIFE)居住舱的设计构造,发射时为空瘪的紧缩结构,进入太空后对舱体充气并使之扩张。充气式结构(也称"可膨胀式结构")能够提供比传统刚性结构更大的活动空间,而刚性结构更多受限于火箭大小及载荷体积。LIFE 原型样机充气后直径约 8m,能模拟 3 层可居住区域,其地面测试样机已于 2019 年 8 月 21 日在休斯敦的约翰逊航天中心部署。图 4.8 为内华达山脉公司的门户空间站概念图。

4.2.5   毕格罗航天公司的可扩展居住舱设计

毕格罗航天公司的 B330 原型机是一个可扩展的模块,在空间环境中充气后,可提供 330m³ 的活动空间。该公司于 2015 年将小型毕格罗可扩展居住舱(bigelow expandable activity module,BEAM)通过 SpaceX 的货运"龙"飞船送往国际空间站,到达空间站后宇航员使用压缩气瓶对其充气并投入使用。经过 2 年的测试研究,充气式可扩展架构证明了它对于恶劣太空环境的适应性,因此 NASA 决定保留它作为一个存储舱。图4.9为毕格罗航天公司的门户空间站概念图。

图4.8 内华达山脉公司的门户空间站概念图(图片由内华达山脉公司提供)

图4.9 毕格罗航天公司的门户空间站概念图(图片由毕格罗航天公司提供)

4.2.6 纳诺拉克斯公司的推进剂贮箱设计

纳诺拉克斯(NanoRacks)公司提出了一个概念,旨在最大限度地提高门户空间站内宇航员的活动空间。该公司的想法是翻新并重新利用废旧火箭的推进剂贮罐,利用太空的真空环境来冲洗贮罐,目前已经完成了关于贮罐翻新和居住舱改装的可行性研究。图4.10为纳诺拉克斯公司门户空间站的概念图。

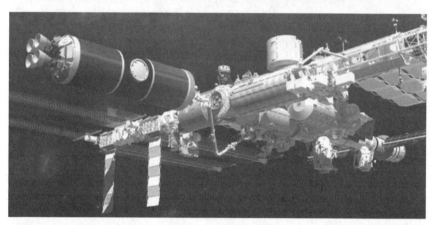

图4.10　纳诺拉克斯公司门户空间站的概念图(图片由纳诺拉克斯公司提供)

2019年底,NASA邀请各公司向门户空间站运送货物补给、科学实验用品以共同支持"阿尔忒弥斯"载人登月计划,同时征集关于月球表面任务的建议。计划运送加压货物和非加压货物至门户空间站,保持长达6个月的对接状态,接着进入自动化处理程序,这一任务计划由商业火箭发射完成。

4.2.7　国际舱

门户空间站的开发团队还包括了其他国际空间站合作伙伴,如加拿大航天局(Canadian Space Agency)、欧空局(ESA)、日本宇宙航空研究开发机构(JAXA)、国际宇航大会(International Astronautical Congress)、俄罗斯联邦航天局(Roscosmos)和NASA。NASA已经为其他国家参与门户空间站建设和更长远的月球探索计划敞开了大门。截至目前,所有参与者和他们的参与份额仍有待商榷。国际空间探索合作小组(International Space Exploration Coordination Group,ISECG)由包括NASA在内的14个空间机构组成,迄今为止已经有100多个国家不同程度地参与了国际空间站建设。图4.11为门户空间站国际舱结构示意图。

以下是目前签约参与月球门户空间站建设的各机构简要介绍。

1. 加拿大航天局(Canadian Space Agency)

2019年2月,加拿大承诺为门户空间站提供名为"加拿大臂"3号(Canadarm3)

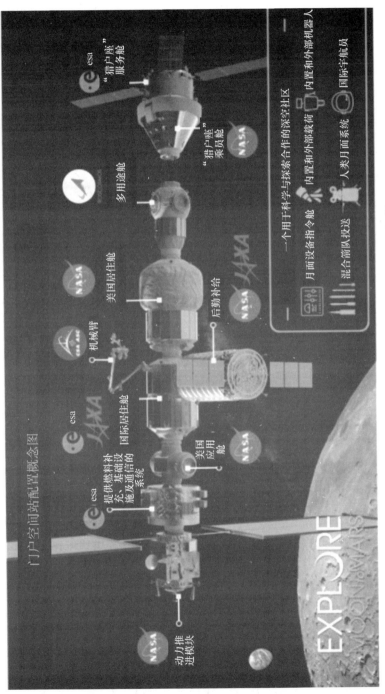

图4.11 （见彩图）门户空间站国际舱结构示意（图片由NASA提供）

的智能机械臂,如图4.12所示。与国际空间站上的"加拿大臂"2号(Canadarm2)类似,通过一个主臂实施大规模的维修和太空行走任务,还有一个小臂用于更多的精细活动,扮演着国际空间站上智能机器"勤杂工"(handyman)的角色。由于门户空间站需要在无人状态下持续运行,因此"加拿大臂"3号必须全程保持自主运行。

图4.12　用于门户空间站的"加拿大臂"3号(图片由加拿大航天局提供)

2. ESA

除了"猎户座"飞船的后勤舱外,ESA还提供了欧洲燃料补给、基础设施和电信供给系统(european system providing refuelling, infrastructure and telecommunications,ESPRIT)后勤舱。不来梅轨道技术(Orbitale Hochtechnologie Bremen,OHB)系统公司作为泰雷兹阿莱尼亚宇航(Thales Alenia Space)公司的分包商,被选中参与该舱规划的两项平行研究之一。这些研究和设计主体由OHB公司与空客(Airbus)公司共同完成,其中OHB公司主要负责模块结构、热控系统,同时设计动力推进模块的离子推力器氙工质加注系统。此外,ESPRIT舱还会额外携带贮肼装置、通信设备,以及科研所需的密封舱体。

整个ESPRIT后勤舱的质量约为4t,长度为3.91m。2018年9月至2019年,空客公司开发了一个居住和科研舱的概念模型,其尺寸约6.5m×4.5m,质量约9t。除此之外,空客公司还为ESPRIT舱的基础设施设计了一个构型,其尺寸为 3m×3m,且质量只有 4t。

3. JAXA

多年来,JAXA 一直是国际空间站项目的合作伙伴和参与者。其下一阶段的兴趣主要集中在月球和月球轨道,以及火星及其小卫星。

2018 年 1 月 24 日,NASA 和 JAXA 共同签署了一份关于空间探索的联合声明。这份声明强调它们在太空任务领域牢固的盟友关系,其中包括人类与机器人空间探索、地球科学研究,以及国际空间站项目中的空间科学研究。虽然未提及门户空间站项目,但显然会涉及。2019 年 5 月 28 日,美国总统特朗普访问日本时,JAXA 介绍了它们的月球计划,并提出了有关门户空间站建设的参与方案,见图 4.13。

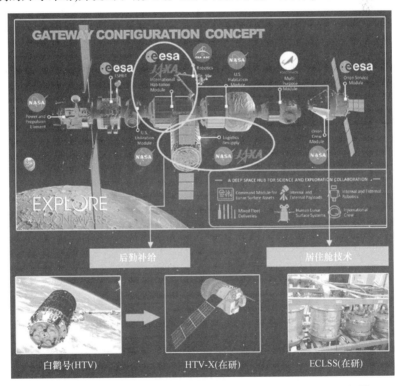

图 4.13 JAXA 在门户空间站项目中的参与方案(照片由 JAXA 提供)

多年来,JAXA 一直在实施月球计划,研发相关的月球智能着陆装置(smart lander for investigating the moon,SLIM),通过其月球轨道飞行器实验与工程探索者号飞船("辉夜"号)采集的数据,演示对未来、对月球和行星探索至关重要的

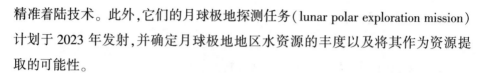

精准着陆技术。此外,它们的月球极地探测任务(lunar polar exploration mission)计划于 2023 年发射,并确定月球极地地区水资源的丰度以及将其作为资源提取的可能性。

JAXA 正在商讨门户空间站潜在的两个设计方案。它们与 ESA 合作,为国际居住舱(international habitation module,I-HAB)开发环境控制及生命维持系统。它还可以利用 HTV-X 型火箭提供物流服务,该火箭尚处于开发过程中,是为国际空间站上 JAXA 设施提供补给的 H-Ⅱ 型转运火箭("白鹳"号)的升级版。HTV-X 计划首次用在该项目序列的第 10 次飞行任务,然后从 2022 年起提供安排的国际空间站再补给服务。

4. 国际宇航大会

在 2019 年 10 月于华盛顿特区举办的国际宇航大会上,NASA 局长詹姆斯·布林登斯汀重申了美国与国际伙伴合作的承诺,即把月球作为通往火星基石的战略计划。在国际空间站项目的国际协议中,只有加拿大政府、澳大利亚政府和日本政府承诺通过参与"阿尔忒弥斯"载人登月计划联合 NASA 开展太空探索。

在大会上,布林登斯汀为"阿尔忒弥斯"载人登月计划争取到了大量支持,并与卢森堡航天局(Luxembourg Space Agency)、意大利航天局(Italian Space Agency)和波兰航天局(Polish Space Agency)签署了联合声明。来自 25 个国际太空机构的高级领导人共同参与,讨论了人类未来的空间探索方向,NASA 介绍了"阿尔忒弥斯"载人登月计划和后续的火星任务构想。来自世界各地的参会者表达了他们对参与计划的意愿,并强调了他们代表的各个机构能为相关任务提供的技术支持。

其中,以 JAXA、ESA 和加拿大航天局的国际合项目为例,该项目涉及用于月球探测及科研的人类增强机械结构(human-enhanced robotic architecture and capability for lunar exploration and science,HERACLES)任务,其目的是研发一个大型月球着陆机械装置,用于相关的月球表面探索任务。这个质量 11t 的月球着陆器需要通过"阿丽亚娜"6 号(Ariane 6)火箭发射,并将其降落舱运送至月球表面。漫游者机器人将率先对月球表面进行勘测,收集月面样本,为将来宇航员的到来做准备。随后上升舱将从月球上发射,与门户空间站会合,在被机械臂"捕获"后,将相关样本转移到"猎户座"飞船,并与返航宇航员一起返回地球。目前的规划是在第一、第四次着陆任务中使用巡游车。巡游车将收集样本并将其装入其中一个上升舱,然后穿越两个着陆点之间的路程,与下一个着陆器会合并装载剩余样品。

若 HERACLES 任务在 2020 年左右获批,即可在 2026—2030 年的第四次或第五次猎户座任务中实现样本收集与返回。这一任务将被视为门户空间站建设的前期科学成果,通过机器人巡逻探测,可以提前收集调查未来载人着陆点附近的环境状况。

5. 俄罗斯联邦航天局

2018 年底,俄罗斯联邦航天局(Roscosmos)的代表对 NASA 的月球门户空间站计划表示强烈反对,并表示整个项目的决策主导权完全由美国控制,与国际空间站项目中采用的国际合作伙伴关系形成鲜明对比。俄方认定月球门户空间站计划完全是 NASA 主导的项目,并拒绝参与合作。俄罗斯联邦航天局代表在某次发言中表示:"就目前而言,所有的决定都是由 NASA 做出的,似乎计划中的一切都是在按照美方制定的标准进行,那么对于俄罗斯联邦航天局和俄罗斯联邦政府而言,任务参与受限,因此我们并不看好此项目的前景。"之后,发言人澄清道,这仅代表他的个人意见,并不意味着俄罗斯不参与该计划。然而,鉴于俄罗斯在国际空间站项目中的参与经历,很难相信他们会缺席"阿尔忒弥斯"载人登月计划。

截至 2019 年底,俄罗斯联邦航天局似乎会提供一个多功能舱作为对接节点。俄罗斯联邦航天局表示他们可能会使用"质子"-M(Proton-M)和"安加拉"-A5M(Angara-A5M)重型运载火箭发射相关载荷,甚至包括宇航员。俄罗斯联邦航天局和 NASA 在 2020 年举行了双边会议,进一步商讨俄罗斯在"阿尔忒弥斯"载人登月计划中扮演的角色。

4.3 载人着陆和转运模块研究

第 3 章讨论了由商业月球有效载荷服务承包的用于承载科学研究和探索任务有效载荷的无人月球着陆器。本节将着重介绍宇航员在往返月面和门户空间站时将要驾驶的飞行器。

2019 年 8 月 16 日,NASA 局长詹姆斯·布林登斯汀宣布,位于亚拉巴马州亨茨维尔的马歇尔太空飞行中心将开启载人着陆系统计划。位于得克萨斯州休斯敦的约翰逊航天中心作为所有载人航天项目的管理方,正在推进"猎户座"飞船和月球门户空间站的相关事宜,并监理载人着陆飞行器计划的各个方面;此外,"阿尔忒弥斯"载人登月计划的所有任务都将由约翰逊航天中心来运营。

4.3.1　NASA 载人着陆器研究

NASA 重返月球计划面临的最大技术挑战之一,就是开发从门户空间站(或月球轨道的其他地方)下降到月球表面的载人着陆器。目前,这些计划尚未固化。NASA 计划使用"猎户座"飞船将 4 名宇航员送至门户空间站,接着用一艘着陆器将其中 2 名宇航员送至月球表面。NASA 已经开始商讨有关着陆器的一些初步设计合同,并在系统设计方面为制造商提供一定的灵活性,包括从门户空间站下降至月球低轨道,从低轨降落到月球表面,以及任务完成后先从月面发射至低轨,接着再返回门户空间站。NASA 在为它们的着陆器寻求一个更加商业化的合同程序。而现在最大的问题是 NASA 能否会从国会获得足够资金来完成该飞行器的实际建造。

2018 年底,时任 NASA 先进探索系统部(Advanced Exploration Systems Division)负责人杰森·克鲁桑(Jason Crusan)向月球探测分析小组介绍了载人着陆器的情况。除了以前的设计概念和架构外,还研究了与门户空间站相兼容的阿尔忒弥斯着陆系统设计,其中包括单级着陆方案、双级着陆方案和三级着陆方案。

克鲁桑指出,单级着陆方案超出了 SLS 的运载能力,无法将飞行器送入首选的 NRHO,有关这个轨道的详情见本书附录 4。

带有上升舱和降落级火箭的双级方案更符合 SLS 的运力。然而,克鲁桑认为,降落级的质量过大,无法通过在未来 10 年可能会面世的商业运载火箭来运输。而"阿波罗"15 号、16 号、17 号任务使用的"阿波罗"扩展登月舱质量达16t,最多可维持 2 名宇航员在月球表面活动 3 天。

三级方案除上升舱和降落舱外,还额外引入一个"拖船"或转运级(或称为"转运模块"或"转运飞行器")。它将把着陆器从门户空间站转运到较低的轨道上,以减少着陆器需要携带的燃料质量。如此一来,多型运载火箭都可以满足条件,从而为商业航天公司和国际伙伴提供更多的合作机会。

截至 2019 年 2 月,NASA 已经确定了他们认为可行的"阿尔忒弥斯"载人登月计划的架构，但还没有就合同授予进行意见征求和研究。当然，工业界了解 NASA 的分析。NASA 的概要如下：

先进探测着陆器是 NASA 关于三级着陆器概念的构想。首先着陆器从门户空间站出发；其次通过转运飞行器把宇航员送到月球低轨，与降落舱分离；最后降落舱（附带上升舱）将在月球表面着陆，开展月面探测任务。至多4名宇航员（大概率是2名）将在月球表面停留约2周时间，然后乘坐上升舱升空，返回门户空间站。降落舱和推进装置的质量为 12～15t，可通过商业运载火箭分批发射，并在门户空间站处组合。

门户空间站所在的 NRHO 拥有 3000 千米的近拱点和 70000 千米的远拱点。它的最低点将提供通往南半球的通道。在月球任务开始时，转运火箭将把着陆器送入高约 100 千米的圆形月球低轨。尽管转运火箭和上升舱的设计都可做到重复使用，但目前并没有相关要求，而降落舱将被留在月球表面。

如果这一计划中标并获得资助，就会在 2024 年作为一个独立的机器人任务进行测试，并在 2028 年开始以门户空间站为起点进行载人着陆。载人着陆系统的构建如图 4.14 所示，该构想包含降落飞行器、转运飞行器及上升舱三个部分。若未来原位资源利用相关技术足够成熟，月面水冰等资源就有可能支持着陆器的重复使用。

预计 2024 年左右，着陆飞行器在所有模块中最先进入测试环节。图 4.15 为月球着陆器概念图。届时门户空间站的雏形将大致完成，其中包括动力推进模块、欧洲方面研制的补给和通信模块，以及美国

知识链接：

拱点是指一个物体运动轨道的极端点，在天文学中，这个词是指在椭圆轨道上运行的天体最接近或最远离它的引力中心（通常也就是系统的质量中心）的点。

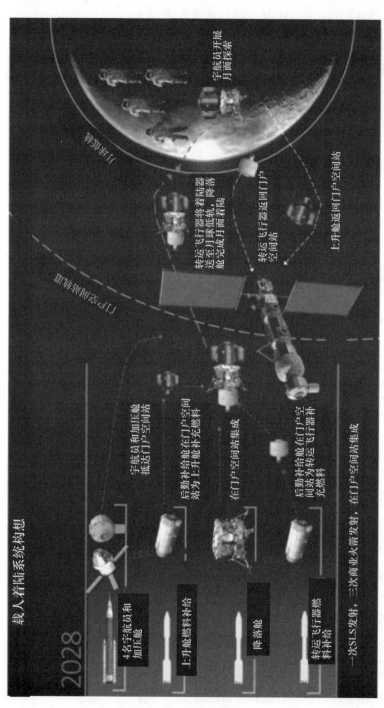

图4.14　（见彩图）载人着陆系统的构建(图片由NASA提供)

图 4.15　月球着陆器概念图(图片由 NASA 提供)

建造的应用舱。2 年后(约 2026 年),下一阶段将准备就绪,计划利用一次无人月球着陆来对全部 3 个模块进行测试。降落飞行器和转运飞行器将通过商业运载火箭运送至门户空间站。与此同时,SLS 把装载上升舱的"猎户座"飞船运送至门户空间站交会点,整个着陆器系统将在那里进行组合。转运飞行器把降落和上升飞行器运送到月球低轨,随后分离并返回门户空间站。上升飞行器将依附于下降飞行器在计划的地点着陆,着陆点可能在月球南极-艾特肯盆地附近,但要在门户空间站和地球的视线范围内以保证通信的畅通(见 3.5 节)。

一旦完成月球表面的探测活动,上升飞行器就会发射升空并返回门户空间站,在那里与转运飞行器一起进行后勤补给。图 4.16 为上升级飞行器发射的假想图,图 4.17 为着陆器与月球门户空间站交会的假想图。

在同一时间节点,门户空间站可以通过增加至少一个居住舱来扩展空间。虽然不能达到国际空间站的同等规模,但曾在国际空间站上与 NASA 合作过的相关机构表示,在未来可能会在门户空间站上增加专属的太空舱。

4.3.2　工业界研究

2019 年 5 月,根据"下一代空间探索技术合作伙伴关系"(next space technologies for exploration partnerships,NextSTEP)的附录 E,NASA 选择了 11 家公司

图 4.16　上升级的发射(图片由 NASA 提供)

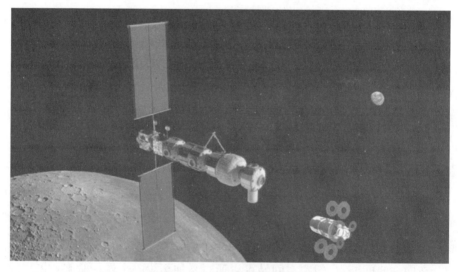

图 4.17　月球着陆器与月球门户空间站(图片由 NASA 提供)

参与"阿尔忒弥斯"载人登月计划载人着陆器样机的研制工作。这些公司需要
在 6 个月内上报它们载人着陆系统研制进度推迟的潜在风险,涉及着陆系统的
降落、转运和补充燃料等过程。整个签约过程与居住舱研发项目类似,合同中
一个要求是被选中的公司出资比例至少占项目总成本的 20%,以减少纳税人的

支出,从而鼓励早期私人资金参与月球经济。所有公司的总奖励金额度约 4550 万美元。

1. 公司/飞行器/研究

(1)洛克达因公司:转运飞行器。

(2)蓝色起源公司:着陆舱、转运飞行器及其样机。

(3)波音公司:着陆舱,2 个着陆舱样机,1 项转运飞行器研究及其样机,1 项补给舱研究及其样机。

(4)Dynetics 公司:着陆舱研究和 5 个着陆舱样机。

(5)洛克希德·马丁公司:降落舱研究,4 个降落舱样机,转运飞行器研究,补给舱研究。

(6)马斯滕太空系统公司:着陆舱样机。

(7)诺斯罗普·格鲁曼公司:着陆舱研究,4 个着陆舱样机,补给舱研究及其样机。

(8)超轨公司:2 个补给舱样机。

(9)内华达山脉公司:着陆舱研究及其样机,转运飞行器研究及其样机,补给舱研究。

(10)SpaceX 公司:着陆舱研究。

(11)劳拉空间系统公司:补给舱研究及其样机。

为了加快工作进度,NASA 正在援用“未定型”的签约行动,允许 NASA 授权的合作伙伴在合同谈判的同时就开始部分研发工作。

以下是截至 2019 年底的着陆器研究状况:

2. 洛克希德·马丁公司

2019 年 4 月,洛克希德·马丁公司开始研究仅包括门户空间站推进模块和对接系统的基本配置。该公司表示,要尽可能快地将这些关键模块送入太空,以便 NASA 能够按照美国白宫的指示加快重返月球的步伐。

NASA 的计划要求构造一个三级着陆器系统(见上文),而该公司的设计去掉了转运飞行器,只涉及一个两级方案。在这一计划中,着陆器将包括 1 个基于“猎户座”飞船技术的乘员舱和上升级,以及 1 个足够大的降落舱,从而在着陆程序开始时不再需要单独的转移飞行器将着陆系统从门户空间站送入月球低轨。着陆系统中一部分是可重复使用的,另一部分将留在月面上。借助门户空间站,着陆器将能够在月面上科学家们所希望的任何位置着陆。虽然 NASA 尚未就如何开展工作做出决定(除了登月架构将包括门户空间站这一事实),但是如果要实现其公布的进度,他们就要迅速采取行动。

洛克希德·马丁公司提出了一个可重复使用的载人月球着陆器方案,如图 4.18 所示。其质量为 22t,能够携带 1t 的有效载荷和 4 名乘员,计划续航时间约 2 周,之后返回门户空间站进行维修和燃料补给。压力容器、航天电子设备、生命维持系统、通信和导航系统等多个关键系统都在"猎户座"飞船中得到成功应用。这样一个着陆器的运行寿命预计为 4~10 次飞行。而一个尚未解决的问题是哪种运载火箭可把整个着陆器从地球送至门户空间站。

图 4.18　洛克希德·马丁公司的月球着陆器(图片由洛克希德·马丁公司提供)

3. 蓝色起源公司的蓝月着陆器

2019 年 5 月 9 日,在华盛顿会议中心举办的 2019 年卫星大会结束后,杰夫·贝佐斯(Jeff Bezos)公布了蓝月(Blue Moon)着陆器的全尺寸模型图,展示了货运着陆器,见图 4.19。该公司还有一个更大的版本,带有"伸展式"推进剂贮罐,将能够向月球表面运送 6.5t 货物。贝佐斯在演讲中展示了一张位于着陆器顶部、用于搭载宇航员的上升级火箭的图片,另一张插图展示了在月面上的另一个更大的、带有上升级火箭的着陆器,还计划开发他们自己的上升级。

图 4.19　宇航员在蓝月着陆器旁工作(图片由蓝色起源公司提供)

蓝色起源公司预计在 2023 年完成初代降落级的飞行准备,并在 2024 年完成迭代版和上升级的测试,同时为载人着陆器做准备。

2019 年 10 月 22 日,杰夫·贝佐斯在华盛顿举行的第 70 届国际宇航大会上宣布,蓝色起源公司计划与洛克希德·马丁公司、诺斯罗普·格鲁曼公司和德雷珀实验室合作,为"阿尔忒弥斯"载人登月计划开发一个具有载人能力的月球着陆系统。作为这个项目的主承包商,蓝色起源公司将负责项目的管理及任务担保。洛克希德·马丁公司将建造蓝月着陆器的可重复使用部分,该部分用于搭载宇航员从月球表面返回,也被称为"上升模块"。该公司还将为该飞行器提供专门的宇航员培训服务,并引导其运行。诺斯罗普·格鲁曼公司将提供转运模块,实现着陆系统从门户空间站到月球低轨的转运。德雷珀实验室将主导着陆器制导系统的开发工作,并提供相关的航电设备。

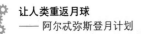

4. 波音公司的月球着陆器

2019 年 11 月 5 日，波音公司根据其在国际空间站、SLS 和星际客船（Starliner）项目中积累的经验，向 NASA 提交了一份关于载人登月的提案。波音公司计划使用提升了运载能力的 SLS Block 1B 型火箭与探索上面级来实现"通往月球的最快步骤"，以打通通往月球表面最安全和最直接的路径。据波音公司称，这一方案可使载人登月的关键任务节点缩短至 5 个，而不是其他提议需求的 11 个或更多。

撤销转运级并将集成的着陆器送到月球轨道上，将大幅减少发射次数并精简着陆的步骤。事实上，这个着陆器既可以与门户空间站对接，也可以直接与 NASA 的"猎户座"飞船对接，不需要额外的航天器，从而使 NASA 实现其 2024 年度任务的可能性增加了。

波音公司正在与得克萨斯州休斯敦市的视觉机器公司合作开发新的着陆器发动机。除此之外，NASA 还与视觉机器公司签订了合同，计划在 2021 年发射一款登月机器人用于科学研究任务。目前，该公司已开展着陆系统发动机样机的相关测试，参见图 4.20。在燃料方面，这一系统选择使用甲烷和氧气，而不是高浓度混合气体。

5. 最后的呼吁

2019 年 9 月 30 日，NASA 发布了关于载人月球着陆器提案的"最后呼吁"。此前，NASA 在 7 月 19 日和 8 月 30 日的征集活动中鼓励各公司提交建议，帮助构建"阿尔忒弥斯"载人登月计划中的关键组成部分。NASA 拟计划向工业界颁发多个奖项，以鼓励各方为载人着陆方案献计献策。最初的提案截止日期是 2019 年 11 月 1 日，后来延长至 11 月 5 日。NASA 希望在 2020 年选择至少两个方案开展实际的开发工作，并表示"首家完成着陆器研制的公司将在 2024 年实现载人登月，第二家公司登月的时间为 2025 年"。

4.3.3 载人巡视器

NASA 的月面探测计划中将包括商业伙伴为"阿尔忒弥斯"载人登月计划提供加压/非加压型的巡视器。尽管已经有载人巡视器的相关研究和样机存在，但目前没有型号获准开发。

图 4.20 波音公司着陆器的上升级从月球升空(图片由波音公司提供)

4.4 运载火箭

NASA 和美国空军经常使用同型号的运载火箭。目前,用于国家安全太空发射(national security space launch,NSSL)任务的常用火箭包括"宇宙神"5 号、"德尔塔"4 号重型、"猎鹰"9 号和"猎鹰"重型 4 种型号。2019 年 8 月,"德尔塔"4 号重型火箭退役,美国空军目前正在为所谓的下一代运载火箭(next generation launch vehicles,NGLV)进行招标,这一火箭也会被用于 NASA 的"阿尔忒弥斯"载人登月计划中。

很明显 NASA 不会使用 SLS 火箭完成月球轨道的运输任务,而是选择几款重型运载火箭为门户空间站和登月任务运送各种太空舱及有效载荷。其中除了联合发射联盟(United Launch Alliance,ULA)系列运载火箭的成熟型号外,还包括德尔塔 4 号重型和"宇宙神"5 号等。

以下是"阿尔忒弥斯"载人登月计划中可能会使用、目前尚在研发过程中的几款运载火箭,其中包括国外的轨道级运载火箭,但用于太空旅行或微重力研

绘画作品中的伏尔甘形象

究的亚轨道级火箭则不包括在内，如蓝色起源公司的"新谢泼德"（new Shepard）号火箭。

4.4.1 联合发射联盟的"伏尔甘半人马"号运载火箭

"伏尔甘半人马"号（Vulcan Centaur）是 ULA 正在研发的下一代重型运载火箭，以满足美国空军的 NSSL 竞争和发射计划需求，同时也可能被 NASA 用于国际空间站和"阿尔忒弥斯"载人登月计划。它包括 1 个单级的助推器、高能半人马第二级和一个直径 4~5m 的有效载荷整流罩；4m 的版本在升空时最多可携带 4 个捆绑式固体火箭助推器，5m 的版本最多可以携带 6 个，见图 4.21。

"半人马"级计划在 2024—2025 年将被更先进的低温演进级（advanced cryogenic evolved stage，ACES）取代。在这种配置下，"伏尔甘"号的运载能力与 2014 年"猎户座"飞行测试任务中的"德尔塔"4 号重型火箭相当。

2019 年 8 月 14 日，NASA 宣布第二次"伏尔甘半人马"号运载火箭的认证飞行将由内华达山脉公司负责，作为其商业补给服务（commercial resupply services，CRS）合同中 6 个追梦者计划中的首次发射任务。发射任务计划于 2021 年开始，并将使用四段捆绑式配置的"伏尔甘半人马"号运载火箭。此任务引出了一个问题："伏尔甘半人马"号火箭的第一次认证飞行是否携带商业有效载荷？几天后这个问题得到答复，8 月 19 日的报道称，"伏尔甘半人马"号运载火箭将为宇宙机器人技术（Astrobotic Technology）公司发射"鹰隼"号着陆器。此次发射

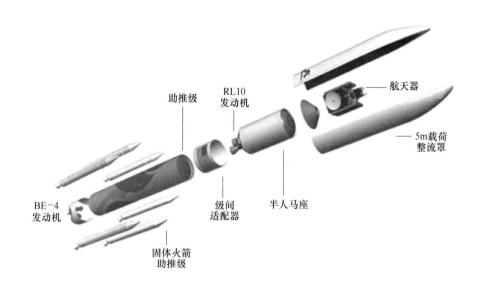

图 4.21　"伏尔甘半人马"号运载火箭的细节图（图片由 ULA 提供）

原计划在 2021 年执行，使用卡纳维拉尔角空军基地的 SLC-41 发射台，但截至 2023 年 6 月，该任务仍未发射。

"伏尔甘半人马"号运载火箭的运载能力比目前任何可用的单核运载火箭都要强。它的最大升空推力为 1724t，能够将质量超过 25t 的载荷送入地球低轨，或将 15t 的载荷送入地球同步转移轨道，或将 7.2t 的载荷送入地球同步轨道。

2018 年 9 月 27 日，在完成竞争采购后，ULA 选择了蓝色起源公司的 BE-4 发动机作为"伏尔甘半人马"号运载火箭的助推级，该发动机以液态甲烷作为燃料。整个助推器包含 1 对 BE-4 发动机，每台可产生 2400kN 的推力。ULA 为"半人马"级选择了洛克达因公司的 RL10 发动机、诺斯罗普·格鲁曼公司的固体火箭助推器、L-3 航电系统公司（L-3 Avionics Systems）的航电设备以及联合股份防御公司（Rüstungs Unternehmen Aktiengesellschaft，RVAG）的有效载荷防护罩和复合材料结构。RUAG 是一家瑞士技术公司，总部设在瑞士伯尔尼。

让人类重返月球
——阿尔忒弥斯登月计划

知识链接：

“新格伦”火箭以先驱宇航员约翰·赫歇尔·格伦（John Herschel Glenn Jr）命名。格伦于1921年7月18日出生在美国俄亥俄州坎布里奇市，在那里读完了小学、中学和大学。21岁时，他加入美国海军航空学校，1943年毕业后进入美国海军，担任海军陆战队战斗机驾驶员。1962年2月20日，格伦乘坐“友谊”7号飞船升空。他驾驶水星飞船在260千米高的轨道上进行了3圈轨道飞行，历时4小时55分23秒。格伦完成美国首次轨道飞行后，成了美国人心目中的英雄。美国国会向他颁发了国会太空奖章。1974年，格伦首次当选为俄亥俄州参议员，先后4次连任，是美国参议员中公认的科技事务专家。他在防止大规模杀伤核武器扩散方面做了突出贡献。

约翰·赫歇尔·格伦身着宇航服

4.4.2 蓝色起源公司的“新格伦”火箭

“新格伦”（New Glenn）火箭是蓝色起源公司正在研发的一种重型运载火箭，其设计始于2012年，并于2016年9月公布。“新格伦”火箭是一款两级火箭，直径为7m，如图4.22所示。它的第一级由7台BE-4发动机提供动力，这些发动机也是由蓝色起源公司设计和制造的。该火箭的第一级是可重复使用的，但带有2个BE-3U真空优化发动机的第二级只能单次使用，可选的第三级将采用单个BE-3U发动机。

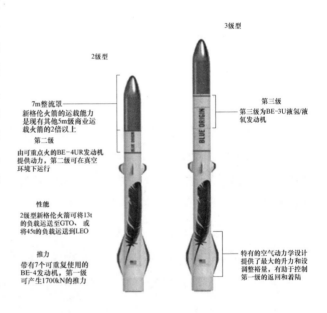

图4.22　“新格伦”火箭
（图片由蓝色起源公司提供）

火箭的第一级可做到垂直降落回收，这是蓝色

114

起源公司特有的一项技术,并在 2015—2016 年由其
新谢泼德号亚轨道飞行器进行测试,预计该技术可
重复使用多达 100 次。火箭第二级的直径与第一级
相同,两级版本计划是将 45t 的载荷送入与赤道成
51.6°的地球低轨(与国际空间站轨道相同的倾角),
并将 13t 的载荷放入地球同步转移轨道。

"新格伦"火箭第一级 7 台 BE-4 发动机将使用
甲烷/氧气作为推进剂,在升空时提供 17000kN 的总
推力。BE-3U 是 BE-3 的一个膨胀循环变体,针对
上面级应用而设计。它使用液氢液氧作为推进剂。
初步设计指标显示,BE-3U 的真空推力为 670kN。

新格伦火箭的第一级将在大西洋的"蓝色起源"
号着陆舰船平台上实现回收,该舰船出色的水动稳
定性将增加在波涛汹涌的海面上实现成功回收的可
能性,如图 4.23 所示。

图 4.23　"新格伦"火箭的第一级在海上降落
(图片由蓝色起源公司提供)

关于"新格伦"火箭模拟发射的 1 分 52 秒的视
频,详见链接:https://www. space. com/43065-blue-
origin-new-glenn-rocket-design-video. html。

知识链接:

　　膨胀循环是双组元液体推
进剂火箭发动机的一种动力循
环,能提高燃料供给的效率。在
膨胀循环中,燃料燃烧前通常被
主燃烧室的余热加热。当液态
燃料通过燃烧室壁里的冷却通
道时,相变成气态。气态燃料产
生的气压差推动涡轮泵转动,从
而使推进剂高速进入推力室燃
烧产生推力。性能高、结构简
单、重量轻、可靠性高、启动平稳
等是膨胀循环发动机的主要优
点。(孙纪国. 膨胀循环发动机
技术现状及其进展[J]. 导弹与
航天运载技术,2001(2):51-
57.)

4.4.3 诺斯罗普·格鲁曼公司的"欧米伽"火箭

"欧米伽"(OmegA)是诺斯罗普·格鲁曼公司(原 Orbital ATK)为 NSSL 计划开发的一种运载火箭,也可用于发射商业卫星。"欧米伽"火箭是一种中重型火箭,借鉴了几十年来在航天飞机、民兵和三叉戟(Ⅱ)D-5 型导弹以及导弹防御和目标拦截上的可靠性能。"欧米伽"火箭在第一级和第二级火箭中使用了固体推进器,同时采用了先进的固体火箭技术,以确保有效载荷在运输中保持平稳状态。低温上面级通过 2 个由洛克达因公司研制的 RL-10C 助推器提供动力。

该火箭计划有两种基本配置方案:一种是中型配置,另一种是重型配置。中型配置将使用曾经用于航天飞机的两段式固体火箭助推器(Solid Rocket Booster,SRB)的第一级;重型配置是 1 个三级飞行器,含有 1 个四段式 SRB 第一级和 1 个单段式 SRB 第二级。

两者均选择使用相同的低温上面级,上面级的直径为 5.25m,比直径为 3.71m 的下一级火箭更粗。中型配置使用一个 Castor 600 助推器作为第一级,可运送 10t 的载荷到地球同步轨道;而重型配置将 Castor 1200 助推器作为第一级,可将 7.8t 的载荷运送至地球同步轨道。这些配置方案可以通过选择固体火箭的数量实现量身定做,其捆绑的固体火箭最多可达 6 个。图 4.24 为"欧米伽"火箭,图 4.25 展示了欧米伽火箭的细节。

欧米伽火箭打算在肯尼迪航天中心的 LC-39B

知识链接:

2020 年 8 月,诺斯罗普·格鲁曼公司宣布终止"欧米伽"火箭项目。

图 4.24 诺斯罗普·格鲁曼公司的"欧米伽"火箭(图片由诺斯罗普·格鲁曼公司提供)

发射场或范登堡空军基地的 SLC-2 号发射台进行发射的,其第一次发射原定于 2021 年,但不幸的是,该型火箭目前已停止研发。

4.4.4 SpaceX 公司的超级重型助推器与星舰

2016 年 SpaceX 公司开始了星际运输系统(interplanetary transport system, ITS)的相关设计,但这项工作在 2017 年被终止。当时,开发工作的重心转向了一个较小的版本,被称为"大型'猎鹰'火箭"(Big Falcon Rocket,BFR)。在其原概念中,ITS 将提供飞出地球轨道的运送能力,以满足前往火星和太阳系其他目的地的需求。大型"猎鹰"火箭原计划在 2021 年启动发射。

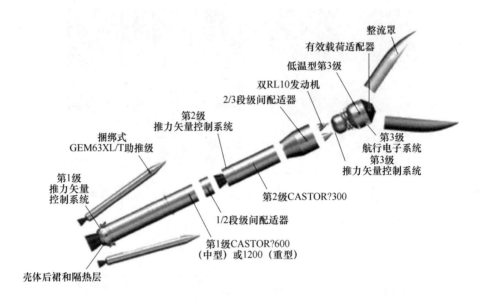

图 4.25 "欧米伽"火箭细节展示(图片由诺斯罗普·格鲁曼公司提供)

　　SpaceX 公司最初设想了一个直径为 12m 的星际运输系统飞船,用于火星和其他星际任务航行。2017 年,SpaceX 公司决定用 1 个稍小型的、直径为 9m 的飞船取代所有 SpaceX 公司的发射任务,包括地球轨道、月球轨道和星际任务。同时引出了在地球上实现洲际客运的前景。它将通过一套完全可重复使用的飞行器来实现,以大幅降低成本。日本亿万富翁、企业家及艺术收藏家前泽友作(Yusaku Maezawa)报名参加 2023 年的超级重型助推器与星舰飞行任务,作为私人乘客绕月飞行。

　　2018 年 12 月,在使用碳纤维复合材料开始建造第 1 个试验样机 9 个月后,SpaceX 公司的创始人埃隆·马斯克宣布,该公司将采取一种"反直觉的新设计方法",即火箭结构和推进剂罐的主要材料将是一种"相当重但非常坚固"的金属,后来被发现是一种不锈钢。截至 2019 年 3 月,SpaceX 公司已经报废了价值数百万美元的碳纤维复合材料生产工具。这些工具是它们从雅思航空(Ascent Aerospace)公司购买的,直到上年 4 月才交付,但目前在洛杉矶港建立制造厂的计划已经取消了。超重型推进器原型样机的组装计划于 2019 年第 2 季度开始。

118

超重型助推器与星舰计划采用可重复使用的第一级发射器和第二级箭船复合体,并打算在 2020 年初取代 SpaceX 的所有现役运载火箭系统。它需要一个较大且完善的地面基础配套设施,可实现发射、着陆、快速周转和循环发射。为了到达深空探测目的地,有必要开发一种可在低轨道的失重状态下将大量推进剂从一个飞行器转移到另一个飞行器的手段。在 SpaceX 公司位于得克萨斯州的工厂组装的星际飞船 MK1 如图 4.26 所示。图 4.27 展示了星际飞船与超重型肋推器分离的概念图。

图 4.26 在 SpaceX 公司位于得克萨斯州的工厂组装的星际飞船 MK1

注:该航天器高达 118m,作为发射和着陆测试的原型样机,安装了 3 台猛禽发动机,而实际的飞船将需要 6 台猛禽发动机提供动力。其中 3 台是为在太空中使用而专门设计的,第 1 级助推器(现在称为"超重型")上的发动机数量可能会有所不同。埃隆·马斯克表示,星际飞船的设计可以容纳 37 个猛禽发动机,而每次任务可能至少需要 24 个猛禽发动机(图片由 SpaceX 提供)。

2019 年 9 月 28 日,在 SpaceX 公司的第 1 枚火箭——"猎鹰"1 号首次成功发射入轨 11 周年之际,在 SpaceX 公司位于南得克萨斯州博卡奇卡的试验场上,马斯克站在高耸的星舰 MK1 号下方阐述了他的星际航行计划。

图 4.27　星际飞船与超重型第 1 级分离(图片由 SpaceX 提供)

4.4.5　"阿丽亚娜"6 号火箭

在撰写本书时,我们尚不确定这种运载火箭将在"阿尔忒弥斯"载人登月计划中发挥什么作用。ESA 将提供猎户座服务舱,也可能提供其他太空舱和载荷。

尽管 ESA 通常负责"阿丽亚娜"6 号(Ariane 6)火箭的整体发射系统,但总部位于法国巴黎的阿丽亚娜集团是行使设计权的主要承包商。这种新型运载火箭将"阿丽亚娜"空间技术公司的效率和灵活性提升到新的高度,以满足客户在各种商业和机构任务方面的需求。为了确保"阿丽亚娜"空间技术公司的持续竞争力,该型号下一代运载火箭的重点是降低生产成本并缩短设计建造周期,同时保持"阿丽亚娜"6 号火箭具有行业领先的质量及可靠性。

"阿丽亚娜"6 号火箭的特点是基于芯级的模块化配置,由上、下两部分组成的液体推进剂模块提供动力,并辅以 2 个或 4 个捆绑式固体火箭助推器。该型号火箭的核心竞争力在于火箭发动机的系列化生产,以及与"阿丽亚娜"空间技术公司的轻量级 Vega C 火箭的技术共享方法,特别是将 P120 发动机用在"阿丽亚娜"6 号火箭上。

"阿丽亚娜"6 号火箭有两种型号,其中,A62 型拥有 2 个固体火箭发动机,可将 10.3t 载荷运送入地球低轨,或将 5.2t 载荷运送入地球同步转移轨道;A64 型有 4 个固体火箭发动机,能够运送 21.6t 负载进入地球低轨或 10.8t 载荷进入地球同步转移轨道。正如该公司为"阿丽亚娜"5 号火箭规划的任务那样,阿丽亚娜空间技术公司打算利用这款火箭发射成对的地球同步轨道卫星。

4.4.6 俄罗斯运载火箭

俄罗斯正在考虑通过发射有效载荷来协助"阿尔忒弥斯"载人登月计划,可能使用"质子"-M 运载火箭或"安加拉"A5M(Angara A5M)重型火箭,但它们的用途仍有待商榷。

"质子"-M 运载火箭是一种来自俄罗斯的重型运载火箭,源自苏联开发的质子号(Proton)。该型号火箭由克鲁尼契夫(Khrunichev)研制,以位于哈萨克斯坦的拜科努尔(Baikonur)航天发射场 81 号和 200 号场地为发射基地。它可以将 23t 的载荷送入地球低轨。在撰写本书时,它最近的一次发射是在 2019 年 10 月 9 日。

"安加拉"A5M 是另一种重型运载火箭,其设计采用 1 个芯级和 4 个助推器。它有 1 个第 2 级和 1 个上面级(用于更高的轨道)。该火箭也是由克鲁尼契夫研制,旨在取代质子型火箭。安加拉 A5M 的主要发射任务在俄罗斯莫斯科北部阿尔汉格尔斯克州的普列谢茨克(Plesetsk)航天发射场进行,但(从 2021 年开始)计划要求它也从俄罗斯远东阿穆尔州的沃斯托奇尼(Vostochny)航天发射场发射。由于有毒的推进剂会造成环境污染,哈萨克斯坦方面迫切希望可以停止发射该型号火箭。"安加拉"A5M 重型火箭可以向地球低轨运送质量 24.5t 重的荷载。

4.5 上面级

4.5.1 过渡低温推进级

"德尔塔"低温第 2 级(Delta cryogenic second stage,DCSS)是用于"德尔塔"3 号火箭和"德尔塔"Ⅳ火箭的低温火箭级序列。该设计基于直径 5m 的改进型DCSS,称为过渡低温推进级(interim cryogenic propulsion stage,ICPS),计划作为NASA Block 1 SLS 的上面级用于"阿尔忒弥斯"1 号的发射任务。

上面级由 1 个圆柱形的液氢罐和 1 个扁球形的液氧罐组成,这两个罐子是分体结构。液氢罐的圆柱结构承载有效载荷的发射负荷,而液氧罐和发动机悬挂于火箭中间级的下方。它由单台普拉特·惠特尼公司(Pratt & Whitney Group)的 RL10B-2 型发动机提供动力,该发动机采用可扩展式的碳–碳喷嘴以提高比冲。对 SLS"德尔塔"低温第 2 级的改进包括延长液氢贮罐,增加用于姿态控制的肼瓶,以及一些小的电子设备配置,以满足"阿尔忒弥斯"1 号试飞目标所需的设计参数和性能指标。ICPS 计划用于"阿尔忒弥斯"2 号载人飞行任务,也可以用于另一个 Block 1 飞行任务,但该任务需要增加一个紧急检测系统,以警告"猎户座"乘组在出现问题时需要中止飞行。中止系统可能是基于 ULA 为"阿特拉斯"-5 型火箭和波音 CST-100 星际飞船开发的系统。图 4.28 为"阿尔忒弥斯"1 号的过渡低温推进级被转移到操作中心。

图 4.28 "阿尔忒弥斯"1 号的过渡低温推进级被转移到操作中心(图片由 NASA 提供)

4.5.2 探索上面级

"阿尔忒弥斯"载人登月计划最初的设想是在"阿尔忒弥斯"1 号完成试验后,用探索上面级取代过渡低温推进级,但就目前情况来看,过渡低温推进级很可能会被用于第 2 次和第 3 次飞行任务。因此,过渡低温推进级将不得不进行改进,以便为载人任务提供必要的中止功能。在某些时候探索上面级将扮演一个类似于"阿波罗"飞船上 S-IV-B 的角色。但"土星"5 号(Saturn Ⅴ)的末级有 1 个 J-2 发动机,推力为 1000kN,而探索上面级有 4 个 RL-10C-3 液氧液氢发动机,推力为 440kN。

探索上面级的液氢储罐直径为 8.4m,液氧储罐直径为 5.5m。连接探索上面级和猎户座飞船的通用适配器将允许在猎户座飞行任务中携带大型飞行载荷(如居住舱),它将使 SLS 对月运载能力从 26t 增加至 37t。图 4.29 为探索上面级渲染图。

图 4.29　探索上面级渲染图(图片由 NASA 提供)

2017 年,NASA 完成了探索上面级的初步设计审查,为早期开展部件研发和材料选择以及设备制造扫清了道路。

尽管探索上面级最初被计划用在 SLS Block 1B 型上，但是出现了变故。NASA 局长詹姆斯·布林登斯汀一度告诉记者："目前没有任何办法可以让探索上面级在 2024 年的"阿尔忒弥斯"3 号任务中准备就绪，因此它并不属于关键节点。"这给人的印象是他已经把探索上面级从"阿尔忒弥斯"任务的预算中剔除了。当时，波音公司只有 SLS 的合同，没有门户空间站的合同，尽管波音公司参与了其中一个太空舱项目的研究。因此，波音公司为了能让探索上面级合同获得更多投资而大力展开宣传工作。同时，波音公司根据其在 SLS 项目上的经验和探索上面级将在 Block 1B 上可用的假设，提交了波音公司载人着陆器的提案（见 4.3.2 节）。2019 年 10 月 16 日，NASA 宣布与波音公司达成合同协议，由其生产 10 个未来的 SLS 芯级和最多 8 个探索上面级。波音公司现在期望通过首次在设计、研发、测试评估建造芯级中获得的经验，以及通过大批次采购，实现在提升效率的同时大幅降低成本的目的。

在"阿尔忒弥斯"载人登月计划的前 3 次任务中，SLS 计划使用过渡低温上面级把猎户座飞船送至月球。而探索上面级的引入将使 SLS 能够大幅提升载荷的质量和体积。因此，探索上面级是"阿尔忒弥斯"载人登月计划基础设施的一个重要组成部分，它需要将宇航员和大型货物一起送往月球、火星和深空，或仅有大重量货物的运输任务。NASA 的目标是在"阿尔忒弥斯"4 号任务中第一次使用探索上面级，其他的芯级和上面级将用于"阿尔忒弥斯"载人登月计划、科学探索或货运任务。

4.5.3 "半人马"上面级

目前，生产的"半人马"上面级有两个版本：作为"宇宙神"5 号火箭上面级的常规"半人马"或"半人马"Ⅲ型（Centaur/Centaur Ⅲ），直径为 3.8m；以及正在研发的、即将作为 ULA 新型"伏尔甘"号火箭上面级的"半人马"Ⅴ型，直径为 5.4m。多数有效载荷在 RL-10 发动机驱动的单发动机"半人马"号（Single engine Centaur，SEC）上发射，但双发动机"半人马"号（Dual Engine Centaur，DEC）配置将用于发射 CST-100 星际客船，或用于发射追梦者航天飞机，实现对国际空间站物流运输。双发动机的更大推力提供了一个更平稳的上升过程，具有较大的水平速度和较小的垂直速度。若在上升过程中发生发射中止或弹道重返大气层的情况，则双发动机可控制减速以降低到人类可承受加速度过载的水平。

当然,"半人马"V型的改进型正在国家安全空间发射计划下研制,"伏尔甘"号最初打算与"半人马"号升级版共同使用,后来升级版本的先进低温演进级(advanced cryogenic evolved Stage)将在后续说明。

4.5.4 先进低温演进级

先进低温演进级是一个用于"伏尔甘"号运载火箭的低温上面级。先进低温演进级概念的提出是为了延长目前上面级的在轨寿命,使得各种应用成为可能。这种长运行寿命特性依托该公司独有的综合火箭流体(Integrated Vehicle Fluids,IVF)技术,利用了劳斯赛车(Roush Racing)公司生产的轻型内燃发动机。它将借助氢氧推进剂的沸腾特性(通常被排出)来实现,包括产生动力(免去了原本必须使用的大部分电池)、稳定姿态(不再需要肼燃料)并保持推进剂贮罐的内压平衡(不再需要氦气压力剂)。

2016年,ULA计划在2024—2025年将"伏尔甘"号从"半人马"上面级过渡到先进低温演进级。"伏尔甘"号和先进低温演进级都将被设计成载人型号,以大幅扩展可能的业务范围。

相关图片链接

Fig. 4. 1 http://sslmda.com/img/1300/ssl_1300_sm_test.jpg

Fig. 4. 2 https://www.wikiwand.com/en/Ion_thruster

Fig. 4. 3 https://www1.grc.nasa.gov/space/sep/#lightbox-gallery-1-6

Fig. 4. 4 https://www.nasa.gov/sites/default/files/styles/full_width/public/thumbnails/image/ppe-gateway-2024_00004.png? itok=7RpsNfF1

Fig. 4. 5 https://www.lockheedmartin.com/content/dam/lockheed-martin/eo/photo/webt/webt-space-lead.png

Fig. 4. 6 https://www.nasa.gov/sites/default/files/styles/full_width/public/thumbnails/image/nextstep-ng-concept_3.jpg? itok=wF_500dj

Fig. 4. 7 https://www.nasa.gov/sites/default/files/styles/full_width/public/thumbnails/image/nextstep-boeing-ehd_3.jpg? itok=0lm-Kbf4

Fig. 4. 8 https://www.sncorp.com/media/2525/2018_ns-2_cislunar_sun.jpg

Fig. 4. 9 https://www.nasa.gov/sites/default/files/thumbnails/image/b330_eva_crop.jpg

Fig. 4. 10 https://www. nasa. gov/sites/default/files/styles/full _ width/public/thumbnails/ image/nextstep-nanoracks-independence-1_3. jpg? itok=3cA99Imj

Fig. 4. 11 https://www. ohb. de/fileadmin/_ processed _/5/c/csm _ Gateway _ Configuration _ New_NASA_d48f0ed987. jpg

Fig. 4. 12 https://cdn. mos. cms. futurecdn. net/p4nkJDca35dnmm9j99mipR-650-80. jpg

Fig. 4. 13 https://global. jaxa. jp/projects/exploration/images/tansa_main_006_e. jpg

Fig. 4. 14 https://cdn. arstechnica. net/wp-content/uploads/2019/02/moon3. jpg

Fig. 4. 15 https://spacenews. com/wp-content/uploads/2018/10/lm-lm-879x485. jpg

Fig. 4. 16 https://a57. foxnews. com/static. foxnews. com/foxnews. com/content/uploads/2019/07/ 931/524/NASA Artemis Lander2. jpg? ve=1&tl=1

Fig. 4. 17 https://www. spaceflightinsider. com/wp   －   content/uploads/2019/02/picture 2_12. png

Fig. 4. 18 https://www. spaceflightinsider. com/wp-content/uploads/2019/04/47574260341_ bc09761fdf_o. jpg

Fig. 4. 19 https://www. blueorigin. com/assets/blueorigin_bluemoon_ascent. jpg

Fig. 4. 20 https://cdn. geekwire. com/wp － content/uploads/2019/11/191105 － boeing － lander － 768x432. jpg

Fig. 4. 21 https://spacenews. com/wp-content/uploads/2019/04/Vulcan-Centaur-graphic_ ULA-879x485. jpg

Fig. 4. 22 https://www. nextbigfuture. com/wp-content/uploads/2018/08/Screen-Shot-2018 -08-04-at-11. 01. 40-PM-min. png

Fig. 4. 23 https://www. nasaspaceflight. com/wp-content/uploads/2018/11/2018-11-28-19 _15_04-Window. jpg

Fig. 4. 24 https://www. rocket. com/sites/default/files/styles/product _ images _ view/public/ Omega-562-Stars-L3-copy-879x485. jpg

Fig. 4. 25 https://s3. amazonaws. com/cms. ipressroom. com/295/files/20185/5b1f7a259dee 811c49d518ad_OmegaExpandedView_lo/OmegaExpanded View_lo_e84e59c1-a546-4f7e-8403- 89906f892e90-prv. jpg

Fig. 4. 26 https://i2. wp. com/redgreenandblue. org/wp － content/uploads/2019/01/BFR － Stage-Separation-Public-Domain-Release. jpg? fit=3840%2C2160

Fig. 4. 27 https://cdn. mos. cms. futurecdn. net/J2NTP9Er4Ad3kRsms7XRoD−650−80. jpeg

Fig. 4. 28 https://www. researchgate. net/profile/Beverly ＿ Perry/publication/327678576/

figure/fig8/AS:708543342718976@ 1545941305773/United−Launch− Alliance−ULA−and−Boeing

−delivered−the−completed−Interim−Cryogenic. jpg

Fig. 4. 29 https://www. nasaspaceflight. com/wp − content/uploads/2019/03/2019 − 03 − 19

−170225. jpg

第 5 章
NASA 和商业航天乘员发展计划

商业航天乘员发展(Commercial Crew Development,CCDev)计划是一个由美国政府资助、NASA 管理的载人航天发展计划。其目的是使美国和国际宇航员能够乘坐私人运营的运输工具飞往国际空间站。CCDev 计划提供了一个样板,展示了NASA 将如何联合商业箭船承包商为"阿尔忒弥斯"载人登月计划挑选、培训宇航员。

2014 年 9 月,SpaceX 公司和波音公司获得了向国际空间站运送宇航员的合同。载人"龙"飞船(Crew Dragon)和 CST-100 星际客船原定于 2019 年进行测试飞行,但后来推迟到 2020 年。在完成示范飞行后,每家公司都有获得参与2020—2024 年飞往国际空间站的 6 次飞行任务合同机会。

5.1 乘员的选拔和培训

入选国际空间站项目的宇航员未来很可能会执行"阿尔忒弥斯"任务。因为在 2020 年飞往门户空间站和月球的载人任务开始时,许多 NASA 宇航员和商业航天宇航员仍处于适飞年龄,尤其考虑到许多宇航员在五六十岁时还在承担载人飞行任务。除了约翰·格伦在 77 岁时还搭乘航天飞机进行飞行实验外,许多宇航员在他们的职业生涯末期都还在参与载人飞行任务。如佩吉·威特森(Peggy Whitson)仍然保持着最年长女性太空行走者的纪录,以及女性太空行走的总时长纪录。她在 10 次舱外活动中的累计时间(截至 2017 年)为 60 小时 21 分钟,而她的舱外活动总时间在所有宇航员中排第4位。她在57岁时完成的一次航行任务也使她成为有史以来进入太空年龄最大的女宇航员。斯多里·马斯格雷夫(Story Musgrave)在61岁时参与载人飞行任务,因此现在的一些宇航员仍有资格参与"阿尔忒弥斯"载人登月计划,尤其是一些宇航员目前只有四五十岁。

针对新型航天器飞行任务,商业宇航员进行了大规模的训练,涉及应对各种紧急情况,其中包括发射任务中止以及在大西洋上溅落。图5.1是2018年8月3日首批公开9名商业宇航员的照片。图5.2~图5.7展示了来自其他商业航天公司的宇航员及宇航员进行各种训练的照片。

一份有关紧急逃生滑索乘坐试验的2min视频,详见链接:https://space-flightnow.com/2017/04/04/video-take-a-virtual-ride-on-the-atlas-5-launch-pad-emergency-ziplines/。

图5.1　在得克萨斯州休斯敦的约翰逊航天中心公开的首批9名商业太空宇航员

从左至右:维克托·格洛夫(Victor Glover)、迈克·霍普金斯(Mike Hopkins)、罗伯特·本肯(Robert Behnken)、道格·赫尔利(Doug Hurley)、妮可·奥纳普·曼(Nicole Aunapu Mann)、克里斯·弗格森(Chris Ferguson)、埃里克·博伊(Eric·Boe)、乔什·卡萨达(Josh Cassada)、苏妮·威廉姆斯(Suni Williams)。他们将参与波音CST-100星际客船和SpaceX载人"龙"飞船的首次飞行测试,并在国际空间站执行相关任务(图片由NASA提供)。

图 5.2　波音 CST-100 "星际" 客船模型和最初被选择参与前两次任务的宇航员

从左至右：苏妮·威廉姆斯、乔什·卡萨达、埃里克·博伊、妮可·奥纳普·曼、克里斯·弗格森(图片由 NASA 提供)。

图 5.3　SpaceX 公司参与前两次载人 "龙" 飞船飞行任务的宇航员

从左至右：维克托·格洛夫、迈克·霍普金斯、道格·赫尔利、罗伯特·本肯(图片由 NASA 提供)。

图 5.4　在载人"龙"飞船回收演习中的宇航员出舱演练

2019 年 8 月 13 日,NASA 宇航员道格·赫尔利和其他来自 NASA 和 SpaceX 的地勤人员练习
将宇航员从 SpaceX 的"龙"飞船舱中抬出。这次联合模拟涉及航天器和 Go Searcher 号运输
船。Go Searcher 号运输船是 SpaceX 的运输船之一,负责回收溅落到大西洋的航天器和宇航员
(图片由 NASA 提供)。

图 5.5　美国国防部团队练习海上救援

2019 年 4 月 25 日、27 日,NASA 的宇航员和国防部载人航天飞行支持办公室救援部门在佛罗
里达州卡纳维拉尔角空军基地的海岸边进行海上救援演练,练习了他们在遇到这种情况时的
处理流程。国防部小组负责在上升、自由飞行或着陆过程中发生紧急情况时,开展快速、安全
的宇航员营救行动(图片由 NASA 提供)。

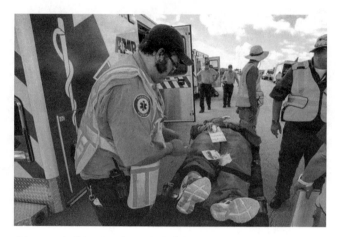

图 5.6　在模拟过程中,一名急救人员对一名宇航员进行治疗

2019 年 7 月 29 日,由 NASA、波音公司及联合发射联盟组织的职合紧急逃生与疏散演习在佛罗里达州卡纳维拉尔角空军基地的 41 号航天发射场进行。宇航员们演练了在发生紧急情况时,如何在没有人帮助的情况下离开 GST-100 星际客船。此次模拟是为即将到来的国际空间站乘员飞行准备活动之一,也是 NASA 商业乘员计划的一部分(图片由 NASA 提供)。

图 5.7　在 41 号发射场,工程师测试了紧急逃生系统——索道式逃生系统

其供 CST-100 星际客船和联合发射"联盟"-"宇宙神"5 号的宇航员使用。宇航员和地面的工作人员遵循一套复杂的程序,演练在发射台上发生紧急情况时的安全逃生。此类事件的反应时间可能只有几秒,因此一切的提前演练都是必需的。在演练中参与者戴上了便携式呼吸器,练习从近 60m 高的通道向滑索移动,并下滑到地面上一个集结点。待所有人都安全到达地面后,快速进入一辆用于抵御爆炸破片的车辆,团队立即驱车 1.6km 到达直升机停机坪,那里的外科医生和急救人员随时待命(图片由 NASA 提供)。

5.2 商业宇航员的国际空间站任务

表5.1列出国际空间站的商业任务计划。

表5.1 国际空间站的商业任务计划

任务名	计划内容
Dragon 2	SpaceX载人"龙"飞船2号原型机。宇航员为罗伯特·本肯、道格·赫尔利。计划于2019年11月15日发射,后推迟至2020年
CST-100	波音星际客船。宇航员为埃里克·博伊、迈克尔·芬克(Michael Fincke)、克里斯·弗格森、妮可·奥纳普·曼。计划于2019年11月30日发射,后推迟至2020年
CST-100	首次携带长驻乘组人员并运送到国际空间站。宇航员为苏妮塔·威廉姆斯(Sunita Williams)、乔什·卡萨达、野口聪一(Soichi Noguchi)。计划于2020年2月执行,年内推迟
Dragon 2	载人"龙"飞船的首次载人任务,携带长驻乘组人员并运送到国际空间站。宇航员为维克托·格洛夫(Victor Glover)、迈克·霍普金斯(Mike Hopkins),计划于2020年5月进行,年内推迟

NASA监察长办公室在2019年11月的一份报告中提到,该机构打算为每个宇航员支付约9000万美元,用于乘坐波音公司的CST-100星际客船前往国际空间站。SpaceX的载人"龙"飞船每座费用约为5500万美元。NASA目前为乘坐俄罗斯"联盟"号飞船(Soyuz)的3人每座支付约8600万美元。自从NASA在2011年7月退役其航天飞机后,俄罗斯"联盟号"飞船一直是宇航员往返国际空间站的唯一交通工具。

5.3 "阿尔忒弥斯"载人登月计划

"阿尔忒弥斯"1号的任务是SLS的首次航行,它将是对已完成的"猎户座"飞船和SLS系统的"全方

知识链接:

"龙"飞船2号原型机的实际发射时间为北京时间2020年5月31日凌晨3时22分。

2020年11月3日,NASA宣布为避免与载人龙飞船任务发生冲突,星际客船首次载人飞行测试(CFT)推迟到2023年4月进行。

北京时间2020年11月16日8时27分,"龙"飞船2号飞赴国际空间站,实现首次商业载人飞行。

本次任务实际搭载了4位宇航员,分别是迈克尔·霍普金斯、维克多·格洛弗和香农·沃克与野口聪一。

位"测试。无人驾驶的"猎户座"太空舱将在稳定的远距离逆行轨道上停留 10 天,在距离月面 60000km 的高度绕月飞行后返回地球。

"阿尔忒弥斯"2 号的任务是该计划的首次载人任务,将于 2022 年或 2023 年搭载 4 名宇航员进行发射,在距离月球 8900km 外以自由返回式飞跃月球,乘员中包括 1 名女性。

在"阿尔忒弥斯"2 号之后,动力推进模块以及一次性月球着陆器的 3 个组件将通过多次商业发射实现运输。

"阿尔忒弥斯"3 号作为 SLS Block 1B(待定)的首次航行,它将与"极简版"的门户空间站进行对接。2 名宇航员(很可能是 1 名男性和 1 名女性)将进入着陆器部分,实施该计划的首次载人登月。宇航员将在月球南极地区着陆,停留约 1 周。该任务计划于 2024 年进行。

在此之后,还有一些后续方案。其中,一个方案计划在 2024—2028 年再进行 4 次 SLS Block 1B 发射,携带载人"猎户座"飞船和后勤补给舱前往门户空间站。第 4~7 次载人飞行任务将在 2025—2028 年每年实现一次发射,借助可重复使用的着陆器,开展原位资源利用技术和核能技术的测试。在 2028 年的第 8 次飞行中,SLS Block 1B 将运送 1 个月面前哨站(其设计尚未确定),以支撑月球表面活动的延续。除了月球着陆器的消耗性模块外,商业发射还可在每次载人"阿尔忒弥斯"载人登月计划之前向门户空间站提供补给舱等其他有效载荷。

知识链接:

飞行器从地球附近出发,在月球引力作用下从月球近旁经过,之后重新回到地球。理想情况下,除置入轨道外,不需要额外动力,故称为"自由返回"。

5.4　新一代宇航服

位于特拉华州多佛市的国际乳胶公司（International Latex Corporation，ILC）设计制造了月球上使用的"阿波罗"宇航服、在国际空间站使用的舱外机动套装（Extravehicular Mobility Unit，EMU）宇航服，以及先进的舱外"行走服"原型 Mark Ⅲ、Z-1 和 Z-2。ILC 团队联合科林斯宇航（Collins Aerospace）公司共同研制了宇航服背囊，用于调节压力、供给氧气和降温冷却，应用于 Astro 牌舱外活动宇航服和 Sol 牌 LEA（发射、进入和中止）宇航服。

Astro 牌舱外活动宇航服采用了最新的混合型上躯干专利技术，无须外部工具就可以调整其尺寸以适应所有宇航员，从而最大限度地减少宇航服的备货。此外，工程师定位改进了活动关节，不仅减轻了宇航服的重量，而且优化了关节的活动能力。除了连接到宇航服背囊外，还带有一个数字显示系统。下一代的二氧化碳清洗设备将延长宇航员在月球及火星上的穿着时间。

Sol 牌 LEA 宇航服是一种轻质、高机动性的软质宇航服，可为宇航员提供舒适安全的太空体验。

下一代宇航服系统也将使宇航员的太空活动更加自如。其设计中加入了更灵活的运动关节，以及具备尺寸调整功能的躯干设计。改进后的电动机和电子装置将使宇航服更加轻便小巧。Astro 最初是针对太空行走设计的，但同时也适用于行星探索。实际上，在太空行走过程中，躯干活动量并不大，但宇航员在月球或火星上行走和工作时对活动灵活性的需求将大幅增加。由于不能让额外的移动功能增加宇航服的重量，在 ILC 的设计中，宇航服下躯干部分具备了行走功能，以便为宇航员提供探索月球或火星时所需的移动功能，但没有额外增加传统观念中太空行走必需的额外重量。图 5.8 为帕蒂·斯托尔（Patty Stoll）身着 Astro 牌 EVA 套装，图 5.9 为 ILC Sol 牌用于发射、进入和中止的宇航服套装。

宇航员很容易在这两种服装配置之间进行切换，因为"零重力"和行走式下躯干设计都是通过可快速断开的方式连接到上躯干的。

新宇航服还包括一副 Astro 牌手套，将替换 NASA 多年来一直使用的 ILC Dover Phase Ⅵ型手套。除此之外，新宇航服还包含一个数字显示系统，使宇航员能够使用语音控制、实时访问数据，并通过高清视频进行交流。

图 5.8　帕蒂·斯托尔(Patty Stoll)身着 Astro 牌 EVA 套装(图片由 ILC 提供)

图 5.9　ILC Sol 牌用于发射、进入和中止的宇航服套装(图片由 ILC 提供)

有 3 种任务活动需要穿着宇航服,分别是发射、进入和中止(launch,entry and abort,LEA)、舱内活动(intravehicular,IVA),以及舱外活动(Extravehicular,EVA)。只有 ILC 的"阿波罗"宇航服曾在月球表面的恶劣条件下实用过,这一宝贵经验为后续设计提供了指导。目前,"阿尔忒弥斯"宇航服的设计团队分别来自 NASA、波音公司和 SpaceX 公司。

在过去,宇航服研发难点一部分来自对工作环境的不明确。靠近地球进入深空?在某个小行星上?在月球上?在火星上?千差万别的环境因素对防护服的设计方案至关重要。

1. 面向阿尔忒弥斯应用的 xEMU 套装

目前,NASA 正在研发一种新型宇航服系统,供"阿尔忒弥斯"载人登月任务期间使用,同时适用于其他目的地。该套装与上述压力服有较大差异。在 2019 年 10 月 4 日发布的信息请求中,NASA 广泛寻求行业反馈,帮助完善登月宇航服的生产服务和采购战略,以便在未来 10 年及以后能够有条不紊地推进"阿尔忒弥斯"载人登月计划。

这种名为"舱外探索移动装置"(exploration extravehicular mobility unit,xEMU)的新型宇航服,其历史是一个工程演进的故事,可以追溯到水星计划宇航服,而它本身就是海军高空飞行服的升级版。图 5.10 为在月球表面装备 xEMU 的宇航员假想图。

安全始终是载人任务的重中之重,通过"阿波罗"计划以及近期的机器探测任务,人们对月球环境有了进一步的了解。其中,月球表面的尘埃是由尖锐、粗糙的颗粒组成的,附着在宇航服上将会带来许多麻烦,因此新型宇航服必须具备耐尘功能,可预防颗粒吸入并保护宇航服的生命维持系统。除此之外,这套宇航服还可以承受完全日照和完全阴影的极端环境温度(从零下 150℃ 到 120℃)。当任务位置处于月球两极时,太阳总是在地平线附近,因此在"阿尔忒弥斯"初期任务中环境热量的影响较小。

宇航员的 EVA 便携式生命支持系统背囊中带有宇航服电源和空气呼吸系统,该系统还负责除去宇航员呼出的二氧化碳、水分及有毒气体,同时它还可以协

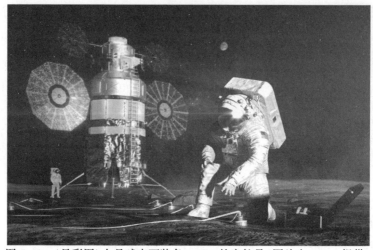

图 5.10　（见彩图）在月球表面装备 xEMU 的宇航员（图片由 NASA 提供）

助调节温度、监测宇航服整体性能，在出现系统故障或氧气等过少时报警。电子设备和管道系统的微型化设计使得整个系统"裕量"有所提升，降低了某些故障的风险。这种设计在整体安全性上有所提升，并有可能延长太空活动的时间。

新一代宇航服更强的机动性让参与"阿尔忒弥斯"载人登月计划的宇航员比他们的前辈更加灵活。压力服是宇航服的人形部分，在提供运动功能的同时保护使用者免受外部环境的影响，包括极端温度、辐射、微流星体和低气压环境。压力服的主要组成部分是上躯干部分、头盔、下躯干部分和内部冷却服。

新型下躯干部分采用了新式材料和关节轴承，允许臀部的弯曲和旋转，同时增加了膝盖的弯曲度，并配备柔性鞋底的登山式靴子。在躯干上部，肩部位置的改进使宇航员可以更自由地移动手臂，以便将物体举过头顶或跨过他们的身体。在"阿波罗"计划中，宇航员肩部的活动是通过织物上的褶皱和电缆滑轮实现的，虽然它们提供了肩部上下移动所需的力学性能，但是限制了关节的旋转能力。新型宇航服的肩部最大限度减小了活动的阻力，同时使用的轴承可最大限度地实现手臂从肩膀到关节的旋转自由度。

NASA 重新设计了头盔中的通信系统。现役宇航服上使用的耳机也称为"史努比帽"（snoopy cap），在佩戴过程中会导致宇航员出汗和不适感，而且麦克风无法持续追踪宇航员的运动。新的音频系统将在上躯干部分嵌入多个语音激活的麦克风,当宇航员与其他成员、门户空间站或地球上的任务控制中心通话时,这些麦克风会自动捕捉宇航员的声音,同时新设计也提高了用户的舒适度。

新型宇航服中仍配备尿不湿,将尿不湿与宇航服缝合在一起可达到最大的吸收效果。尽管执行太空探索任务的宇航员一般不愿意使用这种设计,但如果他们是在持续数小时的太空活动中,那么这种设计还是很实用的。

新型宇航服设计理念中包括可互换的部件,可配置于不同微重力环境或行星上的太空活动。相同的核心系统也可用于国际空间站、门户空间站或月球外部活动。对于火星大气环境中的任务行动,宇航服可以通过针对性的技术改进实现在二氧化碳环境中的生命维持功能,并通过外层保护使宇航员即便在火星的冬天也能保持温暖,在夏天则能防止过热。

改进版宇航服设计的一个新特点是具有一个背部入口。宇航员通过宇航服背后入口爬进宇航服,这一设计将使躯干上部坚硬的肩膀模块比现役宇航服贴合得更紧密。改进后的宇航服肩部位置增加了移动性,适体性更强,同时也减少了宇航员肩部受伤的风险。

由于飘浮在太空中的宇航员几乎不需要像在行星表面行走或驾驶漫游车那样使用腿或脚,包括裤子和靴子在内的下躯干部分将是对现役宇航服的一种改进,目的是在微重力条件下最大限度地提高机动性。

用于"阿尔忒弥斯"任务的头盔还将配备一个快速更换的透明防护罩。这个可替换的防护罩将保护头盔面窗不受行星体磨蚀性污物造成的磨损、撕裂、凹陷和划伤。快速更换功能意味着宇航员能够在出舱前后即时更换防护面罩,而不是将头盔送回地球进行维护。

在约翰逊航天中心的人体测量和生物力学装置中,宇航员接受了全身三维扫描,同时演示了太空行走过程中的基本动作和姿态。通过完整的三维动画模型,NASA可以将宇航员与模块化宇航服组件相匹配,从而为宇航员提供最舒适的穿戴体验和最大的活动自由度,并尽可能减少宇航服对宇航员皮肤的刺激。

一旦NASA完成真空环境防护服的制造,它们将被送往国际空间站进行测试,以确认它们能否在2024年供"阿尔忒弥斯"3号任务乘组人员在月球表面使用。之后,NASA计划将宇航服的生产、组装、测试、维护和使用培训及相关硬件等全盘移交给美国工业界。

2. 阿尔忒弥斯"猎户座"飞船乘员生存系统套装

阿尔忒弥斯"猎户座"飞船乘员生存系统(orion crew survival system,OCSS)套装是为NASA"猎户座"飞船乘组人员在发射和重返大气层时准备的,由航天飞机宇航服改进而来,如图5.11所示。

头盔的设计上强化了通信功能,整体更轻、更坚固,多种尺寸规格有助于减少噪声,且更容易建立通信系统的互联,以便与不同地点的其他宇航员进行交流。

图5.11　OCSS套装(照片由NASA提供)

OCSS套装以橙色为主的外层涂装有助于宇航员在出舱时更容易被搜救人员发现。OCSS套装还包括了肩部增强装置,不仅具备防火功能,而且可实现更好的肢体伸展。作为一种压力服,束缚层的存在可以控制外形并缓解身体的运动负荷。改进的拉链设计允许用户快速穿戴,并增加了结构强度。新的适配接口可提供空气,并清除呼出的二氧化碳。该套装还改进了热控系统,使穿戴者身体保持凉爽干燥。液体冷却服像安装了冷却管的保暖内衣,经过改造后更加透气,也更容易制造。

航天飞机时代的宇航服有小号、中号和大号的标准尺寸,但 OCSS 套装将对每个乘员进行量身定做,以适应不同身材的宇航员。现在的宇航服款式将航天飞机时代宇航服因长期加压穿着为宇航员带来的不适感降到了最低限度。手套是宇航服中受磨损最严重的部分,改进后的手套变得更加耐用,还可以与触摸屏兼容。改进的靴子可在着火时为宇航员提供保护,并在更加合身的基础上帮助宇航员更灵活地移动。

虽然 OCSS 套装是为发射和重返大气层而设计的,但若猎户座在前往月球的途中、轨道调整期间或在返航途中舱内失压,OCSS 套装能帮助乘员维持生命。穿戴宇航服的乘员可以保持"闭锁"状态长达 6 天,从而为返回地球争取时间。宇航服还配备了一套生存装备,以备他们在溅落后、在救援人员还未到达且必须自主出舱时所需。每个套装都配备了救生圈和个人定位信标,1 把救援刀,1 个带有镜子、频闪灯、手电筒、哨子和灯棒的信号包。

经过多次重新设计和工程改进,OCSS 套装将为踏上月球执行"阿尔忒弥斯"载人登月计划的宇航员提供额外的保护,同时也为将来的火星探测任务做好准备。

5.5 商业航天乘员宇航服

乘坐商业航天飞船前往国际空间站的乘员将穿戴专有的宇航服,这些宇航服主要是针对舱内活动设计的,可在舱内发生减压时保护乘员,但不会用于舱外活动。以下提及的宇航服,很可能在前宇航员往国际空间站时首次使用。

1. 波音公司宇航服

波音公司的新宇航服结构设计结合了资深宇航员克里斯·弗格森(Chris Ferguson)的第一手经验和戴维克拉克(David Clark)公司几十年来在宇航服设计、研发、测试和评估方面的洞察力。该公司曾为双子座(Gemini)、"阿波罗"飞船和航天飞机等 10 多个太空计划提供过宇航服设计服务。星际客船所有的乘组人员在发射、升空和返回时都将穿戴"波音蓝"宇航服。这套宇航服可做到量身定制,兼具保护功能和舒适性。图 5.12 为克里斯·弗格森身着 CST-100 星际客船压力服。

有关克里斯·弗格森对星际客船宇航服介绍的视频,时长 2 分钟,其链接为:https://www.boeing.com/space/starliner/#/videos/cst-100-starliner-spacesuit-rollout。

图 5.12　克里斯·弗格森身着 CST-100 星际客船压力服

（图片由波音公司提供）

2. SpaceX 公司宇航服

相比之下，SpaceX 公司与好莱坞铁头（Ironhead）工作室的创始人何塞·埃尔南德斯（Jose Hernandez）签订了合同，他在过去 20 年里为动作电影开发了许多让人记忆深刻的服装，向公众展示了一个又一个令人愉悦的外观设计。接着 SpaceX 公司对其进行逆向工程，以实现宇航功能并满足 NASA 的要求。图 5.13 展示了摆放在载人"龙"飞船前的 SpaceX 公司压力服。

SpaceX 公司的宇航服研究始于 2015 年，目的是为载人"龙"飞船的宇航员提供宇航服，并于 2017 年公布。在 2018 年 2 月"猎鹰"重型火箭的首次发射中，一个人体模型穿上了这套宇航服，在特斯拉跑车的驾驶座上被送入深空。然而，现实中，该套装只计划在载人"龙"飞船内使用。图 5.14 为 NASA 商业航天宇航员鲍勃·本肯（Bob Behnken）和道格·赫尔利（Doug Hurley）身着 SpaceX 的压力服。

关于宇航员的选拔过程以及对火星探测宇航员的预测详见附录 11。

图 5.13　摆放在载人"龙"飞船前的 SpaceX 公司压力服(图片由 SpaceX 公司提供)

图 5.14　NASA 商业航天宇航员鲍勃·本肯和道格·赫尔利身着 SpaceX 的压力服

(图片由 SpaceX 公司提供)

5.6　乘员健康

宇航员在太空中面临着与地球完全不同的环境,科学家们仍致力于研究太空飞行对人体的影响。虽然国际空间站已经提供了大量关于人类在失重环境

143

中的数据,但仍然遗留了大量问题。乘员的健康状态对于人类深空探索的成功来说至关重要。人类研究计划(human research program,HRP)旨在研究和降低对人类健康和机能的重大风险,为人类空间探索提供基本对策和技术。这些风险包括辐射、重力场、恶劣环境等危险因素对人体生理和机能的影响,以及医疗支持、人因工程和行为健康支持等方面带来的特定挑战。HRP 借助综合研究计划(integrated research plan,IRP)将这些风险作为其研究内容,针对不同风险因素提出应对策略。

人类研究路线图(The Human Research Roadmap,HRR)是一个基于网络的工具,用于交流综合研究计划内容、证据报告以及一般的组织信息。HRR 将风险降低领域分为以下几大类:①勘探医学;②人因学和行为表现;③人类健康应对策略;④空间辐射。

每个大类包括许多需要解决的具体风险(共 34 个)。2019 年 4 月 30 日,NASA 选择了 12 个与宇航员在长时间深空探测任务中健康表现有关的研究项目提案。其中,包括调查太空中的压力环境和睡眠障碍对大脑功能造成的影响,以及免疫系统如何对模拟的微重力环境做出反馈。

这些项目是从响应 2018 年人类探索研究机会(Human Exploration Research Opportunities)公告收到的 71 个提案中挑选出的。入选的 12 个提案来自 8 个州和哥伦比亚特区的 10 家机构,将在未来 1~4 年获得总额近 800 万美元的资助,将帮助宇航员为前往月球和下一步的火星做好准备。

完整的调查提案、主要调查者和组织名单如下:

(1)空间环境激活内源性逆转录病毒,杜克大学道恩·鲍尔斯(Dawn Bowles)。

(2)星形细胞是中枢神经系统对空间辐射反应的关键媒介,NASA 艾姆斯研究中心埃格勒·切卡纳维丘特(Egle Cekanaviciute)。

(3)空间辐射引起的持续性雌激素反应和乳腺癌发病风险,乔治敦大学卡马尔·达塔(Kamal Datta)。

(4)宇航员和交感自主神经系统的视神经硬膜变化,乔治理工大学罗斯·伊瑟尔(Ross Ethier)。

144

（5）空间辐射与卵巢癌，加利福尼亚大学（尔湾分校）乌尔里克·卢德勒（Ulrike Luderer）。

（6）经皮迷走神经刺激对睡眠剥夺压力下认知能力的影响，赖特-帕特森空军基地理查德·麦金利（Richard McKinley）。

（7）氧化应激和太空飞行环境的神经影响，免疫失调和抗氧化剂的饮食对策功效，NASA艾姆斯研究中心艾普尔·隆卡（April Ronca）。

（8）探究辐射、重力和压力变化对行为认知与运动功能的协同效应对宇航员状态下滑的预测，加利福尼亚大学旧金山分校苏珊娜·罗西（Susanna Rosi）。

（9）飞行压力和睡眠障碍对大脑功能、神经通信和炎症的影响，东弗吉尼亚医学院拉里·桑福德（Larry Sanford）。

（10）模拟微重力对体内人类自然杀伤细胞和 γδ（γ-delta）-T细胞抗肿瘤特性的影响：IL-2和唑来膦酸的潜在治疗方案，亚利桑那大学理查德·辛普森（Richard Simpson）。

（11）在太空飞行中对昼夜节律的实时评估，布列根妇女医院梅丽莎·圣希莱尔（Melissa St. Hilaire）。

（12）用于监测骨质流失和肾结石风险的超小型设备，达特茅斯-希契科克医疗中心亚历山大·斯坦科维奇（Aleksandra Stankovic）。

2019年7月31日NASA提出了需要更多研究的呼吁，并需要在9月底之前做出回应。以上所有研究都还将再持续1年，所有成果都将应用在2024年进行的首次载人"阿尔忒弥斯"载人登月飞行任务。

除了来自NASA的宇航员，"阿尔忒弥斯"载人登月计划还包括商业宇航员，而NASA在宇航员的健康管理方面一视同仁。因此，波音公司和SpaceX公司将获得NASA在宇航员健康方面的大量专业知识和管理经验。

休斯敦约翰逊航天中心正在进行的人类健康与机能（the human health and performance，HHP）计划将人类视作系统计划的一部分，贯穿任务的所有阶段。通过贯彻以人为本的设计理念来发挥人的能力，该系统可协助乘员识别和管理健康风险，解决突发事件并完成任务目标。

HHP拥有独特的能力、设施和专业知识，可协助诠释飞行器认证要求，同时协助提供载人级飞行器的认证方法。专家团队可以通过人体系统的适用性标准指导商业乘员,定制验证计划,提供各种技术指导及测试设备。

相关图片链接

Fig. 5. 1 https：//static. lakana. com/npg-global-us-east-1/photo/2018/08/03/nasa%209%20astronauts_1533315808152. jpg. jpg. jpg_12671290_ver1. 0_1280_720. jpg

Fig. 5. 2 https：//upload. wikimedia. org/wikipedia/commons/9/98/Boeing ＿ CST － 100 ＿ Starliner_and_astronauts_2018. jpg

Fig. 5. 3 https：//s4. reutersmedia. net/resources/r/? m ＝ 02&d ＝ 20190605&t ＝ 2&i ＝ 1394620025&w＝780&fh＝&fw＝&ll＝&pl＝&sq＝&r＝LYNXNPEF5410R

Fig. 5. 4 https：//blogs. nasa. gov/commercialcrew/wp － content/uploads/sites/230/2019/05/KSC-20190427-PH-MTD01_0197-1024x768. jpg

Fig. 5. 5 https：//blogs. nasa. gov/commercialcrew/wp － content/uploads/sites/230/2019/05/KSC-20190427-PH-MTD01_0197-1024x768. jpg

Fig. 5. 6 https：//blogs. nasa. gov/commercialcrew/wp － content/uploads/sites/230/2019/07/KSC-20190724-PH_JBS01_0091-sm. jpg

Fig. 5. 7 https：//1l0044267psh26mr7fa57m09 － wpengine. netdna － ssl. com/wp － content/uploads/2017/06/astro-view-2-1. jpg

Fig. 5. 8 https：//www. ilcdoverastrospace. com/wp-content/uploads/2019/07/FG202758 -e1563498051842. jpg

Fig. 5. 9 https：//www. ilcdoverastrospace. com/wp-content/uploads/2019/09/cropped-ILC0669. jpg

Fig. 5. 10 https：//www. nasa. gov/sites/default/files/thumbnails/image/xemu-eva-hls. jpg

Fig. 5. 11 https：//www. nasa. gov/sites/default/files/styles/side ＿ image/public/thumbnails/image/20191015_jk3104032. jpg? itok＝1tX4qxoS

Fig. 5. 12 https：//cdn － image. travelandleisure. com/sites/default/files/styles/1600x1000/public/videos/2017-boeing-blue-starliner-spacesuit-suit0117_0. jpg? itok＝UytQ1kCA

Fig. 5. 13 https：//www. google. com/search? q ＝ spacex＋pressure＋suit&tbm ＝ isch&source ＝ univ&sa＝X&ved＝2ahUKEwj9－6jApbjkAhUDna0KHbZpAI 8Q7Al6BAgEECQ&biw＝1332&bih＝675#imgrc＝Aya9mDRUZVHuuM：

Fig. 5. 14 https：//mk0spaceflightnoa02a. kinstacdn. com/wp － content/uploads/2019/09/48496335821_b6cf2b4841_k. jpg

第6章
"阿尔忒弥斯"科学探索课程

在向美国国会和航天领域推销"阿尔忒弥斯"载人登月计划时,NASA 用以鼓舞人心的理由已经显得有些老生常谈:

(1)它将帮助我们学习如何在远离地球的地方生活。

(2)它将帮助我们为前往火星和其他目的地的航天任务做准备。

(3)它将改善全人类的生活,而 NASA 正在领导一个不断壮大的多国联盟来提高人类成就的标准。

(4)将验证着陆火星所需技术,并在此过程中激励下一代的探险家。这是最宝贵的机会,而 NASA 已经准备好了。

(5)NASA 的目标是开展可持续的探月和探火行动。通过集中力量,在杰出人才的努力奋斗下,未来可期。

(6)我们探索月球的计划,以及面向火星的下一个巨大飞跃,将需要强大的国际伙伴关系。

一些更具体的说法如下:

(1)重返月球是火星探测任务规划中的一个重要节点。在月球上的经历有助于我们学会如何在恶劣的环境中生活。如果出了意外,那么救援只需要几天时间,而不是几个月。

（2）门户空间站可以作为航天器进入太阳系的中转站和能源补给站。

（3）国际空间站是一个创新实验室，帮助 NASA 创立了一个新的私营太空部门。NASA 正试图将这些关系扩展到月球和深空。

（4）月球表面含有水冰，可以开采并转化为火箭燃料。NASA 需要在其他星球学习使用类似的资源。

（5）空间发射和运输方面的最新进展为前往月球提供了更安全的途径。

可能从"阿尔忒弥斯"载人登月计划获得最重要的经验之一便是 NASA 应该如何向一个支持率不到 25% 的分裂国会、一个拥有超过 30 万亿美元巨额债务的国家，以及对太空探索兴致寥寥的公众推销项目。

6.1　门户空间站的效用

NASA 局长詹姆斯·布林登斯汀告诉特朗普总统"月球是探索火星的试验场，NASA 将在月球上测试在火星上长时间维持人类生存必需的技术"。

然而，NASA 已经让人类在国际空间站上生活了 20 年之久。一个不争的事实是，自 2000 年以来，来自 17 个国家的约 230 人到访过国际空间站。因此，我们基本知道如何让人类在太空中进行长时间的生活。另一个不争的事实是，我们还不知道如何在深空环境中维持人类的生存，因为那里的辐射将是更大的威胁，而那里的宇航员不可能在几天内就重返地球家园。但是，门户空间站会教给我们这些知识吗？

尽管国际空间站乘员不是在其他行星表面，而只是在地球低轨上活动，但他们的状态与前往火星的漫长征途是相似的，即在失重环境中工作、生活数月之久。由此看来，即使在未来的"阿尔忒弥斯"载人登月计划中，包括月面活动时间在内的载人任务总时长将不会接近国际空间站任务、环绕火星任务或涉及在行星表面停留 18 个月任务的总时长。

从门户空间站获得的知识将阐明近直线晕轨道中恶劣的辐射环境，以及距离地球更远的压力。从这个新轨道返回地球可能需要 7 天时间，几乎是"阿波罗"飞船回家时间的 2 倍。

国际空间站无疑给 NASA 及其国际合作伙伴提供了关于栖息地、后勤舱和空间站系统维护等方面的经验。但是，由于处于地球低轨，国际空间站需要定期打开助推器以维持其高度。作为一个小型空间站,门户的结构将更加简单,但在近直线晕轨道上运行的方式将提出一种新的轨道维持要求。图 6.1 展示了门户空间站居住舱模块的剖面。

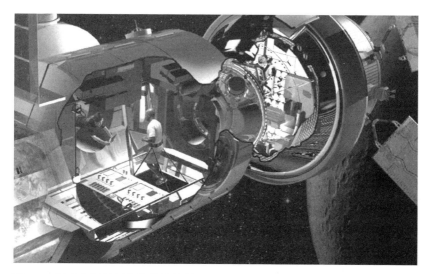

图 6.1 门户空间站居住舱模块的剖面(艺术效果图蒙洛克希德·马丁公司提供)

那么,人们不免要问,门户空间站的效用是什么?答案必须与探索月球的意义分开讨论。月球科学界可以给出数百个探索月球的理由,但科学家并不关心如何把实验带到月球上。对他们而言,一根魔杖就能很好地解决这个问题。在争论中,回答实用性问题的困难是显而易见的。

是否因为缺乏与半个世纪前"土星"5 号的运力,即无法将质量达 140t 的载荷送到地球低轨或将质量 48t 的载荷送到地月转移轨道及月球轨道,所以才有了门户空间站的解决方案?为什么 NASA 马歇尔太空飞行中心的冯·布劳恩团队可以在短短 7 年内从零开始建造,并实现"土星"5 号运载火箭的发射,而NASA 却一直无法开发出与之匹配的现代运载火箭?由于没有适用的运载火箭,NASA 提出了门户空间站概念,涉及多个运力较小的运载火箭。SLS Block 2型火箭似乎是 NASA 最好的选择,但它可能到 2028 年才能面世,这距离其公开的时间已经过去 17 年了。鉴于这种情况,人们必须找出真正的实用因素,以证明"阿尔忒弥斯"载人登月计划登月方式的合理性。

毫无疑问,在月球表面的活动比"阿尔忒弥斯"空间站的更多,月面将成为与长期太空航行有关的诸多模块、系统和子系统的试验场。因此,从这个意义上出发,该计划的主要成果将是获取大量有用信息和经验教训,以支持人类最终在月球和火星上的持续生存。

6.2 可持续性

NASA 经常使用"可持续性"(sustainability)这个词作为开展"阿尔忒弥斯"载人登月计划及其采用门户空间站方案的一个理由。这个词是什么意思呢?牛津字典中的解释为持续存在的能力、确认其有效性、提供必需品、耐受等。对于"阿尔忒弥斯"载人登月计划,似乎是保持该计划的存在,确认 NASA 月球探测方法的有效性,接受为了到达月球和火星所需的一切。图 6.4 展示了 NASA 对于"可持续性"的一些构想。

通过几张幻灯片和辅助文字,NASA 局长告诉国会:可持续地在月球生存将给不同领域带来红利,包括美国的领导地位,科学发现,技术进步,经济发展,以及对下一代 STEM 专业人士的激励。

他接着说,一个可持续的探索计划要求使用现实中可利用的资源进行构建。NASA 正在设计一个开放、持久、可重复使用、具有成本效益的架构,它将支持未来几十年的太空探索。计划的第二阶段,实现月球的可持续性探索还需要整个商业部门和世界各地的合作伙伴,以及降低人类太空航行所有方面的成本。成本的降低将使该机构加大对未来深空探测能力的投入力度,并利用这些新能力来成功完成探索任务。可持续性还包括我们拥有的、能够高效支撑探测任务的基础设施和能力,同时保持足够的灵活性,以满足未来开展进一步探索活动的需求。最后,可持续性要求继续专注于月球以外的下一个目标。我们为月球探测开发的系统和技术方案将被设计成在可行的情况下助力载人探火任务。

美国认为,其牵头制定探索标准是理所当然的,主要是因为美国具有最高的投资份额、最丰富的经验。美国是国际空间站的主要合作伙伴,目前正在领导商业界参与太空活动。正是与国际社会合作的政策维持了美国目前的航天活动,并且很可能继续支持月球任务和最终的火星任务。正是活跃的商业太空

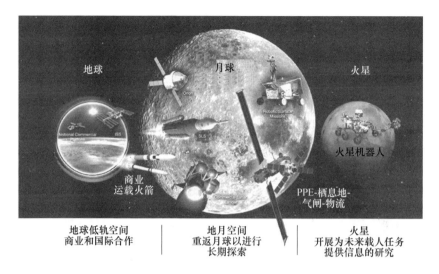

图 6.2　地球、月球和火星(图片由 NASA 提供)

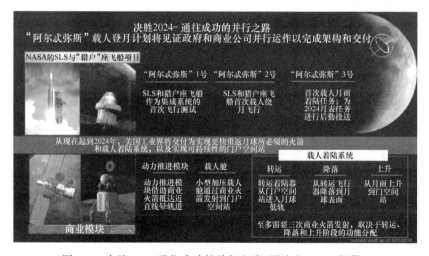

图 6.3　决胜 2024 通往成功的并行之路(图片由 NASA 提供)

项目的出现,以及 NASA 对其中一些活动的资助,维持了美国政府在太空探索中扮演的角色。

　　如果"阿尔忒弥斯"载人登月计划成为一项长期活动,最终演变成在月球上的持续存在,那么根据定义,可持续性已经实现。无论月球活动被证明是科学

图 6.4　在月球和火星上的可持续性(图片由 NASA 提供)

性质的还是商业性质的,这些努力都是值得的。另外,这些尝试也许可以在没有"阿尔忒弥斯"载人登月计划的情况下通过更多"直达月球"的方法实现。

目前,关于火星探测任务存在两种观点,即无论是否采用门户空间站路线,火星任务都可以规划并执行。可以在地球低轨上建造和检验必需的居住舱、后勤舱、动力和推进模块等,然后组装起来送入火星轨道。对火星两颗小卫星的勘察则相对直接。载人登火任务的复杂度远远超过"阿尔忒弥斯"载人登月计划能为未来 10 年乃至下一代人类探测火星任务带来的经验。

有些人认为,任何长期探索任务的可持续性主要是关于如何使用原位资源而非其他方面,更多的人则认为这实际上是一个寻找和利用水资源的问题。虽然人们很容易就能在实验室里制备氧气和氢气,但要在−173℃的温度下开采混合在月壤中的水冰并不是一件容易的事情。有科学家表示,月球水冰中可能含有高达 5%的氰化物。还有科学家希望保护任何生命体,包括任何可能存在于水冰中的生命形式。那么如何使水成为饮用水,或电解它以获得氧气和氢气,如何储存,如何制造成燃料;完成这些任务所需的所有设备从哪里来,又如何把它们运送到月球上。虽然还没有人制造出可行的核聚变工厂,但是一些商业人士主张开采氦−3。这可能是有点本末倒置了,就像某一个物理学家喜欢讲的笑话:核聚变发电只是 20 年后的事,而且它永远都是。

总之,"可持续性"可能是一个过于笼统的术语,虽然它可以用在任务规划中,但在系统、子系统和运营层面上,将会带来高不可攀的壁垒。如果我们在抵达月球后便安家落户,直到一年或更久以后另一个运载火箭生产出来,这是可持续性吗?如果我们去了月球,在那里工作了几年,然后10年或更长的时间都不回去,我们是否实现了有意义的可持续性?毕竟,可持续性"只是一个时间问题"。

6.3 对未来硬件设计的影响

如果说"需求是发明之母",那么以登上月球为目标必然需要开发一些新的工具和方法,着陆火星更是如此。当然,在过去的20年里,国际空间站为舱外活动提供了新的工具,并提出了许多方法来提高宜居性和生命支持能力。多年来,在飞船上进行的数以百计的工程和科学实验推动了许多学科的发展,这些经验都将被应用于规划"阿尔忒弥斯"任务。当然,在这些任务中,新型设计或应用的实现还需要数十年的时间。也就是说,如果在10年或20年内都不知道这些月球任务将带来什么技术和应用,那么如何能证明对于火星任务而言登月任务是合理的?在同一时期,火星任务的规划者和技术专家已经做出关键的设计决策和任务计划。"阿尔忒弥斯"载人登月计划正在开发的技术并未专门针对火星探测任务,而是只针对"阿尔忒弥斯"载人登月计划一般或专门的航天技术开发。它们可能适用也可能不适用于火星任务。但毫无疑问,"阿尔忒弥斯"执行的多次任务终将对未来太空舱、系统和子系统的设计产生影响。

如前所述,商业月球有效载荷服务合同和那些涉及栖息地、后勤舱、着陆器以及其他硬件与软件的合同是专门为"阿尔忒弥斯"载人登月计划设计的。而根据合同的流程特性,它们在实际使用的前几年就已经设计好了,使用结果很可能为以后的月球任务和火星任务的设计提供基础。例如,门户空间站居住舱和后勤舱的尺寸及其规划用途可能与火星任务所需的完全不同。当然,会有一些通用技术,也可能是最初的"阿尔忒弥斯"载人登月计划为后续月球任务改进必要的硬件、仪器和操作方法提供了参考。

NASA喜欢将月球和火星关联起来,认为月球是火星的试验台,可以为载人火星任务所需的新技术提供一个演示验证的机会。这对于前往火星表面的任务而言,可能比前往火星卫星的轨道任务更实际。关于月球探测的讨论往往集中在建立可自给自足的月球基地的概念上,特别是原位资源的开采和利用。这种能力可以转移到火星任务中,特别是那些需要将乘员留在火星表面一年半之后才能确定返航轨道的任务。月球原位资源利用的概念已经在地球上进行了测试,结果表明,在将其应用于月球之前还有许多工作要做,更不用说应用于火星上了。在地球及月球上有许多可以借鉴的经验(详见第7、第8章)。

从现在开始到预计在2024年进行的第一次"阿尔忒弥斯"载人登月计划之间,那些已经在"猎户座"飞船上应用的技术将不会发生任何改变,太空舱和服务舱的方案现在已经非常明确。同样,那些关于SLS的核心级、主发动机和固体火箭助推器的技术决策也不会改变。然而,它们的性能很可能会影响生产线上后续单元或相关测试活动的设计或改进,甚至一些系统或子系统有可能需要重新认证才能用于飞行任务。

当然,还有关于过渡低温推进级是否用于载人飞行任务的决定。如果NASA计划将其用于载人飞行任务,那么它和探索上面级的进展仍然会存在问题。这些决定也可能在阿尔忒弥斯首次任务之前做出。"阿尔特弥斯"在其他方面代表了技术的进步,或对技术进步的认证。

NASA的空间技术任务部将把目前正在研究和审查的许多关键技术转移到商业月球着陆器和月表设备上,对此仅列举几个关键示例。

(1)使用高性能太空飞行算法实现精确着陆。如何评估初始系统中的软件算法并针对后续着陆器进行更新,载人着陆器和有效载荷着陆器之间的算法有什么不同。

(2)原位资源利用。首先实施哪些流程,对后续任务的规划有何影响,对其他表面工作设备的设计有何影响。

(3)月表裂变发电能力。千瓦级核反应堆如何与其他动力系统结合使用。

(4)传统动力系统。其包括着陆器和月球表面的动力系统组合,如先进的电池技术、再生燃料电池系统以及太阳能电池的进步。

(5)低温流体管理。当宇航员分离出氧气和氢气后,他们如何在月球上储存它们;他们如何处理它们以用于呼吸或制造火箭推进剂,还有氢推进剂;他们如何处理其他可能的气体。

1. 动力推进模块

另一项需要在后续空间探索应用中实施和评估的技术是门户空间站的动力推进模块及其太阳能电力推进系统(这在第 2 章中有介绍,而后在第 4 章中又对其进行了更详细的讨论)。电力推进项目的关键设计审查在 2020 年结束,这意味着该系统开发过程的最终设计敲定。门户空间站的首次飞行将依赖这个系统,并在首飞期间对其后续应用进行评估。要从阿尔忒弥斯系统中获取的教训之一是太阳能电力推进是否是一种可行的太空飞行推进方式,如果是的话,有哪些应用?无论这个系统在"阿尔忒弥斯"载人登月计划中有多成功,它都不会成为将乘员送往火星的推进系统,因为星际载人运输的时间必须尽量缩短。而与化学火箭相比,太阳能电力推进的速度过慢。然而,太阳能电力推进可以用来将其他有效载荷送往火星。此外,动力推进模块是否只在特定的应用中可行,如进入地月系统中的晕轨道并维持在该轨道的运行。

2. 着陆器的姿态控制燃料

与航天器燃料有关的技术也在不断进步。2019 年 6 月 25 日,作为美国空军空间测试计划二期(Space Test Program-2,STP-2)任务的一部分,绿色推进剂灌注任务和深空原子钟通过 SpaceX"猎鹰"重型火箭成功发射入轨。前者展示了"更环保"的羟基硝酸铵推进系统。这是一种燃料与氧化剂混合物,空军将其命名为 AF-M315E。这种单推进剂的毒性较小,动力性能(按体积计算)比棘手的肼类燃料高约 40%。

一旦 AF-M315E 在飞行中得到验证,空军就会向 NASA 和商业航天工业界提供这种推进剂以及配套的燃料箱、阀门和推进器,作为未来基于绿色推进剂在太空任务的应用中可行且有效的解决方案。据 NASA 称,这种新的推进剂将成为美国各商业航天港的一项先进技术,使运载火箭和航天器的燃料装载作业更安全、更快速、成本更低。低毒性和易于打开容器进行处理的综合优势将使地面处理时间从几周缩短到几天,极大地简化了卫星发射流程。AF-M315E 燃料的密度比肼类大 45%,这意味着在任何特定体积的容器中可以储存更多的燃料。而且由于 AF-M315E 的冰点较低,只需要较少的能量来维持其温度。

从"阿尔忒弥斯"载人登月计划中得到的经验之一是,AF-M315E 燃料对于飞行器的姿态和控制系统来说是否是一种可行且好用的推进剂。它将影响未来航天器特别是无人驾驶飞行器的设计。在这一点上,AF-M315E 燃料是否适用于"猎户座"飞船是值得怀疑的,因为其服务舱的燃料是已在太空任务中使用几十年的 MON3/Aerozine-50。

3. 深空导航技术的进展

在 STP-2 上测试的深空原子钟技术有望大幅提高深空任务的导航精度(比当今最好的导航时钟精度高 50 倍)。它发射于 2019 年 6 月,将运行至少 1 年,以证明其对单向导航的功能和效用。

在这一点上,我们无法知道这项技术将如何推动航天技术的进步,尽管人们对它能做到这一点充满期待,特别是对于深空追踪和火星导航。

4. 月球表面作业

那些与我们如何到达月球表面有关的活动将影响未来硬件和软件的设计,即各种类型的着陆器,以及将要在月面着陆并协助宇航员在月壤中搜索、提取和处理水冰的设备。其包括栖息地、动力系统、月球表面运输以及采矿和加工设备。

所有这些活动都需要制定操作流程,包括标准流程和紧急流程。无论是在门户空间站还是在月球表面,"阿尔忒弥斯"载人登月计划的任务流程尚未正式确定。随着这些活动的推进,它们将影响到后续的"阿尔忒弥斯"载人登月计划和火星任务的未来。

第 7 章将更详细地讨论这些技术,第 8 章将讨论"阿尔忒弥斯"载人登月计划与火星任务的相关性。

6.4 长期科学探索任务

正如"阿波罗"计划所展示的,人类目前已经知道如何到达月球表面并返回地球。但你可能会惊讶地发现,"阿波罗"飞船宇航员在月球上行走、驾驶月球车和进行探索活动的总时间只有 80 小时。在这段时间里,"阿波罗"飞船宇航员为科学家部署了一系列"阿波罗"月面试验装置,并带回了 382kg 月壤样品用于实验室分析——半个世纪过去了,这些工作仍在进行。近年来,人类已经发送了很多轨道飞行器,并进行了机器人着陆,但就人类对月球的探索而言,这是我们目前获得知识的总和。

科学界对"阿尔忒弥斯"全力以赴的原因很简单,它是美国目前唯一的大型深空探测项目。其他"打了类固醇的'阿波罗'计划"式的任务,如果不推动可持续的计划,就不可能得到国会的资助,尽管肯定有人愿意把这些钱重新分配给某种形式的"直达火星"任务。

月球探索分析小组在其 2017 年一篇名为《推进月球科学进步》的报告中指出:"对于未来美国的载人和无人探测任务而言,月球资源丰富且易于获取,这将推动基础科学的进步,而这些基础科学则加深了我们对太阳系的理解。"

由 NASA 总部科学任务部管理的月球发现与探索计划特别希望确定足以让人类持续返回月球表面的"储备潜力"(可提取和可提炼的原料储量,其使用成本低于从地球运输)。

科学家对可持续性的强调使他们希望拥有一个月球运营基地(类似地质学家的野外站)来支撑月球表面的探索行动,并实现多站点的同时运行。这促使他们决定将最初的着陆点定在月球南极。但在他们的设想中,初始着陆点将随着时间的推移而不断扩建,届时将包含各种模块、加压漫游车(目前该计划中还不存在)和用于发电的核裂变反应堆及太阳能设备。因为他们相信,以月球南极为基地有利于开展对月球表面其他地方的各项研究工作。可以肯定的是,科学家将推动勘探技术的发展,而工程师和操作人员则会推动可持续发展(详 3.5 节)。

6.4.1 研究结果和建议

月球极地探测研讨会在 2018 年夏季和秋季举行,会议报告于 8 月发布。它是由 NASA 人类探索与运营部、科学任务部和空间技术任务部联合发起的,目的是为月球极地资源勘探活动制定路线图,从而为商业公司和政府决策者规划未来月球探测任务时提供建议。

该研讨会为资源勘探活动制定了路线图,重点是月球两极可支撑未来 10 年内实现液氢/液氧推进剂工业规模生产的水冰矿藏。这份报告列出了会议记录、结论和建议。其理由是商业案例分析表明，通过在月球制造推进剂可以大大降低针对地球低轨以外目的地的运输成本，即可以大幅降低 NASA 月球和火星探测任务的成本，并推动地月空间商业活动的发展。开发用于制造推进剂的月球水冰资源，首要的工作是确定其储量。对于地球资源开发来说，这一流程是很好理解的，因此研讨会的出发点是既定的流程。这需要进行详细的资源测绘，并确定经济的开采和加工方法。研讨会形成了 6 项结论和 6 个建议。

下面介绍研讨会的 6 项研究结论。

（1）应避免使用"勘查"（prospecting）一词（如研讨会的标题）。对空间资源进行明确定性，使其成为已探明储量资源的过程应称为"空间资源勘察"（exploration）。

（2）在这次研讨会上提出的月球开采战略知识空白（strategic knowledge gaps，SKG）是制定空间资源探测活动的有效指南。

（3）月球勘测轨道器和其他绕月飞行器共同为月球两极遥感数据提供了坚实的基础，但数据的分辨率尚不满足 SKG 的开采要求（中子测量数据的分辨率为 10～20km，而要求的分辨率为 100m 以内）。此外，正确解读现有和未来的遥感数据需要明确月面实况，即直接确认对应于特定遥感特征的地表和地下环境。

（4）广泛使用可大规模生产、低成本的探测装置将显著提高月球资源探测活动的成本效益。

（5）资源勘察必须作为一个精心策划的活动来进行，而不是一组独立的任务。活动中的每项任务都必须与之前的任务衔接，并为后来的任务打下基础。然而，鉴于经费和时间的限制，任务开发和执行中的快速并行操作具有很高的价值。

（6）应尽量减少使用高成本、复杂的漫游车，仅对置信度高、可进行经济开采的矿藏地点进行最终的验证勘察。

现在简要介绍一下研讨会的建议。

（1）月球冰层探测行动的首要任务是获取一个或两个关键位置的地面实况。这项任务应该借助配备钻头及其他仪器的着陆器完成，以实现对挥发性物质的探测。这项任务的数据将被用于校正月球两极水冰矿物的性质及其形成过程的地质学模型;校准现有的遥感数据,为筛选后续任务的目的地提供数据支撑。

（2）应制定地质模型和资源分布图,然后在整个探测活动中加以完善。

（3）在使用地面实况着陆器的同时,应使用立方体卫星群在月球两极收集与水资源及其特征有关的高分辨率遥感数据。这些卫星轨道应尽可能低(10～20km)。同一任务还应该部署数以百计的低成本撞击器,这些撞击器载有用于探测和量化挥发性物质的仪器。

（4）根据前序任务的结果,应该为小型着陆器筛选出少数几个最有希望的着陆点,每个着陆器都配备一些可部署的系留传感器包。

（5）根据之前的结果,如果发现了一个概率足够大的地点,就应该派出一个巡游器或采样器进行详细的资源测绘并验证其经济可行性。这项任务应包括水冰提取技术演示。任务将涉及在永久阴影下的长期运行,其动力来源包括一个放射性同位素温差发电机动力装置和一个位于邻近阳光照射区域的独立着陆器,该着陆器可以通过一条光路,向处于永久阴影下的着陆器"发射"能量。

（6）NASA应指示月球探测分析团队召集一个具体行动小组制定月球极地冰层探测路线图,其详细程度应该达到足以启动任务规划的程度。

从这份报告中可以看出,科学家很清楚他们想要什么,他们正努力在科学界的多个组织和协会中达成更广泛的共识,将这些声明与他们将在明年开展的商业月球有效载荷科学实验的建议结合起来(见3.4节)。

2019年,由美国大学空间研究协会主办的"基于月球资源及其利用的新空间经济研讨会"讨论了需要投资的赋能技术,包括动力源、低温操作、低温液体运输和储存,以及月面基础设施建设所需的原位资源利用技术等。这是在2017年及2018年月球探测分析小组会议、2017年及2018年月球探测分析小组商业咨询委员会会议、2018年空间资源圆桌会议、月球极地勘探研讨会以及在约翰斯·霍普金斯大学应用物理实验室举办的2018年月球极地挥发物研讨会的基础上总结而来的。

2019年10月28日至30日,在华盛顿特区举行的月球探测分析小组年会将月球科学和探索界的成员聚集在一起,讨论、组织和优先安排月球科学目标,为下一个 10 年调查做准备,同时也为 NASA "阿尔忒弥斯"载人登月计划的规划提供意见。会议由月球和行星研究所、大学空间研究协会、NASA 月球探索分析小组和 NASA 太阳系探索研究虚拟研究所主办。

6.4.2　生物学方面的关切和教训

"阿尔忒弥斯"载人登月计划的经验之一将涉及如下问题:科学界如何解决保护月球不受地球病菌侵害,同时保护地球生物圈免受来自月球(或其他星球)的任何潜在威胁。

根据 NASA 首席科学家吉姆·格林的讲述,在行星保护方面对月球的分类可以追溯到"阿波罗"登月计划。"阿波罗"11 号宇航员从载入史册的月球航行返回后,被隔离在一个特制的露营拖车中。直到确定了月球样本中没有生物物质后,才解除了对宇航员的隔离。因此,现在把月球样本归类为"不受限制地回归地球",意味着不需要特别的预防措施。

NASA 在联合国空间研究委员会(United Nations' Committee on Space Research,COSPAR)行星保护小组的代表格林曾表示:"目前我没有看到任何让我们更改甚至停止分类的证据。也许我们已经有了对月球的经验,但没有对火星的经验。"

2019 年 10 月 18 日,NASA 发布了一份报告,其中包含行星保护独立审查委员会(Planetary Protection Independent Review Board,PPIRB)的建议,该机构是根据美国国家科学、工程和医学研究院(National Academies of Sciences, Engineering, and Medicine)最近的一份报告设立的,随后 NASA 咨询委员会也提出了相关建议。

随着 NASA、国际和商业实体计划大胆开展太阳系空间探索并将样本送回地球的任务,行星保护的背景正在迅速发生变化。PPIRB 由 NASA 成立,旨在对该机构的政策进行彻底审查。它由来自科学、工程和工业界的 12 位专家与利益相关者组成。

行星保护规则为前往太阳系其他天体的任务制定了准则,以确保这些星球不会因科学目的而受到地球生物的有害污染。反过来,地球也受到了保护,免受任何来自太空的有害污染。

第一个准则是在 20 世纪 60 年代建立的《外层空间条约》。行星保护准则会定期更新,以指导具备航天能力的国家开展探索活动。

委员会的报告认识到了一个快速变化的环境,在这个环境中,太阳系天体的样本将被送回地球,商业和国际实体正在讨论新型太阳系任务,"阿尔忒弥斯"载人登月计划正在计划人类的月球任务,以及最终的目的地火星。

正如 NASA 科学任务部副部长托马斯·祖尔布亨(Thomas Zurbuchen)解释的那样,"行星保护的前沿正在快速发展。现在令人激动的是,许多不同的参与者第一次考虑我们在太阳系天体开展商业和科学方面的任务。我们希望在这个新的环境中做好准备,制定经过深思熟虑的、切实可行的政策,以期实现科学发展,并保护我们的星球和目的地的完整性"。

在美国西南研究所(Southwest Research Institute)行星科学家艾伦·斯特恩(Alan Stern)的主持下,PPIRB 的报告讨论了 34 项发现,并提出了 43 项建议。这些建议与 NASA 未来的任务以及其他国家、私营机构提出的任务有关,包括机器人火星取样返回、机器人前往其他天体的任务、人类着陆火星以及探索外太阳系的宇宙世界。

艾伦·斯特恩说:"近年来,行星科学和行星保护技术突飞猛进,而且两者都可能继续迅速发展。鉴于我们的新知识和新技术,以及在整个太阳系规划任务的新实体的出现,行星保护准则和行为规范需要更新。全球都对这个话题感兴趣,我们也需要解决如何将新的参与者,如商业部门的参与者纳入行星保护行动中。"

NASA 计划就 PPIRB 报告中的建议与利益相关者以及国际和商业伙伴开启对话,有助于开创行星任务的新篇章,还涉及行星保护政策和程序。

商业航天参与"阿尔忒弥斯"载人登月计划将为随后的探索月球和火星积累大量的经验。NASA 在与航天工业合作开发大型太空模块(包括运载火箭)的模式上已经发生了重大转变,即除了与大型企业合作外,还和其他小型企业建立了长久的合作伙伴关系。第 3 章中提到了一些不知名、很多人可能从来没有听说过的有效载荷公司。全球有数百家公司参与了国际空间站项目,"阿尔忒弥斯"载人登月计划也将如此。除了国际空间站项目,这些公司还将参与月球着陆器、有效载荷和月面设备的开发。参与国际空间站项目的大学和非营利机构将继续从各个方面参与"阿尔忒弥斯"载人登月计划。

目前,航天领域已经开展了多项关于如何在月球表面开采金属甚至是氦–3的研究。相关研讨会上提出的商业化问题如下。

(1)除 NASA 和商业太空机构,原位资源利用活动能引起公众多大的兴趣。

(2)近期阻碍商业参与和投资的障碍是什么,以及政府和 NASA 如何规避或消除这些障碍。

(3)原位资源利用活动中最有可能发展起来的商业产品及产业,以及它们如何与 NASA 的门户空间站计划和人类登月计划分阶段进行。

探月活动至少持续 10 年才能确定商业探月业务将在探月活动中扮演什么角色。在此期间,NASA 和商业机构将试图建立一个框架,使月球原位资源利用活动成为可持续空间探索的可行经济驱动力,让参与月球表面和近月活动的私人企业得到发展。

6.5 运载火箭载荷能力

NASA 的任务规划者应该从"阿尔忒弥斯"规划演习中吸取的教训之一是:如果 NASA 仍然拥有"土星"5 号运载火箭或具有类似运载能力的火箭,登月就会容易得多。如果 NASA 能直接将大型有效载荷送入月球轨道,它就不必借助门户空间站来实现重返月球了。

三级型"土星"5 号运载火箭的运载能力在服役期间不断增强,其峰值推力至少为 34020kN,对地球低轨的运送能力为 140t,对于地月转移轨道的运送能力为 48.600t。发射"阿波罗"15 号的 AS–510 运载火箭是第一个月面长期驻留任务,其升空推力则为 34800kN。将天空实验室送入轨道的 AS–513 火箭升空推力略大,为 35100kN。在高度、重量、总冲量或有效载荷运送能力方面,从来没有一种成功运行的运载火箭超过了"土星"5 号运载火箭。而那是在 20 世纪 50 年代末和 60 年代初使用的技术,虽然已经过去半个世纪了,但我们现有的火箭均仍无法与之匹敌。

因此,NASA 工程师发现自己正在计划使用预期中堪用的技术来实现重返月球。但是,即使是 SLS Block 2 型也可能无法将质量超过 45t 的载荷送到月球。由于探索上面级目前遭遇资金问题,Block 2 运载火箭至少在 10 年内无法面世。

商业航天公司能在超级重型运载火箭方面击败 NASA 吗？猎鹰重型运载火箭通过将 3 个"猎鹰"9 号第 1 级捆绑在一起实现将 63.8t 的载荷送入近地轨道。SpaceX 公司已经决定开发超级重型火箭或星舰。来自各国的重型运载火箭及运载能力参数见图 6.5。

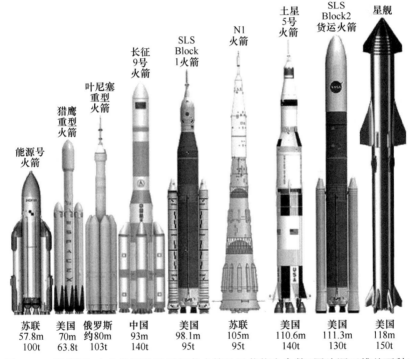

图 6.5 (见彩图)来自各国的重型运载火箭及运载能力参数(图片源于维基百科)

很明显,从"阿波罗"计划至今,NASA 选择了航天飞机和国际空间站。假设我们将继续满足于仅在地球低轨活动,这意味着我们将放弃超级重型运载火箭。这无疑是有些目光短浅,因为现在 NASA 正面临着重返月球的问题,不仅要大力开发新的航天器,还要创造发射它们的手段。而且,如果 NASA 希望继续向火星进军,就需要能力更强的载人级运载火箭。爱尔兰有句谚语:"如果我

163

想去那里,我不会从这里开始!"如果我们仍然可以生产升级版的"土星"5号运载火箭,那么作为载人探火任务前身的登月任务则会更容易规划。

关于下一代运载火箭,包括SpaceX公司生产的超级重型火箭及星舰,见第4.4节。

相关图片链接

Fig. 6. 1　https://fm. cnbc. com/applications/cnbc. com/resources/img/editorial/2018/09/10/105442914−1536628589482lockheedmartindeepspacehabi−tatinside. jpg? v=1536628755

Fig. 6. 2　https://www. nasa. gov/sites/default/files/thumbnails/image/earth − moon − mars _ 2018−2. png

Fig. 6. 3　https://www. spaceflightinsider. com/wp-content/uploads/2019/05/D7RRRzUW4AERn20. jpg

Fig. 6. 4　https://pbs. twimg. com/media/D75xqoOXYAMTObj. jpg

Fig. 6. 5　https://upload. wikimedia. org/wikipedia/commons/d/db/Super_heavy−lift_launch_vehicles. png

第7章
赋能技术进步

7.1 NASA 的项目

"阿尔忒弥斯"载人登月计划的目标之一是测试月球轨道和月球表面相关技术,并考虑将其应用于未来月球乃至火星探测任务。但 NASA 可能在多年内都无法获知这些实验的结果及其带来的潜在技术进步。然而,最新的技术进步必将会应用于"阿尔忒弥斯"载人登月计划。

NASA 下属的空间技术任务部(Space Technology Mission Directorate,STMD)管理着多类新技术开发的项目。

(1) 研究中心创新基金:旨在激励和鼓励 NASA 所属研究中心的创意和创新,从而服务于 NASA 乃至整个美国的技术需求。

(2) 新兴太空力量办公室:该办公室意识到越来越多的个人和私营机构正在为空间活动投入时间和经费等资源,而他们的重要性也日益凸显。这些新兴机构已经成为美国空间活动开发中不可或缺的力量。

(3) 飞行机遇项目:这一项目将为新空间技术的演示和验证提供机遇。举例而言,这类项目将推动商业可重复使用亚轨道运输产业的发展。

(4) 颠覆性技术开发项目:将识别并快速培育有重大影响力的能力与技术项目,并将支持那些有望对未来空间任务带来革命性影响的创新概念和技术途径。

（5）创新先进概念（NASA Innovative Advanced Concepts，NIAC）：将培育具有远见卓识的概念，鼓励美国本土创新者和企业家的参与，通过重大技术的突破或全新空间架构、系统或计划的提出来影响NASA未来的科学计划。NIAC 项目将探索极富创意且技术可行的早期先进概念，并希望有朝一日能颠覆现有的技术。

（6）iTech 项目：这些为期 1 年的项目旨在寻找能够应对挑战的创新型概念，并填补那些 NASA 认为能够对未来空间探索任务产生潜在影响的关键领域知识空白，包括人工智能、增强现实、自主运行、高性能计算、医学突破以及未知因素创新（x - factor innovations）等，将为未知的未来挑战提供解决方案。NASA 空间技术任务部发起的这类项目由美国航空航天研究所负责管理。

（7）大奖赛与挑战赛：这类项目将通过公开竞赛和众包等方式推动 NASA 的研发水平提高，并服务于其他任务需求。这其中包括"百年挑战"（Centennial Challenges）比赛，其目的是通过公开比赛的方式来激励研究工作并征集技术方案，从而为NASA 的空间计划提供支持。它的主要目的也是启迪新的国家航天能力建设。这类活动还包括 NASA 竞赛实验室，其目的是推动 NASA 和其他美国联邦机构的雇员以众包方式提出新的创新方案，从而最终支撑 NASA 愿景的实现。大赛与挑战赛项目还将通过 NASA 的 Solve 网站为公众提供参与契机。

（8）小企业创新研发和小企业技术转移项目：这些项目将为小众型高包科技公司和研究机构提供

帮助,使它们有机会在关键领域参与政府资助的研发项目。

(9) 小型飞行器技术:这类项目主要着眼于识别和支持能够提升小型飞行器能力的新型分系统级开发,并支持项目技术、能力和应用的飞行验证。小型飞行器可作为测试和验证技术与能力的平台,且其未来应用也并不局限于小型飞行器。

(10) 空间技术研究(small business innovation research,STRG)拨款:这些资金旨在加速高风险、高回报技术的开发,进而支撑NASA、其他政府机构乃至商业航天机构在未来空间科学和空间探索中的需求。只要相关的概念和技术途径对未来的空间科学、空间飞行器和空间探索具有重要意义,且能够使这些活动变得更有效、更经济且更具有可持续性,无论在校研究生还是终身教职人员均可申请。STRG项目包括杰出青年教师(early career faculty)资助、初始阶段创新(early stage innovations)资助、空间技术科研研究所(Space Technology Research Institutes)以及NASA研究生科研机遇(NASA space technology graduate research opportunities)资助等。

(11) 技术验证任务(technology demonstration missions,TDM):这些任务的目标是在科学和工程挑战以及为解决这些挑战而需要攻克的技术创新之间建立桥梁,即跨越实验室开发和空间验证之间的鸿沟。这样不仅可以证明实用的革命性横向技术不但能够推动NASA负责的空间计划,而且还能够为科学探索和产业发展提供无法估量的价值。这一项目本质上着眼于提升相关技术的成熟度。

(12) 技术转移:这一项目将确保用于太空探索和发现的技术能够为公众所知且为公众所用,从而最大限度发挥国家经费投入的效益。

NASA发布的技术分类表(2020版)可参见附录6。

7.1.1 NASA的产业界合作伙伴

为了推动产业界开发空间技术的熟化,NASA在2019年夏季遴选了13家公司参与9项合作伙伴项目。这些公司规模不等,大到包括洛克希德·马丁这样的世界五百强企业,小到仅拥有数十名员工的公司。NASA下属研究中心与这些公司鼎力携手,为其提供专家支持、实验设施和软硬件条件,推动商业航天界的发展并把这些航天新势力推向市场,以实现 NASA 与合作伙伴的双赢。

这些合作伙伴的选择是基于 NASA 2018 年 10 月公布的"合作机遇"项目。NASA 推出这一项目旨在降低空间技术的研制成本,并将新兴的商业航天能力注入未来的空间计划中。根据《太空法案协议》,NASA 下属研究中心将无偿为入围公司提供专家支持、实验设施和设备。

相关技术领域的入围企业信息如下。

(1) 先进通信、导航与宇航电子设备。来自科罗拉多州博尔德市的 Advanced Space 公司与 NASA 戈达德航天飞行中心合作推动月球导航技术开发,将推动地月空间导航系统与 NASA 深空网络(deep space network)相互协同,支持未来的空间探索计划。

Vulcan Wireless 公司与 NASA 戈达德航天飞行中心合作,测试立方体卫星无线电转发器的性能以及其与 NASA 网络的兼容性。

(2) 先进材料。Aerogel Technologies 公司与 NASA 格伦研究中心合作,以提高火箭整流罩等应用需求中的气凝胶性能。与目前型号选用的产品相比,新的隔音材料能够减少 1/4 的质量。

洛克希德·马丁公司与 NASA 兰利研究中心合作,测试采用由金属粉末经固态工艺制成的材料,从而改进工作在高温环境下的空间飞行器设计。

Spirit AeroSystem 公司与 NASA 马歇尔航天飞行中心合作,提高采用搅拌摩擦焊技术加工的低成本可重复使用火箭的耐久性,该技术已经应用于 SLS 运载火箭。与传统采用焊枪连接材料的制造方式相比,新方法更加坚固且缺陷更少。

(3) 进入、下降与着陆。Anasphere 公司与 NASA 马歇尔航天飞行中心合作,测试一种应用于充气式隔热罩的小型化氢发生器,有望支持人类将更大的载荷设备发射至火星。

BRM(Bally Ribbon Mills)公司利用 NASA 艾姆斯研究中心的电弧科学装置,对用于机械式可展开碳纤维隔热罩的新型无缝织物进行了热测试。

蓝色起源公司与 NASA 约翰逊航天中心和戈达德航天飞行中心分别在两个进入、下降与着陆项目中开展了合作。一个项目负责捕捉该公司"逐梦者"飞行器再入大气层时的红外图像,另一个项目负责支持采用可展开减速装置回收火箭上面级的方法。

SpaceX 公司与 NASA 肯尼迪航天中心携手推动大型火箭在月面垂直着陆所需的技术,其中包括用于评估发动机尾焰与月壤相互作用的复杂模型。

(4)在轨制造与组装。Maxar Technologies 公司与 NASA 兰利研究中心合作,为星载半刚性可展开天线提供电子设备原理样机。在轨组装天线等大型结构能够有效提升航天器的性能,不但能为目前因物理尺寸而受限的全新探索任务扫清障碍,还能降低发射成本。

(5)电源技术。蓝色起源公司与 NASA 格伦研究中心合作,推动了蓝月着陆器燃料电池电源系统技术成熟度的提升,能够在月夜为着陆器提供不间断的能源,并在大多数纬度下持续工作 2 周。

Maxar 公司利用 NASA 格伦研究中心和马歇尔航天飞行中心的空间环境模拟装置,对柔性太阳能帆板中的轻量化太阳能电源进行了测试。该技术能够实现更高的"功率-质量比",有望应用于未来的空间飞行器。

(6)推进技术。洛克达因公司正在与 NASA 马歇尔航天飞行中心合作,采用新工艺和新材料设计、制造轻量的火箭发动机燃烧室,旨在降低产品的制造成本,并满足不同任务对燃烧室的需求。

蓝色起源公司与 NASA 马歇尔航天飞行中心和兰利研究中心合作,评估并推动了液体火箭发动机喷管所需高温材料的开发。未来这些材料有望应用于月球着陆器。

科罗拉多电力电子(Colorado Power Electronics)公司与 NASA 格伦研究中心合作,不仅提升了电源处理技术的成熟度并拓展了霍尔推力器的运行范围,而且使这些原先为地球轨道卫星开发的产品也能应用于深空任务。该公司希望将该技术用于现有推力器,从而实现一种能够大幅提高系统载荷能力和/或寿命的推进系统。

SpaceX 公司与 NASA 格伦研究中心和马歇尔航天飞行中心合作,推动了在太空输送失重推进剂的技术,从而满足将星舰送入深空的需求。

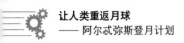

7.1.2 产业奖

除了上述 NASA 研究中心与相关企业建立的针对技术开发的合作关系，NASA 还为承担具体任务的合作伙伴提供了丰厚的奖金。

2019 年 9 月 27 日，NASA 选择了 14 家公司作为合作伙伴，而这些公司的技术能够支持 NASA"从月球到火星"（Moon to Mars）探索计划的实现。总额为 4320 万美元的奖励金来自 NASA 第 4 次竞争性"爆点招标"计划。

项目的具体信息包括以下几种。

（1）低温推进剂生产与管理。蓝色起源公司获得了 1000 万美元资助，负责氢和氧液化与存储技术的地面演示验证，从而验证如何在月球生产火箭推进剂，该演示验证项目能够让业界了解适用于月球表面的大型推进剂生产装置的原理。

OxEon Energy 公司获得 180 万美元经费支持，与科罗拉多矿业学院合作将电解技术用于水冰以实现氢和氧的分离：气体分子将被冷却，从而为地月运输提供能源。该技术可为未来月球资源的利用提供灵活且能拓展的解决方案。

Skyre（也称为 Sustainable Innovations 公司）公司获得 260 万美元经费，与 Meta Vista 公司合作开发能够从月球水冰中制备推进剂的系统。研究目的还包括开发分离氢和氧的工艺，探索如何对这些产品进行制冷，以及解决如何将氢作为制冷剂来使氧液化。

SpaceX 公司获得 300 万美元经费，将与 NASA 马歇尔航天飞行中心合作开发输送燃料所需喷管的原理样机。用于大型推进剂输送的低温液态喷管不但是星舰飞船亟须的关键技术，还能支撑月球和火星的探测。

（2）可持续能源的生产、存储和分配。Infinity Fuel Cell and Hydrogen 公司获得 400 万美元经费支持，与 NASA 约翰逊航天中心合作开发可拓展、模块化且功率灵活的能源产品，采用新的制造技术降低成本并提高可靠性，该技术可以被应用于月面巡视器、居住舱以及相关的月面设备。

Paragon Space Development 公司获得 200 万美元经费支持，与 NASA 约翰逊航天中心和格伦研究中心合作，开发环境控制和生命保障系统以及热控系统，从而使探月飞行器保持在适当的温度范围内。这些设计方案在进行适应性修改后也能满足载人火星探测的需求。

　　TallannQuest 公司(Apogee Semiconductor)获得 200 万美元经费支持,将与NASA 喷气推进实验室合作开发灵活的抗辐照加固功率切换控制器,以满足飞行任务对功率的不同需求,该技术可以应用于月球、火星乃至外太阳系巨行星的卫星。

　　(3) 高效且低成本的推进系统。Accion Systems 公司获得 390 万美元经费支持。第 1 批用于行星际探测任务的立方体卫星——NASA 的 MarCO-A 和MarCO-B 卫星,在其对火星进行巡航和为洞察号探测器提供中继服务期间,采用冷喷气推进器进行姿态控制和轨道修正。Accion Systems 公司与 NASA 喷气推进实验室合作,推动了一种具有与 MarCO 任务同样能力且体积和质量更小、功耗更低的推进系统。该系统能够促进小型化灵活平台应用于空间科学探测任务。

　　CU Aerospace 公司获得 170 万美元经费支持,与 NearSpace Launch 公司以及伊利诺伊大学香槟分校合作研制并测试了装备 2 套不同推进系统的 6U 立方体卫星。这些具有性能好、成本低和发射安全等特点的推进系统也得到了NASA 小企业创新研究项目的资助。

　　ExoTerra Resource 公司获得 200 万美元经费,将制造、测试并发射一颗配备小型化、高脉冲太阳能推进模块的 12U 立方星。这一推进模块将在地球轨道开展变轨验证,未来有望应用于内太阳系的科学探测并满足 20~200kg 量级空间飞行器需求。

　　(4) 自主运行。Blue Canyon 公司获得 490 万美元经费支持。由于太空发射活动日益频繁,对测控地面站资源的需求也在日益增加。通过对自主导航软件解决方案进行充分在轨验证,这家公司的技术在未来有望使小卫星和立方体卫星在穿越太空时不需要与地球进行"对话"。

　　(5) 巡视器的移动性。Astrobotic Technology 公司获得 200 万美元经费资助,将与卡内基梅隆大学、NASA 喷气推进实验室和肯尼迪航天中心联合开发小型侦察兵巡视器。这些巡视器不但能够寄宿载荷设备,还能与多个大型着陆器建立联系。该项目已经得到 NASA 小企业创新研究项目的支持,并将推动载荷

171

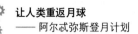
接口的升级开发以提高巡视器的性能。

（6）先进的宇航电子设备。直觉机器公司获得130万美元经费支持，负责开发视觉处理计算机和相应的软件。在将光学或激光导航能力应用于政府和商业空间任务时，本技术能够有效降低成本并缩短研制周期。

Luna Innovations 公司获得200万美元经费支持，将与内华达山脉公司、ILC Dover 公司和 NASA 约翰逊航天中心探索传感器技术的可行性，将用于检测充气式居住舱结构的可靠性和安全性，从而为其后续在月球或火星表面的应用奠定基础。

2019年10月3日，NASA 空间技术任务部选择了25项具有应用前景的空间技术，计划采用飞机、高空气球或亚轨道火箭对其进行验证。相较而言，这些验证方式的成本和风险都比较低。试验还能让研究者获得宝贵的数据，从而使其可以改进和完善创新成果，支撑 NASA 未来的探月计划。这25项空间技术涉及多个技术领域，其中"支持可持续月球探测和拓展地月空间的经济活动"以及"推动低地球轨道的商业化和亚轨道空间的利用"2个项目最有望在"阿尔忒弥斯"载人登月计划中得到实施。

（7）其他探测技术。洛克希德·马丁公司将与 NASA 肯尼迪航天中心合作，测试自主在轨植物生长系统。该项目将把机器人集成到植物培养系统中，这样 NASA 未来有望在深空探测平台中实现作物的自动收获。

随着"阿尔忒弥斯"载人登月计划的实施，NASA 开启了空间探测的新篇章。NASA 空间技术任务部也将推动一系列关键技术的开发以及新功能的测试。这些技术和功能对载人火星探测也至关重要。

以下技术最有望在"阿尔忒弥斯"载人登月计划中得到应用。

7.2　导航和精确着陆技术

宇航员和无人月球载荷都需要掌握准确的着陆地点。载人着陆器为宇航员预留了观测窗口，其附带的智能机械系统将辅助宇航员开展着陆操作；而货运着陆器完全依赖于搭载的电子设备来完成自主着陆。多年来，NASA 一直在推动自主着陆与避障技术的开发，系统的技术成熟度已经能满足飞行验证要求。

为了在 2024 年实现载人登月的目标,NASA 需要超精确的降落和着陆系统。为此 NASA 正在开发由传感器、电子设备和算法组成的先进系统。其中的关键技术之一是导航多普勒激光雷达(Navigation Doppler LIDAR,DNL),主要功能是精确测量飞行器的速度和位置信息,如图 7.1 所示。

图 7.1　导航多普勒激光雷达(图片由 NASA 兰利研究中心提供)

NDL 设备由 NASA 兰利研究中心负责开发,设备机箱通过光纤连接至 3 个透镜,能够在月面和地球上将激光波束分别发射至 6.4km 和 4km 之外。波束将在地面上发生反射,从而协助传感器获取目标的速度、方向和高度信息。NDL 设备能实现超精确的测量,从而精确识别载人或无人着陆器的高度和移动速度。着陆器可以依托 NDL 设备完美降落至预定位置。

近来,NASA 在位于加利福尼亚州科恩县的"中国湖"美国海军航空武器测试中心进行的高速火箭撬试验中验证了 NDL 设备的测速性能。这次测试的

知识链接:

在火箭撬试验滑轨上,用火箭推进的滑车对飞行器或设备进行高速、高加速度、高速气流作用和一些特殊环境的综合性试验,称为"火箭撬试验"。

目的是验证 NDL 设备对时速高达 724 千米的移动目标的精确测速能力。试验中，移动目标将从火箭橇试验滑轨上发射升空，随后 NDL 将测试其位置和速度。

该测试是"安全精准着陆综合能力演进"（Safe and Precise Landing Integrated Capabilities Evolution，SPLICE）项目的一部分，其目的是完善通用的行星表面精确着陆技术，因此应用场景不仅限于月球。SPLICE 技术将在未来几年被应用于商业月球有效载荷服务任务中，而 NDL 设备则计划在 2021 年被应用于宇航机器人公司和直觉机器公司的着陆器中。

SPLICE 项目支持的其他设备包括地形相对导航（terrain relative navigation，TRN）相机、高分辨率激光雷达（High Definition LIDAR，HDL）以及用于替代 NASA 高性能空间飞行计算（High-performance Spaceflight Computing，HPSC）处理器的降落和着陆计算机。波音公司负责开发的最新 HPSC "芯粒"（Chiplet）产品预计在 2021 年完成原理样机研制。NASA 戈达德航天飞行中心和美国空军研究实验室都参与其中。

SPLICE 传感器和算法采用了实时图像和三维地图，这样就可以在降落和着陆过程中实现对着陆器的精准导航。NASA 的 HPSC 设备可支持 SPLICE 依靠复杂算法快速处理海量数据，从而确定精确的导航信息，智能地进行制导机动并确定最安全的着陆位置。与目前的处理器相比，HPSC 处理器架构能够在同等功耗下将处理能力提高约 100 倍，并且具有更好的灵活性、可扩展性和互操作性。

在 NASA "飞行机遇"项目支持下，NASA 尼尔阿姆斯特朗航天研究中心于 2019 年在美国空军爱德华基地测试了 TRN 设备的性能，并将实时图像与已知地表情况进行了比对。这一项目旨在 21 世纪 20 年代将多款硬件产品应用于多项月球技术演示验证任务。该项目也受到了由 NASA 空间技术任务部管理的颠覆性技术开发（game changing development，GCD）项目支持。GCD 项目的初衷旨在推动新的探索概念并提出新颖的技术方案，从而构建新的能力或彻底改变现有的技术途径。

马斯腾空间技术公司等商业航天企业参与了这些测试。这些任务使 SPLICE 项目中的许多技术在被应用于真正的探月任务前有机会得到"预演"。

德雷珀实验室的 TRN 系统将被移植到 SPLICE 项目的下降和着陆计算机中,并将在蓝色起源公司的新谢泼德亚轨道火箭上进行测试。

一旦被认可,SPLICE 技术将通过 NASA 的商业月球有效载荷项目被应用于"阿尔忒弥斯"载人登月计划。其他在 SPLICE 计划开始前开发的 TRN 技术(如为"火星 2020"着陆器研制的视觉系统)已经被纳入火星探测任务清单。

7.3 深空原子钟

采用射频信号进行定位是多项深空探测任务的关键。NASA 喷气推进实验室负责管理的深空原子钟项目纳入了美国空军第二次空间试验计划,并于 2019 年 6 月 25 日由 SpaceX 公司的"猎鹰"重型火箭发射进入太空。这是一种小型化超精准汞离子原子钟,其性能优于其他原子钟。在 8 月 23 日开机后,该原子钟将至少工作 1 年时间,以验证其功能并应用于单向导航。图 7.2 所示为深空原子钟进行试验准备。

图 7.2　为深空原子钟进行试验准备(图片由通用原子公司
电磁系统部(General Atomics Electromagnetic Systems)提供)

由于地基原子钟能为精确定位提供根数据,故其在深空探测飞行器的导航任务中发挥着重要作用。深空原子钟能在太阳系边缘为空间飞行器提供同等的稳定性和精度。这一新能力让我们摆脱了对地面信号的依赖,从而彻底颠覆传统的深空导航方式。类似最新的全球导航定位系统(GPS)采用单向信号提供地形导航服务,深空原子钟能为深空导航提供同样的能力,而其精度之高甚至需要计入因重力、空间和时间造成的相对论影响。图 7.3 为深空原子钟在轨工作的艺术效果图。

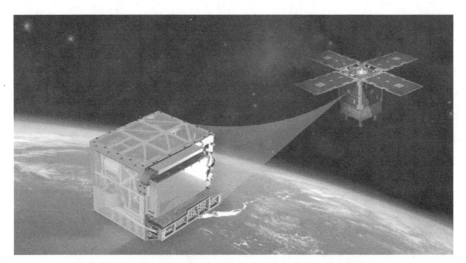

图 7.3 深空原子钟在轨工作的艺术效果图(图片由 NASA 提供)

深空原子钟项目同时受到 NASA 空间技术任务部和空间通信与导航网络的支持。在过去 20 多年里,NASA 喷气推进实验室一直在孜孜不倦地开发这项技术,而工程师对汞离子阱原子钟的性能进行了提升并实现了产品的小型化,使其能够在深空的严苛环境中正常工作。根据实验室测试结果,深空原子钟在 10 天内的漂移率不大于 1ns。

7.4 原位资源利用

过去二三十年,NASA 和其他国家的航天局以及相关国际组织一直在开展原位资源利用技术的研究。这一概念是指对月球(包括火星)表面和内部的物质进行识别、提取、处理,从而将其转化成氧气、饮用水、火箭推进剂和建筑材料等有用之物。

月壤是一层覆盖在月球表面的松软风化物,其厚度为数厘米到几十米。月壤的化学成分较为复杂,其中,氧元素的含量最丰富,月壤元素组成中42%的重量为氧。尽管可以提取多种金属元素来满足月球基地所需,但"阿尔忒弥斯"载人登月计划的首要任务是从月壤中提取水冰,这是因为水冰关系到人类在月球长期驻留计划的成败。NASA将在"阿尔忒弥斯"载人登月计划的第1个10年中聚焦于那些最成熟且能够立即应用的技术。一旦能从月壤中提取水冰,人类就能大幅减少对地球资源的依赖。从月球表面提取水冰的技术未来也将被应用于火星探测。

根据NASA技术路线图,原位资源利用技术被纳入了其中的第7个技术领域——"载人探索目的地系统",该系统主要着眼于勘测、获取和利用地外天体的天然或废弃资源。

开发原位资源利用技术的目的是通过减少人类生存和完成探索计划需发射的消耗品、结构和其他物品,从而有效排除短期风险并降低长期载人探索任务的质量和成本。原位资源利用技术还能支持在某些特定位置,特别是远离地球之处的自给自足程度。图7.4为月球资源开采现场艺术效果图。

图7.4 月球资源开采现场艺术效果图(图片由帕特-罗林斯(Pat Rawlings)提供)

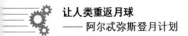

原位资源利用技术包括以下 4 个分支。

（1）目的地勘察、探测和测绘

为了实现未来的原位资源开采和利用，这一技术将涉及对月球、大气（如果存在的话）和周边环境进行研究、采样与测绘。

（2）资源获取

这将解决对原位资源目标"原料"进行提取、收集、回收、预处理和存储等问题。

（3）加工和生产

该技术将解决航天员和科学设备以及机器人和巡视器等所需的水、空气、推进剂等消耗品的生产、运输与存储问题。

（4）产品制造与基础设施安装

这一技术涉及建造基础设施（包括着陆架、防爆墙、储热装置），制造工具、部件，以及生产安全、冗余、人类居住舒适度以及可用原位资源（金属、塑料、月壤等）等所需物品。

很多潜在的月球应用都需要获得足够多且合适的月壤材料，从而直接从中提取氧，并将水冰分解为氢和氧。人类的期望是生产饮用水，制造的氧气一部分可供人类呼吸，另一部分可用作火箭推进剂。可想而知，想要在"阿尔忒弥斯"载人登月计划的第 1 个 10 年周期内完成这一目标是一个巨大的挑战。

采用月球上这些材料支持长期探索活动非常必要。NASA 及其国际合作伙伴发起了"阿尔忒弥斯"载人登月计划，而 ESA 也计划在未来将着陆器降落在月球南极，从而钻取水冰和其他有用的挥发物。这一计划将测试为从月壤中提取水而专门开发的设备。2019 年 1 月，中国的"嫦娥"4 号月球探测器成功在月球背面软着陆。截至本书出版之日，该探测器仍在正常工作。其他许多国家也制订了探月计划。建立月球基地的宏伟目标正驱动着一拨工程和试验研究热潮，其主要目的是确定如何有效利用月球上的物质来支持载人探索活动。图 7.5 为月球采矿机艺术效果图。

科学界希望有朝一日能够开采月壤中的氦-3 资源并将其带回地球。这种非放射性的氦同位素可用作聚变堆的燃料，能够以非常低的环境成本换取巨大

图7.5　月球采矿机艺术效果图(图片由 NASA 提供)

的能源。但需要指出的是,将聚变作为动力源的技术尚未得到验证,而月壤中氦-3 元素的储量也尚未探明。

尽管原位资源利用技术的成本和效益尚不明确,但预计在"阿尔忒弥斯"载人登月计划的第 1 个 10 年周期内提取月壤中的金属以制造建筑材料的目标难以实现。这些技术也许在该计划的第 2 个 10 年周期内能得到广泛应用。

7.5　月球能源

首次参与"阿尔忒弥斯"载人登月计划并到达月球的宇航员和着陆器很可能需要携带由太阳能帆板及电池组成的能源系统。一旦宇航员需要在月球驻留更长的时间,居住舱和相关设备就必然需要更多的能源。受月球光照周期影响,只有那些位置接近月球南、北两极的居住舱才有可能半永久地受到阳光照射;其他位置的居住舱则要禁受为期 2 周的月夜,这对加热和能源系统提出了巨大挑战。科学家针对月球基地愿景的能源问题提出了很多解决方案,其中一些已经得到了验证,一些即将满足飞行验证状态,还有一些距离应用尚有较大差距。一些较为先进且尚未得到开发(尚未纳入"阿尔忒弥斯"载人登月计划的早期规划)的概念包括以下几个。

（1）将月壤作为蓄热体，白天吸收并储存太阳能，夜间释放能量。其中一个概念需要采用复杂的反射镜系统将能量引导到月壤制成的热沉器上，从而实现能量转换。这种系统可能适用于小型巡视器等设备，但无法产生足够高的温度，因此不能为居住舱供暖。一个可拓展的解决方案是，由多个反射镜、经处理的月壤、热机和热管组成热交换系统。在阳光照射下，热机将依靠太阳能工作，同时将多余的热量储存在蓄热体中，等到夜间释放出来。

（2）通过放置在 L1 拉格朗日点或月球轨道上的激光器在月夜为月球基地提供能源。不在太阳同步轨道上的卫星会在每一轨上通过月球阴影区。增加能量存储系统后，即使在没有受到阳光照射的情况下，轨激光系统也能发射能量。此类能量存储系统也可应用于太阳同步轨道卫星。如此一来，当卫星进入月球视野时，存储的能量就可以为激光器供电。类似系统也可以增加多级反射镜和热机。菲涅尔反射镜可以将太阳光汇聚在充满液体的管道上（类似于地球上的一些太阳能系统），而热能则将这些液体转化为气体。反过来，这又加热了蓄热体。随后在漫长的月夜中，这些热量将被传输到斯特林发动机上以产生电能。

（3）一些系统需要在月球南极"永昼峰"一类较高的月球山脉上安装独立的太阳能集热器。这些系统将通过电缆、激光或反射太阳光束等方式直接连接到月球基地（在永久阴影区易接触资源的位置）。2014 年，NASA 艾姆斯研究中心的月球基地工作组提出了一套以高性价比的方式建立和运行

知识链接：

斯特林发动机是英国物理学家罗巴特·斯特林于 1816 年发明的，因而以此命名。斯特林发动机是通过汽缸内工作媒质经过冷却、压缩、吸热、膨胀为 1 个周期的循环来实现动力输出的，因而又被称为"热气机"。斯特林发动机不受气压影响，因此适用于高海拔地区。同时，斯特林发动机也被广泛应用于潜艇、深空推进系统等。

月球基地的概念,该系统仍需要独立的能量储存能力。

考虑到目前的规划,均要求最初的载人登月活动在月球南极展开,以便对月球水冰展开研究,而这些着陆器都将携带电源系统。随后的登月任务将部署相应的设施,以便宇航员长期驻留。下面将介绍最有可能在21世纪20年代应用于"阿尔忒弥斯"载人登月计划的电源系统。预计这些电源系统会在21世纪30年代升级换代,届时,前沿技术的发展也必将发生翻天覆地的变化。

7.5.1　电池

值本书出版之际,在国际空间站进行太空行走的宇航员正在替换桁架结构中老化的电池。这一过程仍然需要宇航员进行多次舱外活动,其中包括2名女性宇航员同时开展出舱活动。在这些漫长的舱外活动中,宇航员成功地将最初的氢镍蓄电池替换为功能更强的锂离子电池。实际上,这些更换上去的新电池并不是目前最前沿的技术,仍存在电解质易漏液、易燃、能量密度有限等锂离子电池固有的缺陷。全球的研究者开展了大量的研发工作,试图改变锂离子电池的基本设计以弥补上述缺陷。与上一代产品相比,最新的锂离子电池技术有了长足进步。多年来的研究工作使其具有了能量密度大、循环寿命长和电池效率高的特点,能够满足包括空间飞行器在内的多种应用需求。尽管如此,研究者还在挑战技术极限,希望通过研发新型阴极材料进一步降低成本,提高能量密度、功率密度、循环寿命和安全性等性能。这些具有良好应用前景的阳极和阴极材料可能会遭遇电导率低、锂离子迁移速度慢、易溶解或与其他电解液发生反应、热稳定性差、体积膨胀和机械脆性差等问题。当然,上述问题可以通过技术手段解决。很多阴极材料已经上市,而转换材料技术正逐渐趋向于大规模商业化。随着新材料和该技术的实现,先进的锂离子电池必将实现商业化应用,在航天领域也发挥重要作用。

从技术趋势来看,液态电解液将逐渐被固态电解质取代。日本东北大学和高能加速器研究组织的科学家开发出了一种新的氢化锂超离子导体,有助于制造出迄今为止能量密度最高的全固态电池。研究者声称,通过对氢原子团簇(络合阴离子)的结构进行设计得到的新材料与锂金属相互作用的稳定性极好,因此成了制造全固态电池阳极的最佳选择,有望解决传统锂离子电池能量密度受限的问题。但由于固态电解质与锂金属作用时的不稳定性会引起较高的锂离子转移电阻,这一技术的推广在目前仍受到限制。一旦这一技术问题得到解决,采用锂金属阳极的全固态电池就能实现技术突破。然而,这些新型电池可能赶不上应用在"阿尔忒弥斯"载人登月计划最初的发射任务,但将为后续的月球基地建设提供技术支撑。

7.5.2 太阳能

如果不是时年19岁的法国物理学家亚历山大·艾德蒙·贝克勒尔在1839年发现了光伏效应,太空旅行可能至今仍困难重重。对于"阿尔特弥斯"载人登月计划而言,采用何种光伏电池取决于具体的用途——如动力推进模块需要为离子发动机和包括居住舱以及"猎户座"飞船在内的门户空间站供电。载人着陆器及无人实验着陆器及货运着陆器都需要能源。在这一过程中,既可以选择最前沿的技术,也可以选择经过充分飞行验证的成熟技术。对于太阳能电池阵而言,除了轻量化和低成本这两项通常的要求外,其他技术要求还包括单位质量的大功率以及阵列的收拢/展开能力。

目前,"猎户座"飞船/服务舱以及动力推进模块等空间站组成单元的技术状态已经固化,而着陆器和月面系统等单元尚处于研究设计阶段。对于这些未来的探索任务,人们希望能够在降低电池阵列质量的同时实现最大的单位面积功率输出。这样不但能降低飞行器的总质量,还能使飞行器和系统的技术方案更加可行。可以通过薄膜光伏电池、柔性衬底和复合材料结构降低电池阵列的质量,而聚光器可用来增强入射到光伏电池的阳光。聚光器特别适用于工作在月球表面的系统,如平面菲涅尔透镜能将大面积的入射光聚焦到一个小点上。早在19世纪初,法国人就将这一概念率先应用于灯塔。太阳能聚光器在每个电池上方放置一个透镜。通过将大型聚光面积上的阳光汇聚到较小的电池表面,可以减少太阳能电池的数量并大幅降低成本。这一系统在单一光源和聚光器对准光源的条件下具有最高运行效率。在空间环境中,太阳是单一光源。太阳能电池是太阳能帆板中最昂贵的部件,而太阳能帆板又是空间飞行器中较为昂贵的设备。因此,只要减少了光伏材料的用量,就能有效降低项目的成本。

参与"阿尔忒弥斯"载人登月计划的承包商往往并不热衷于选择那些最前

沿的技术,而是倾向于已经经过飞行验证的充分可靠的技术。例如,诺斯洛普格鲁曼公司研制的居住舱和货运舱是基于该公司之前为国际空间站开发的天鹅座货运飞船研制的,如图 7.6 所示。事实上,该飞船是由 ESA 和泰雷兹·阿莱尼亚宇航公司联合开发的,已经进行了多次验证。

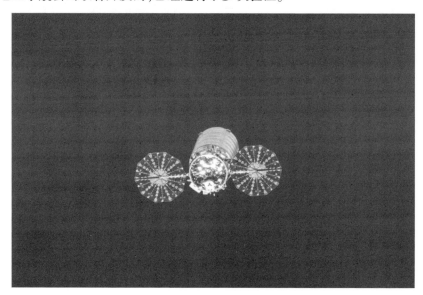

图 7.6 为国际空间站开发的天鹅座货运飞船

图中圆形 UltraFlex 太阳能电池阵列处于展开状态。这张照片拍摄于 2017 年 12 月 3 日,当时天鹅座货运飞船正在驶离国际空间站。从本书第 4 章的图 4.6 中您会发现,"阿尔忒弥斯"载人登月计划的居住舱采用了同样的电池阵列(图片由 NASA 提供)。

"天鹅座"货运飞船采用的 UltraFlex 太阳能电池阵列由相互连接的超轻三角形材料组成,这种结构也称为"三角布"(gores)。与其他太阳能电池阵列相比,这种结构的收拢体积更小。一旦收到展开指令,该阵列就会像雨伞一般展开。展开后,UltraFlex 太阳能电池阵列将依靠拉张的衬底材料和支架保持结构稳定性;该阵列曾被应用于 2008 年发射的"凤凰"号火星探测器(Mars Phoenix lander)。事实上,正是由于采用了 UltraFlex 太阳能电池阵列,"凤凰"号火星探测器才得以三度延长使用寿命。这一技术还被用于 2018 年 11 月 26 日着陆火星的"洞察"号火星探测器。当时电源系统每天产生 4588W 时的电力,超过了以往任何一个火星探测器。图 7.7 所示为安装了 UltraFlex 太阳能电池阵列的洞察号火星探测器进行发射前试验。

图 7.7   安装了 UltraFlex 太阳能电池阵列的洞察号火星探测器
进行发射前试验(图片由洛克希德·马丁公司提供)

很多最新的太阳能帆板采用了砷化镓技术,而这项技术的性能已经得到了大幅提升。与硅晶体相比,砷化镓的效率更高,且在辐射环境中性能退化较慢。目前生产的最高效的太阳能电池是采用了多层砷化镓、磷化铟镓和锗的多结光伏电池。这种电池通过吸收不同波长的能量,能够实现更高的能量转换效率。事实上,实验室的测试结果表明,多结电池的能量转换效率高达 46%。

飞船/服务

为 NASA"猎户座"飞船开发的翼展长达 7.375m 的太阳能电池阵列采用了独特的 X 形结构,将被安装在欧洲负责开发的服务舱上。此前,该结构已经多次被应用于服务舱的前身——自动转移轨道飞行器(automated transfer vehicle,ATV)。ATV 的主要功能是为国际空间站运送货物。2012 年,ESA 改进了 ATV,从而可为猎户座飞船提供服务舱。2013 年 1 月,决策者最终决定采用这一组合。

服务舱配备了 4 块太阳能电池阵列,每块太阳能电池阵列均由 3 片太阳能电池板组成。这些太阳能电池阵列能够为 2 个常规规模的居住舱提供充足的电力,并为计算机、实验设备和其他硬件提供电压为 120V 的电源。由美国 Emcore 公司提供的太阳能电池将被运送到荷兰进行组装。砷化镓三结技术将提供 11.2kW 的总功率,较自动转移轨道飞行器的总功率提高了 1 倍以上。太阳能电池阵列可以进行两轴旋转,从而确保太阳能电池板始终对准太阳以获得最大功率。

7.5.3 核能

采用斯特林技术的 kW 级反应堆(kilopower reactor using stirling technology, KRUSTY)技术最有希望率先被应用于"阿尔忒弥斯"月球基地。反应堆中的高浓缩铀将被耦合到斯特林发动机,从而将热能转化为电能。"勇气"号火星探测器等无人系统目前采用的钚动力多用途放射性同位素电源无法提供"阿尔忒弥斯"载人登月计划所需的能量,更何况钚元素目前正处于短缺状态。当前,只有 3 个探测任务采用放射性同位素电源和放射性热源的组合确保其关键系统能度过月夜期。因此,要想实现长期的月球探索,需要能源系统的进一步突破。

Kilopower 计划启动于 2015 年。在 2018 年完成了设计、开发和测试阶段任务后,1 台满功率运行的 KRUSTY 反应堆启动工作,并完成了包括一次紧急停机在内的数次模拟任务。这一系统的技术成熟度已经达到了 5 级,因此"阿尔忒弥斯"载人登月计划只需进行一次飞行测试即可验证其飞行状态。图 7.8 为 Kilopower 系统艺术效果图。

Kilopower 系统是一种小型化、轻量化的裂变电源系统,能够提供高达 10kW 的电力,这能够在未来至少 10 年内同时连续为多个常规规模的居住舱供电。4 台 Kilopower 系统能够为月球或火星永久基地提供充足的电力。该系统能在无阳光照射的情况下持续提供能量,因此长达 14 天的月夜对其没有任何的影响。由此看来,Kilopower 系统能够在永久阴影区支持我们搜寻可用资源。图 7.9 展示了用于月球探测的能源系统。

2019 年,KRUSTY 研究团队获得了美国总统颁发的政府装备(Gears of Gov-

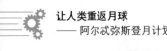

图 7.8　月球上的 Kilopower 系统艺术效果图(图片由 NASA 提供)

ernment)奖。这一奖项旨在表彰那些在任务结果、客户服务和忠诚尽职等方面为美国人民做出重要贡献且隶属于联邦雇员的个人与团队。

7.5.4　可再生燃料电池

在航天飞机时代,轨道器采用了 3 块燃料电池,每块电池能够提供 12kW 电力,从而支持航天器的运转并为宇航员制造生活水。到了国际空间站时代,如同足球场般巨大的太阳能帆板阵列为空间站提供了能源。由于"阿尔忒弥斯"载人登月计划涉及月球着陆器、居住舱、原位资源利用以及众多科学和货运设备与活动,其对于能源、氧气和水的需求非常巨大。对于需要长期运行的月球基地而言,则正如那句俗话:"我们需要一艘更大的船。"(We're gonna need a bigger boat.)这一问题的解决方案是综合利用太阳能与核能、蓄电池以及可再生燃料电池等相关技术。之前发射的月球探测器远远小于"阿尔忒弥斯"载人登月计划的规模。例如,NASA 在 20 世纪 60 年代发射的全球勘测者(Surveyor)号探测器仅重 305kg,而 2019 年 9 月 6 日在月球坠毁的印度维克拉姆(Vikram)探测器的质量则为 1471kg。

在可再生燃料电池系统中,燃料电池将采用氢氧发电、制造出水并产生热能。能源系统(太阳能或核能)将驱动电解器,将水分解成氢和氧,使其被燃料

图7.9 （见彩图）用于月球探测的能源系统。月球基地由许多月球车和单元组成，它们将协同工作以支持长期月球探索（图片源自美国能源部）

电池重新利用,而废热也将被回收。可再生燃料电池具有效能高、环保、可靠性好和可再生的优点。NASA 格伦研究中心已经开发出了用于储能的可再生燃料电池,其将被应用在国际空间站、高空气球和飞机等平台上。当前,NASA 格伦研究中心正在研究用于月球和火星储能的可再生燃料电池系统。

尽管月球南极基地的选址一直有阳光照射,但从本质上来说系统依然存在一定的中断时间。不同时刻对能源系统的需求存在差异,未来总会需要储能技术。也许基于核动力的 Kilopower 系统能够满足其驻地附近的大部分需求,而其他远处的系统可能依然需要独立的能源系统。其他一些过程可能需要更多的能源,而随着系统数量的增加,人类需要实现集成度更高且功能更强大的能源系统。考虑到原位资源利用活动的能源需求以及有人和无人月球探索活动的增加,在月球上实现更强大的能量生产和存储能力的需求也随之增加。因此,每种能源系统都可能将对集成的可再生燃料电池系统做出贡献,从而支持长期月球探测任务。

7.6 空间辐射的防护

7.6.1 辐射源

空间辐射主要源于高能带电粒子的电离辐射。自然界主要存在 3 种辐射源,即捕获辐射、银河宇宙辐射(galactic cosmic radiation,GCR)以及包括日冕物质抛射(coronal mass ejections,CME)在内的太阳粒子活动(solar particle events,SPE)。

1. 捕获辐射

尽管太阳风中的离子几乎包括元素周期表中的所有元素,但它主要是由质子和电子组成。太阳风中的带电粒子无法轻易地穿透地磁场。它们将集中在"上风处",形成冲击波阵面并被反射,这类似船头的水流。太阳风将压缩面向太阳一侧的磁场,并在另一侧伸展出一个长尾状结构。这一过程形成的腔体被称为"磁层"(magnetosphere),它相当于地球磁场的保护层,使地球免受太阳风的冲击。然而,并不是所有的粒子都被"磁层"反射,仍然有一些粒子被囚禁在地磁场中。这些粒子会形成以两个同心圆的方式环绕地球运行的辐射带,科学家称为"范艾伦辐射带"。其中,内带主要为能量超过 100MeV 的稳定质子,外带主要由能量高达 10MeV 的电子组成。范艾伦辐射带中的带电粒子将沿着磁力线在磁极间来回穿梭,但大都集中在赤道上方(需要强调的是,磁轴倾向于自转轴,且会随着时间发生变化)。

与"阿波罗"计划类似,"阿尔忒弥斯"载人登月计划也将在穿越地月空间的过程中经过范艾伦辐射带。由于范艾伦辐射带内带会下沉至距地球表面 200km 处,因此类似哈勃太空望远镜和国际空间站这样的低轨空间飞行器也会受其影响,这就产生了我们所知的南大西洋磁异常现象,而大部分低轨空间飞行器遭受的辐射暴露都源于此。

2. 银河宇宙辐射

银河宇宙辐射源于太阳系外,主要由单个质子和铀原子核等电离原子组成。这些粒子的通量(流速)非常低。然而,由于它们以接近光速进行传播且其中一部分粒子包括重元素——铁,当它们穿越物质时会产生强电离效应。地磁场通常会为低轨空间飞行器提供屏蔽效应,但由于"阿尔忒弥斯"载人登月计划工作的地月空间和行星际空间环境均超出了地磁场保护范围,因此必须保护宇航员免受空间辐射的伤害。

宇宙射线主要由高能原子核组成,其中,约 90% 为质子(如氢核),约 9% 为阿尔法粒子(氦核),另外约 1% 为"HZE 离子"的较重元素核。这些高能粒子与宇航员或空间飞行器厚金属壁等物体发生撞击时,可将物体中的原子撞出来。撞击引发了更多的粒子簇,这一效应被称为"二次辐射",进一步增加了宇宙射线对宇航员健康的危害。

宇宙辐射暴露还与太阳周期有关。在相对平稳的太阳活动谷年,宇宙射线能够轻易渗出太阳的磁场,而在太阳活动峰年,这种宇宙射线反而会被抑制。

3. 太阳粒子活动

在太阳粒子活动中,太阳会向行星际空间喷涌出海量的高能电子、质子、阿尔法粒子以及重粒子。这些粒子将被行星际冲击波加速至接近相对论速度,而这些冲击波先于日冕物质抛射发生且存在于太阳耀斑附近。最高能的粒子将在数十分钟内到达地球,而能量较低的粒子将在 1 天左右的时间内到达地球。

一些最极端的"空间天气"现象源于日冕物质抛射,即从太阳的外大气层

(日冕)中抛射出的巨大等离子体气泡(在等离子体中,原子物质的电离粒子具有高动能,且在带电后会产生磁力线)。一场大型的日冕物质抛射可能会携带100万吨重的物质,而这些物质的速度将被加速至每小时数百万英里。尽管日冕物质抛射往往与太阳耀斑和日珥爆发有关,但事情并不总是那么绝对。有时候,没有太阳耀斑或日珥爆发也会发生日冕物质抛射。在接近太阳活动高峰期时,每天大约会发生3次日冕物质抛射;而在接近太阳活动低谷期时,这种情况的发生概率约为每5天1次。较快的日冕物质抛射的外向速度明显大于普通太阳风的速度,且在穿越太阳风时会产生巨大的冲击波。有些太阳风离子会被这些冲击波加速,成为行星际空间中强烈且持久的高能粒子增强效应的来源。

与日冕物质抛射(太阳耀斑)相关的冲击波运动将产生磁暴,而这是由来自太阳且快速流动的粒子与环绕地球的磁场碰撞产生的。在某些情况下,这些碰撞将向磁气圈抛射高能离子和电子,从而形成环绕地球的"环电流"。环电流产生的磁场会扰动地球自身的磁场,使得离子抵达以前从未达到的高度和轨道倾角。我们观察到的极光就是由这些磁暴导致的。

7.6.2 人身防护

"猎户座"飞船将在乘员舱的主舱板下方临时构建起"磁暴掩体"。为了应对太阳辐射事件,NASA计划利用飞船上搭载的材料为宇航员构建临时庇护所。飞船上将安装一系列辐射传感器,从而使科学家更好地探索范阿伦辐射带以外的辐射环境。

地月空间和行星际空间宇宙辐射对人体的影响可能要比地球表面高700倍。为了研究这一问题,NASA将在首次"阿尔忒弥斯"载人登月计划发射任务中搭载两个人体模型。这两个人体模型将被安置在宇航员座椅上,并在"阿尔忒弥斯"载人登月计划的"猎户座"飞船首次发射任务中飞往月球。"它们"称为"海尔格"(Helga)和"左哈"(Zohar),左哈身着一件防辐射背心,而海尔格没有任何防护。辐射研究专家将测试AstroRad背心能给宇航员带来何种程度的抗辐照效果。德国宇航中心(DLR)将为这次任务提供马托什卡天体辐射试验(Matroshka AstroRad Radiation Experiment, MARE)设备。这一设备由DLR与"猎户座"飞船的主承包商洛克希德·马丁公司、以色列航天局和一家名为

StemRad 的初创企业联合研制,如图 7.10 所示。

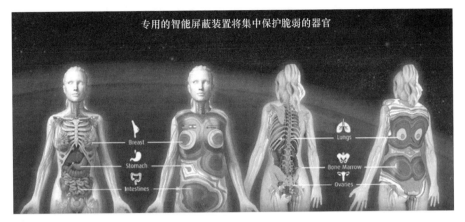

图 7.10　保护女性免受空间辐射伤害的智能屏蔽装置

(图片由洛克希德·马丁公司及 StemRad 公司提供)

　　这两个复杂的人体模型由高密度聚乙烯制成,其中骨骼、软组织和肺部具有不同的密度。两个人体模型均由 36 个切片组成,全身安装了超过 5600 个传感器,以精确测量吸收的辐射。从海尔格这具未进行防护的人体模型上得到的数据将作为基准,以便与人体模型左哈得到的数据进行比对。AstroRad 背心的设计初衷是保护那些最容易受到空间辐射伤害的人体器官,如图 7.11 所示。左哈身着的防辐射背心将覆盖其上身、卵巢、骨髓以及骨盆平面。随着航天事业的发展,女性宇航员的数量一直在增长,因此亟须为她们提供应对空间辐射效应的解决方案。与男性相比,女性对空间辐射的有害效应更敏感。这将是首次在载人探测任务中以如此高的精度测量宇航员经受的辐射。

　　AstroRad 背心曾被搭载在“天鹅座”货运飞船中,并于 2019 年 11 月 2 日发射升空。这次搭载实验的目的是评估其在国际空间站上的抗辐射性能。

　　另一种称为“用于行星际任务的个人辐射屏蔽”(pErsonal radiation shielding for interplanetary missions,PERSEO)的设备旨在预防急性辐射综合征,而这种综合征可能导致宇航员在严重的太阳粒子活动中死亡。PERSEO 背心将针对性地保护宇航员对辐射最敏感的器官,同时还能支持宇航员在磁暴活动中离开紧急庇护所并开展应急活动。图 7.12 为 ESA 宇航员保罗·内斯波利身着

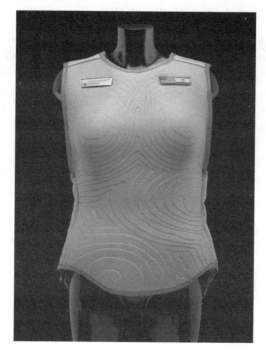

图 7.11　AstroRad 背心(图片由 StemRad 公司提供)

PERSEO 背心。

　　为了减轻载荷重量,PERSEO 背心将把空间飞行器中的现有资源作为屏蔽材料。水中含有的大量氢元素,对太阳中的质子具有良好的屏蔽效果。PERSEO 背心中配置了多个独立的容器,这些容器的位置和厚度决定了屏蔽效能。在需要提供屏蔽保护时,将饮用水充入这些容器;而当这些容器被排空后,宝贵的水资源将返回飞船的水箱。为了验证穿戴舒适性以及是否会对水资源造成浪费,宇航员已经在国际空间站对这种背心进行了测试。该系统能够在月球表面永久基地的设计中发挥关键作用,也能应用于未来的载人深空探测任务。

　　将氮化硼纳米管与织物和结构材料相结合,也有望解决空间辐射的防护问题,可参见本书附录 6。

7.6.3　猎户座飞船

　　一般来说,猎户座飞船指令舱和服务舱的质量已经具备保护宇航员的能

图 7.12　宇航员保罗·内斯波利身着 PERSEO 背心

（图片由 ESA 及泰雷兹阿莱尼亚（Thales Alena Space）宇航公司提供）

力。这两个舱体均由铝锂合金制成，其质量分别为 10400kg 和 15461kg，能够吸收一定的空间辐射。前面提到的其他减少辐射措施将与包围宇航员的金属材料和其他材料形成协同效应，进一步减少空间辐射对宇航员健康的影响。此外，地面上还配置了针对空间辐射的预警系统。

7.6.4　地面支持

类似"阿波罗"计划，休斯敦的指挥中心将向参与"阿尔忒弥斯"载人登月计划的宇航员提供空间辐射预警。空间辐射分析小组将与美国海洋和大气管理局（National Oceanic and Atmospheric Administration，NOAA）下辖的空间天气预测中心携手，对潜在的太阳活动提出预警。例如，他们可能会为国际空间站提出推迟预定舱外活动之类的建议。如果在"阿尔忒弥斯"载人登月计划中发生探测器远离地磁场保护且高能粒子通量增加的情况，他们可能会建议宇航员使用 PERSEO 背心、AstroRad 背心或其他防护措施。为了测试这些防护措施的效果，研究人员在 NASA 约翰逊飞行中心开展了多次测试。宇航员和辐射粒子之间物质的质量越高，抵达宇航员的粒子就越少。对于猎户座飞船，研究人员计划采用包括备件以及食物和水在内的物资为宇航员搭建临时庇护所。假如参与"阿波罗"计划的宇航员遭遇 1972 年那样的太阳活动大爆发,他们就遇到大麻烦了。但对于参与"阿尔忒弥斯"载人登月计划的宇航员来说,即使遇到剧烈的太阳活动,一系列防护措施也能确保他们安然无恙。

在月球着陆之后,宇航员可以充分利用自然环境中的屏蔽材料,如在洞穴或熔岩洞中搭建住所,或将月壤覆盖在其居所上。但就空间飞行器的设计而言,仅仅依靠增加质量来保护宇航员并不经济,因为更大的质量意味着更高的发射成本。

NASA 同时也在通过计算机建模研究如何应对空间辐射。作为一家多合作机构,NASA 戈达德航天飞行中心所属的社区协同建模中心(Community Coordinated Modeling Center)致力于空间天气的建模与研究。这一过程与地球上的天气预报有很大的区别。预测日冕物质抛射何时到来的模型仍处于早期开发阶段。已经开发了一种模型采用更轻且更快的电子到来时间预测后续更重且更危险的质子流的到来。宇宙射线与日球层如图 7. 13 所示。

科学家采用 NASA 太阳物理学探测任务中的数据开发出了预测太空天气的模型,该模型有助于空间飞行器在地球和太阳之间选择有利的位置。2018 年发射的帕克太阳探测器比以往任何空间飞行器都接近太阳。特别是,该探测器将在太阳粒子活动的源头附近对其进行跟踪,而这对于探明太阳爆发如何加速粒子非常关键。

时间也是一个关键因素。太阳的活动周期约为 11 年。在太阳活动频率极大期,太阳表面点缀着太阳黑子,也就是即将爆发的高磁张力区域。一个难以置信的事实是,地球的尺寸还没有一个太阳黑子大。事实上,地球的体积仅为太阳的一百三十万分之一。在太阳活动频率极小期,几乎没有太阳黑子出现,此时太阳爆发活动较为罕见。基于"阿尔忒弥斯"载人登月计划与太阳黑子周期的相对关系,高能粒子造成的风险等级也会存在很大差异。在活跃太阳黑子不存在的情况下,预测者可以肯定地说风险很低。当然,这是远远不够的,他们的任务是开发出能够预测太阳黑子活跃期风险等级的精准模型。

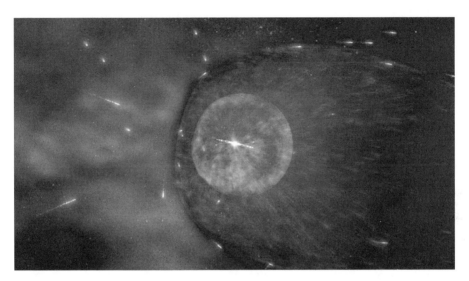

图 7.13　宇宙射线与日球层

这幅图展示了太阳系以及跨越太阳系的日球层,即太阳的磁泡。亮条纹表示宇宙射线。与太阳活动极
小期相比,日球层在太阳活动极大期将增强,而更多的宇宙射线将被阻挡(图片由 NASA 戈达德航天飞
行中心及概念图像实验室(Conceptual Image Lab)提供)。

7.6.5　月球表面

一旦宇航员离开着陆器或居住舱,他们暴露在空间辐射中的风险就会相应增加。"阿波罗"计划的宇航员在开始月面活动时,他们身着的宇航服为他们提供了一定程度的保护,而位于任务控制中心的空间辐射专家也一直监测着相应的态势。宇航员可能会根据指令停止舱外活动并返回月球舱。尽管"阿尔忒弥斯"载人登月计划将配备这种警报系统,但依然需要为宇航员提供更好的庇护所。这种庇护所既可以是洞穴或熔岩洞一类的天然结构,也可以采用月壤来建造。之前讨论的原位资源利用活动就涉及这一问题。建造月球基地的目的之一就是为持续月面活动提供支持。

在月球上实现长期载人探索的概念可以追溯到 Lunex 计划。1958 年,也就是太空时代即将开启之际,美国空军计划在月球上建立次表层基地。1959 年 6月 8 日,美国陆军弹道导弹局(Army's Ballistic Missile Agency,ABMA)组织了一支名为"地平线计划"（Projecthorizon）的工作组评估在月球上建立军事基地的可行性。他们提出采用多次"土星"号火箭发射任务在地球轨道上预先建成基地，随后再把这一套完整的设施布置在月球上。后续每月1次的土星号发射任务将为宇航员运输给养。

尽管过去几十年艺术家构想出了很多宏伟的月球基地蓝图，但"阿尔忒弥斯"载人登月计划将从小做起，然后通过多年的建设和多次的发射任务逐步建立起永久月球基地。宇航员进入月球永久基地的假想图如图7.14所示。

图 7.14　宇航员进入月球永久基地假想图

注意,此时月球上已经具备了相应的基础设施。宇航员着陆点附近停留了一辆月球车,而这不大可能是阿波罗时代的遗产。宇航员行进到附近的小型居住舱,而这一居住舱能够提供带有舱口的密封空间和相应的给养。类似这样的概念也许就是月球基地的开端(图片由 NASA 提供)。

理论上说，一旦拥有了精度足够准确的定位技术，NASA、相应的国际合作伙伴以及商业航天机构就可以在同一位置或临近位置组装预先制成的空间基础设施。科学委员会将决定在未来几十年在哪一处着陆位置建设月球基地。如果设计得当，月球基地就可以移动到新的位置。考虑到有些设备未必能精准着陆，还需要利用月球车回收遗失的设备。

显而易见，为了建立月球基地，人类需要发射大量火箭才将足够的设备发射到太空中。如果尚不能利用月球上的资源实现制造氧气等目标来维持自身的生存,就需要定期从地球上向其运送物资。即使是实现前几步,也需要花费很多年的时间。

7.7 光学通信的进展

未来载人和无人深空探测任务都需要与任务控制中心及科学数据中心进行快速而高效的通信,而"阿尔忒弥斯"载人登月计划的组成单元将产生包括高分辨率图像、实时视频和实时数据在内的大量数据。

NASA 希望能在不增加现有产品体积、质量和功耗的前提下,将现有的通信性能提高 10~100 倍。NASA 喷气推进实验室牵头的深空光通信(Deep Space Optical Communications,DSOC)项目,旨在开发激光通信技术,从而提升连接速度以满足未来太阳系载人探索的需求。先导技术演示验证将促进未来高分辨率科学仪器、高清晰视频流媒体和远程呈现的应用,其中远程呈现将利用虚拟现实技术在深空距离下对探测设备进行远程监测和控制。

作为颠覆性技术开发项目的一部分,深空光通信项目也入选了技术验证任务项目,以便促进一系列突破性技术的成熟度提升。

深空光通信项目将提供一个具备飞行功能的深空光收发机和地面数据系统。空间飞行器和地面设备之间的通信将依靠工作在近红外频段的新型激光器。在同等质量和功耗下,这种装置与之前的系统相比能够将信息传输速率提高 10 倍。这一项目将开发轻量化平台扰动隔离和指向组件、高效激光发射机以及用于在轨光收发机和地面接收机的高效光子计数探测器阵列。这些技术将被集成到深空光通信飞行激光收发机和地面接收机中,从而进行高光子效率通信,并具备将微弱的激光信号与地球大气层散射太阳能量产生的背景"噪声"相隔离的能力。

深空光通信实验属于 NASA"普赛克"号无人探测任务的组成部分,计划于 2023 年发射。在利用火星完成一次引力弹弓的操作后,这一空间飞行器将于 2026 年到达其目的地——小行星带。这一研究将帮助科学家理解行星和其他星体是如何在早期形成阶段就分离出了核、幔和壳层的。深空光通信实验能够将太阳系探索过程中获得的数据回传至地球。

NASA 已经在先进激光通信领域取得了长足进步。NASA 分别于 2013 年和 2014 年开展的月球激光通信演示验证实验中采用了月球大气与尘埃环境探测器,其上行和下行数据传输速率分别达到了 622Mb/s、20Mb/s。NASA 将在美国空军第 3 次空间试验计划(STP-3)中验证其激光通信中继演示产品。

为了更好地满足科学探索任务对高速数据传输的需求,NASA 正在逐步采用 Ka 频段替代传统的 S 频段。然而,随着下一代空间科学仪器和载人航天任务中数据量的进一步提升,Ka 频段也将无法充分满足应用需求,因此 NASA 最终将采用光通信替代 Ka 频段。由于光通信能够实现远超无线电频段的数据传输速率,通信终端的功耗和质量将会减小,而天线的口径也将大幅下降,因此这一替代过程对近地和深空探测任务非常重要。

由其他国家航天局开发的能够提供高达 6Gb/s 通信速率的光学终端也已经接近实用状态。需要强调的是,光学通信能够实现厘米级测距,这要比无线电频段高一个量级。

7.8　月球冰立方卫星

一颗名为"月球冰立方"(Lunar IceCube)的小卫星将作为次级载荷搭载在阿尔忒弥斯 1 号任务的 SLS 火箭上。这颗体卫星将被部署在月球转移轨道上,并采用 Busek 公司开发的工作频率为 10GHz 的离子推力器(BIT-3)。该系统将采用固态碘工质推进剂和电感耦合等离子体系统,能够以约 50W 总输入功率在 2800s 内实现 1.1mN 推力和比冲。月面冰立方卫星将采用该发动机在月球表面约 100km 处开展轨道捕获并进行轨道调整,这将是一个缓慢的过程,空间飞行器大概要耗时 3 个月才能到达约定轨道。月面冰立方卫星在轨示意图如图 7.15 所示。

月面冰立方卫星能够满足"阿尔忒弥斯"载人登月计划的多个目标,由摩海德州立大学空间科学中心主任本·马尔弗勒斯(Ben Malphrus)领导完成。它将携带 NASA 研制的宽带红外小型化高分辨率探测光谱仪(Broadband InfraRed Compact High-Resolution Exploration Spectrometer, BIRCHES)设备,以研究水和其他挥发物的分布与变化。这有助于科学家了解月球上的水分布和起源,以及人类未来应该如何充分利用月球的水资源。

图 7.15　月面冰立方卫星在轨示意图(图片由 NASA 提供)

　　BIRCHES 设备不但能够绘制月球表面的水分布和动态,还能帮助科学家了解日冕中性层。科学家试图了解月壤吸收和释放水的过程,从而绘制月球表面的水文变化。了解月球表面的水资源对于月球的长期探索至关重要。

　　月面冰立方卫星将以 7h 的轨道周期围绕月球旋转。由于需要屏蔽仪器以避免其直接面对太阳,在每个轨道周期上 BIRCHES 设备只能开机 1h。观测数据能够对其他立方星的测量结果形成补充。

　　月面冰立方卫星仅重 14kg。为了将 BIRCHES 设备载荷的尺寸缩减到纸巾盒大小,研究团队在 NASA 前期探测任务的成果上开展了艰难的小型化工作,将设备的尺寸缩减至约之前的 1/6。

　　月面冰立方卫星由 NASA 戈达德航天中心、喷气推进实验室、凯瑟琳-约翰逊独立验证与认证中心、摩海德州立大学以及 Busek 空间推进公司等商业航天机构合作完成。

阿尔忒弥斯载人登月计划的首次发射任务共搭载了 13 颗立方体卫星。

① 月球手电筒号(lunar flashlight)立方体卫星将测绘暴露在月表的水冰;

② NASA 主导的近地小行星侦察太阳帆立方体卫星将与一颗近地小行星交会;

③ 生命哨兵号(BioSentinel)立方体卫星将开展天体生物学研究;

④ 洛克希德·马丁公司研制的天火(SkyFire)立方体卫星将开展月球飞越探测,从而获得月表的光谱学和热成像信息、开展遥感研究并进行月球基地选址;

⑤ 月面冰立方体卫星由美国摩海德州立大学负责。

⑥ 美国西南研究所开发的太阳粒子立方体卫星将研究源自太阳的动态粒子和磁场;

⑦ 美国亚利桑那州立大学开发了月球基地氢绘图仪(LunaH-Map)立方体卫星;

⑧ 日本 JAXA 和东京大学开发的小马座(EQUULEUS)立方体卫星将测量围绕地球,特别是月球拉格朗日点附近的等离子体分布;

⑨ "以诚待客"号(OMOTENASHI)着陆器将由日本 JAXA 提供;

⑩ 由美国 Argotec 公司设计、意大利航天局协调的 ArgoMoon 立方体卫星将通过摄影法验证正确的运载火箭操作;

⑪ 美国康奈尔大学开发的地月勘探者号(Cislunar Explorers)立方体卫星将验证对水进行电离以生成可用于发动机推进剂的可燃气体混合物的可行性;

⑫ 美国科罗拉多大学开发的地球逃逸探测器(CU-E3)立方体卫星由大学生设计完成,将利用月球飞越进入日心轨道;

⑬ 美国 Fluid & Reason 公司研制的 Team Miles 号立方体卫星将验证采用新型等离子体推进器进行深空导航的能力。

综上所述,我们可以看到大量演示项目正在进行过程中,而这将为"阿尔忒弥斯"载人登月计划奠定坚实的基础。

相关图片链接

Fig. 7. 1 https：//gameon. nasa. gov/files/2018/05/NDL-SPLICE-180504-1024x768. jpg

Fig. 7. 2 https：//www. nasa. gov/sites/default/files/styles/full_width/public/thumbnails/image/dsac20190826. jpg? itok＝LattYAnX

Fig. 7. 3 https：//cdn. mos. cms. futurecdn. net/VU8mrGDZpCE6zewCrRPQND-970-80. jpg

Fig. 7. 4 http：//www. patrawlings. com/images/large/S337. jpg

Fig. 7. 5 https：//images. theconversation. com/files/259321/original/file-2019-0215-562403gslf5. png? ixlib＝rb-1. 1. 0&q＝45&auto＝format&w＝754&fit＝clip

Fig. 7. 6 https：//blogs. nasa. gov/northropgrumman/wp-content/uploads/sites/291/2018/11/42252234611_3d6861bcd1_k. jpg

Fig. 7. 7 https：//upload. wikimedia. org/wikipedia/commons/thumb/3/3d/PIA19664-MarsInSightLander-Assembly-20150430. jpg/1280px-PIA19664-MarsInSightLander-Assembly-20150430. jpg

Fig. 7. 8 https：//www. spaceflightinsider. com/wp-content/uploads/2019/06/kilopower_moon_render_1-Copy. jpg

Fig. 7. 9 https：//encrypted-tbn0. gstatic. com/images? q=tbn：ANd9GcToV9sMIikEFww63bf-Wyvqxt-PSErncH4doPKQ_9aXy_W8PsXUUQ

Fig. 7. 10 http：//blogs. esa. int/orion/files/2019/04/Screen-Shot-2019-04-02-at-17. 02. 46. png

Fig. 7. 11 https：//blog. sciencemuseum. org. uk/wp-content/uploads/2017/07/L2017-2294_0007-294x400. jpeg

Fig. 7. 12 https：//thalesgroup. com/sites/default/files/database/d7/assets/images/nespoli_perseo_1100_1_0. jpg

Fig. 7. 13 https：//www. technology. org/texorgwp/wp-content/uploads/2019/08/cosmic_rays_heliosphere. jpg

Fig. 7. 14 https：//upload. wikimedia. org/wikipedia/commons/thumb/6/6b/Entering_a_Lunar_Outpost. jpg/1200px-Entering_a_Lunar_Outpost. jpg

Fig. 7. 15 https：//s3. amazonaws. com/images. spaceref. com/news/2019/oolunar_icecube. jpg

第8章
"阿尔忒弥斯"载人登月计划对火星计划的影响

8.1 任务概念和计划

NASA 虽然拥有几份计划任务参考书(design reference missions),但距离它们颁布已经过去好几年,其 2009 年版本的最后一个增编发布于 2014 年。正如我在之前的书中讨论的,NASA 似乎在一意孤行地想要使用联结级(conjunction class)轨道,将宇航员送上火星并停留一年半的时间,然后再通过此轨道返回地球。对火星的两个小卫星进行详细探测将使人类对火星的认识水平实现飞跃,同时也是赢取国际赞誉和美国民族自豪感的壮举,但 NASA 对此还没有计划。这一任务开展的时间至少可以比目前的计划提前几年乃至十年。而且,该任务即使不比联结级任务少花费数千亿美元,也会少花费几百亿美元。尽管如此,"阿尔忒弥斯"载人登月计划的经验可能会为火星任务计划增加什么?虽然 NASA 将"阿尔忒弥斯"载人登月计划吹捧为火星任务的试验场,但国际空间站作为试验场已经有 20 年之久了。喷气推进实验室的无人任务也增加了 NASA 规划复杂轨道和上传复杂任务计划指令的能力。事实上,我们对火星的大部分了解都来自这些出色的无人任务。

还有一份推动"阿尔忒弥斯"技术发展的文件——NASA 首席技术专家办公室提供的 2017 年 NASA 战略技术投资计划(Strategic Technology Investment

Plan,STIP),该文件有助于指导 NASA 的创新技术投资,以实现该机构和国家在太空探索、航天业发展、行星和天文研究方面的目标。这一计划每两年更新一次,以纳入新的技术进步和重要的关键领域。但截至撰写本书时,NASA 尚未公布新的计划。然而,由于开发新技术所需的时间非常长,"阿尔忒弥斯"载人登月计划的任务规划正在缺乏这些更新的情况下进行。似乎"阿尔忒弥斯"载人登月计划的概念是在过去几年逐步形成的,并且是在充分认识到一些技术还没有完全发展起来的背景下。例如,随着载人着陆器和月球巡视车的设计变得更加明确,它们将影响火星的任务规划。当然,月球基地的进展将延续下去,因为实际经验将决定火星表面任务的许多设计和操作因素。

历史已经表明,我们可能拥有航天梦,但从实际飞行经验中吸取的教训才是成功完成后续更艰巨任务的关键;此外,还包括政策和资金支持。这些往往暴露出我们的梦想是一厢情愿的想法,并迫使我们在任务规划时采取更加务实的方法。作为一个有航天从业背景的人,我可以向你保证,在某些时刻,任务规划者需要宇航员、工程师和飞行控制人员共同提供"如何做"的意见,才能实现梦想。

8.2 技术和能力

回顾"阿波罗"计划,人们惊叹于它是如何使用 20 世纪 50—60 年代的技术实现载人登月的。我们花了半个世纪的时间来了解太空旅行。与迈向火星的征程相比,"阿尔忒弥斯"载人登月计划只是在这条道路上前进了一小步,但差异主要是时间和距离的问题。当然,技术的最新进展足以让我们设计、测试和建造火星飞船的所有部件;"母舰"或"堆栈"将把我们带到火星并返回,其他飞船和必需的设备将有助于开展一些研究并增加我们对这颗星球的了解。我们已经可以看到"阿尔忒弥斯"载人登月计划中的几乎所有模块,我们需要的是根据长途旅行的需求改进和调整它们。

(1) 进入深空的能力,如 SLS 及其他商用重型运载火箭和即将问世的超级重型运载火箭。

(2) 载人上面级,引领我们进入太空深处。例如,探索上面级及其未来改进型号,如先进低温演进级。

（3）其他推进技术。例如，为火星轨道设演进备预置的太阳能电力模块（但不用于载人舱）。

（4）宇宙飞船。例如，为了在深空中进行长时间的旅行，猎户座/SM 飞船和商业"指挥舱"将不得不进行改进。目前，"猎户座"飞船只有 21 天的续航时限。

（5）居住和后勤舱。例如，通过国际空间站的运行已经得到证明的，以及扩大门户空间站应用和执行未来长期任务所需的。

（6）导航和精确着陆。

（7）先进的计算机芯片。

（8）对接设备和气闸。

（9）用于发射、进入和中止，以及舱内和舱外活动的压力服。

（10）乘组人员和指挥舱的辐射防护。

（11）食物、水和环境控制系统。

（12）深空跟踪和通信系统，包括光通信和原子钟。

（13）任务控制中心，各种空间科学数据中心和空间气象中心。

以下模块和系统功能是计划用于阿尔忒弥斯载人登月计划的，但目前还没有实现，正处于研究阶段，虽然其中一些模块的样机已经制造出来了，但目前尚未定型。

（1）载人巡游车。

（2）载人着陆器，包括下降和上升阶段。

（3）有效载荷着陆器。

（4）月球支持设备，如原位资源利用设备。

（5）供电系统，如电池、千瓦级反应堆、再生燃料电池等。

（6）地面环境控制系统。

（7）将水冰分解为氧和氢的设备。

还有一些火星需要的技术是"阿尔忒弥斯"载人登月计划无法提供的。

（1）在下降和着陆之前进入火星大气层。

（2）火星大气处理以获得水、氧和氮的技术。

（3）适用于在火星表面行动的压力服。

8.3　"阿尔忒弥斯"载人登月计划科学对火星的影响

目前,一个突出的问题在于"阿尔忒弥斯"载人登月计划中的科学仪器和传感器是为月球设计的,即使其中一些设备是通用型的,也没有针对火星任务进行校准。虽然一部分仪器可能是基于基本的化学和物理原理,但并非所有的光谱仪都是相似的。第3章讨论的"阿尔忒弥斯"载人登月计划科学载荷和实验研究涉及下列仪器:

- 光谱仪
- 磁力计
- 辐射计
- X 射线成像仪
- 电磁传感器
- 热流传感器
- 不同类型的摄像头
- 激光仪器,如激光雷达
- 太阳能电池
- 辐射监测仪和耐辐射计算机
- 风化传感器和样品采集技术
- 下一代月球回射器

这些都是科学工具箱中的选项,可以适应地球、月球或火星科学研究。其中,许多仪器甚至已经应用在了"洞察"号（Insight）火星车和"好奇"号（Curiosity）火星车中。这些科研活动的成果最终会被反馈到第 1 批载人火星任务的规划中。

8.4　机器人技术

在月球或火星表面的探索将需要广泛使用多种类型的机器人。NASA 在技术路线图中将技术领域 4:机器人、远程机器人及自主（Robotics,Tele-robotics and Autonomous,RTA）系统划分:

205

- TA4.1 感知和洞察

- TA4.2 移动性

- TA4.3 操纵性

- TA4.4 人–机交互

- TA4.5 自洽

- TA4.6 自主交会对接

- TA4.7 RTA 系统工程。

它在各个领域中又细分了多达 7 个子领域。

这些技术都与"阿尔忒弥斯"载人登月计划和"火星"计划相关。比如,门户空间站和月球机器人将影响火星机器人的设计。又如,门户空间站和月球着陆器中使用的导航、制导和避障算法将影响火星任务的对应算法。

"阿尔忒弥斯"载人登月计划将在多个不同应用中使用机器人。如第 4 章所述,加拿大已承诺为门户空间站提供"加拿大臂"3 号智能机械臂,它将包括一个主臂来进行大规模的维修和太空行走,就像国际空间站上的"加拿大臂"2 号机械臂一样,还有一个较小的手臂来执行更灵活的机器人任务,就像国际空间站上来自加拿大德克斯特尔(Dextre)公司的"勤杂工"(Handyman)号机械臂一样。这项技术已经在工程实践中得到了验证,因此直接通过了飞行认证。还会有其他机器人被应用在月球表面行动和月球着陆器上,如第 3 章所述。虽然所有计划中的着陆器都将在其软件和仪器上应用人工智能技术,但人工智能技术的应用程度还有待确定。此外,机器人在月面活动中的应用级别也有待确定。

8.4.1 湿地工厂机器人项目

当"阿尔忒弥斯"任务进展到宇航员不仅是着陆月面和部署实验装置(如"阿波罗"计划的"阿波罗"月面实验装置),还开始建设月球基地的程度时,他们需要部署机器人系统和设备执行宇航员穿着舱外活动服时无法完成的工作。一个很好的例子是,NASA 肯尼迪航天中心的湿地工厂(swamp works)机器人项目。当需要搬运月壤或利用风化层土壤来实现屏蔽或筑造工事时,宇航员可操控为重型工作设计的机器人。根据目前的设想,这种机器人要么是载人着陆器的一部分,要么利用单独的载具实现着陆,这将由商业部门提供技术资源。在之后的载人探火星任务中,登陆火星的宇航员需要在大量机器人的协助下,实现在火星表面(或地下)生活长达一年半的时间,甚至前往火星卫星的任务也需要机器人提供一定的支持。

湿地工厂是一个实践性强、精益求精的创新开发平台,遵循维尔纳·冯·布劳恩工作室开创的,以及后来由洛克希德·马丁"臭鼬工厂"的凯利·约翰逊(Kelly Johnson)继承的理念。湿地工厂已经成为通过高度协作的"无障碍"方法促成快速、创新和高成本效益解决方案的机构的代名词。NASA利用这一方法,以加速创新为目的,从构思阶段到开发阶段再到应用阶段,充分利用与工业界和学术界的合作伙伴关系。迭代测试在早期阶段执行,以快速推动设计改进。这种快速发展的方法将为政府和商业太空企业提供在月球、行星和太阳系其他天体表面工作和生活所需的技术。

温地工厂由工程师、物理学家和化学家组成,采用"制造、测试和改进"的工作模式。在这种模式下,项目通常要经过几代构建,每一代都要在之前的基础上进行低成本的改进。该研究通过让同一团队共同研究每代产品的序列设计,保持了各代设计的知识连续性。湿地工厂的研究团队不是寻求渐进式的进步,而是通过进行快速样机开发和实验,努力实现阶跃。研究人员之间的开放式合作,鼓励人们在新技术开发过程中提出问题。

湿地工厂的目标是成为针对地球或其他星球太空港系统开发项目的主要政府研究平台和技术孵化器。其中,一个重要的发展领域是原位资源利用,从

知识链接:

维尔纳·冯·布劳恩,1912年3月23日出生于德国东普鲁士维尔西茨,火箭专家、世界航天事业先驱,曾主持设计了著名的V2火箭。在第二次世界大战德国战败后,美国将他和他的团队带到了美国,后任NASA空间研究开发项目的主设计师,主持设计了"土星"5号运载火箭。NASA形容维尔纳·冯·布劳恩:"无庸置疑,他是史上最伟大的火箭科学家。他最大成就是在担任NASA马歇尔太空飞行中心总指挥时,主持'土星'5号的研发,成功地在1969年7月首次达成人类着陆月球的壮举。"维尔纳·冯·布劳恩于1977年6月16日在美国去世。

维尔纳·冯·布劳恩

概念到应用的快速战略已经为未来的空间探索开发了几个独特的工具。

　　湿地工厂一个重点领域是风化层处理的相关工程技术和科学研究。虽然月壤风化层是一种相当贫瘠的原料，但如果能得到有效开采和利用，它将为未来的深空任务提供宝贵的水、呼吸的空气和推进剂。风化层先进表面系统操作机器人（Regolith Advanced Surface Systems Operations Robot，RASSOR）是一种设计用于在极低重力的地外星球表面（如月球、小行星或火星）上挖掘风化层的机器人。该机器人可以穿越陡峭的斜坡和坎坷的地形，其对称式设计能使其反向运行，从而通过在反方向继续挖掘的方式从倾覆的状态中恢复正常。图 8.1 为罗布·穆勒（Rob Mueller）和巴兹·奥尔德林（Buzz Aldrin）正在检查 RASSOR 1.0 挖掘机。

图 8.1　罗布·穆勒和巴兹·奥尔德林正在检查 RASSOR 1.0 挖掘机
（图片由 NASA、肯尼迪航天中心及湿地工厂提供）

　　RASSOR 使用一种叫作"斗式滚筒"的挖掘工具，这种工具在一个中空圆筒的周围交错排布着多个小型铲斗。铲斗的作用是通过一系列挡板将松散的风化层导入中间的滚筒。只要保持旋转方向不变，挡板就能确保采集的月壤盛装在滚筒内部。在运输到适当的位置后,可反向旋转挡板以清空滚筒。较小的铲斗减小了斗式滚筒的挖掘力度,但目前还不能满足实际要求。为了确保车辆质量不是反作用力的主要来源,风化层先进表面系统操作机器人使用了两组反向挖掘的斗式滚筒,这样两个铲斗工作时产生的力就能相互抵消,使小型挖掘机能够收集大量风化层月壤。此外,风化层先进表面系统操作机器人的铲斗滚筒位于驱动臂的末端,方便在坎坷地形上行驶时精确控制挖掘深度。这些设备也恰好为该型机器人提供了独特的机动能力。它在发生背面或侧面翻转时可进行自调整,并直立进入高大的料斗中,攀爬高达 75cm 的障碍物,并在紧急情况下将铲斗滚筒用作另一组车轮,为其供电的锂离子电池重达 67kg。RASSOR 可能通过载人着陆器运送,就像月球巡游车是由阿波罗登月舱运送的一样。"阿波罗"计划的月球巡游车质量为 210kg,可承载 490kg 的有效载荷。在重力为地球 1/6 的月球上,可等效为 35kg 的空载质量和 116kg 的满载质量。图 8.2 为肯尼迪湿地工厂的 RASSOR 2.0 版本。

图 8.2 肯尼迪湿地工厂的 RASSOR 2.0(图片由 NASA 的
迪米特里·杰罗尼达基斯(Dimitri Gerondidakis)提供)

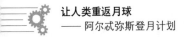

8.4.2 "月球机器人"大赛

NASA 鼓励年轻工程师和科学家提出创新概念,以激励这些年轻人投身航天事业。美国 45 个教育机构的 300 多名本科生和研究生参加了 NASA 2019 年虚拟机器人采矿比赛(Virtual Robotic Mining Competition,VRMC),现在被称为"月球机器人"(Lunabotics)大赛。每个参与团队提交了一份系统工程论文,报告了他们的 STEM 推广活动,并完成了虚拟幻灯片和机器人演示。

"月球机器人"大赛是 NASA 人类探索与运营任务部的项目,旨在鼓励和吸引基础学科领域的学生。该机构通过鼓励自主编程和机器人挖掘机概念,以期从竞赛中直接获益。一些解决方案可应用于阿尔忒弥斯项目原位资源利用任务中的设备及有效载荷。

8.5 风化层开采和加工

"阿尔忒弥斯"任务开采月球表面风化层的经验将影响火星或其卫星上的相关工作。虽然这些土壤具有不同的特性,但方法和工程技术可能是相似的。随着"阿尔忒弥斯"载人登月计划的开展,从月球采矿和加工中获得的技术和经验将直接影响探测火星系统的设计和相关任务的运行计划。

虽然 RASSOR 等机械设备挖掘月球风化层并将采集到的原料转移到处理设备中以提取资源,但任务控制系统将对这一流程进行监测,并将产生的文档传递给火星任务规划和设计团队。一开始,月球采矿操作相当简单,但它要通过多个任务才能达到建设月球基地的程度。这一经验将直接适用于火星基地建设。

下面介绍发展进程的一些阶段(与勘探和露营类比)。

- 水冰等资源的勘探(决定营地的位置)。
- 定位和建造栖息地(在哪里搭帐篷)。
- 部署能源和通信系统(打开照明灯和收音机)。
- 开挖风化层/水冰,用于制备氢气和氧气(收拾好你的燃料和水)。
- 生产、黏合剂和骨料(准备好你的用品)。
- 开始耗材和燃料处理(打猎钓鱼)。
- 为载人和供电系统建造消耗品仓库(把冰屋搬到外面去喝啤酒和吃

鱼)。

虽然利用露营的类比可能显得过于简单,但第1批登上月球的宇航员将独自生活在一个极度危险甚至可能致命的环境中。对于第1批着陆火星或火星上两颗小卫星之一的宇航员来说,情况将更加危险。

8.6 3D打印

根据资源利用领域的最新相关文献,称为"3D打印"的增材制造(Additive Manufacturing,AM)工艺是解决一切问题的方法。将这样一台打印机带到月球上,就能制造出用户所需要的任何东西。如果说阿尔忒弥斯计划能为未来的火星任务做点什么,个人认为其首要任务就是弄清楚如何在月球表面有效地开展工作,建造支撑探索行动所需的庇护所、栖息地和基础设施。虽然人们知道如何往返于地月之间,但是人们不知道如何在没有资源补给的情况下让宇航员在月球上维持生活。解决方案有一个,那就是3D打印机! 这听起来好像让人难以置信,但值得去仔细考虑。

近几十年来,原位资源利用已成为建造月球定居点最重要的方法之一。在未来的勘探方案中,使用原位资源来减少任务的成本和风险,是一个重要的考量因素。风化层在其中起着至关重要的作用。由于富含金属氧化物,风化层月壤提供了一个可持续的氧气来源,还可以通过采用诸如烧结工艺被制成建筑材料。利用太阳光聚焦、微波或辐射加热模块处理风化层月壤,可以生产用于道路、发射台或栖息地建设所需的固体材料。

3D打印技术已经在地球上得到广泛使用。逐层构造的方式可以实现复杂形状零件的制造,节约材料,并大量减少后处理工作。航空航天和汽车工业从铸造技术到AM技术的转变说明了其重要性。微重力环境下的3D打印技术始于2014年,当时有一台聚合物3D打印机被送到了国际空间站上。

3D打印技术与原位资源利用方法的结合提供了一种新的途径,可在地球提供载荷有限的条件下建设永久性的月球前哨站。这两种技术都是利用月壤和地球上的耗材制造出类似于混凝土的混合物。如果月面上大规模的建设还要依赖来自地球的原材料,那么从长远来看是不可行的。

由于其多功能性、空间就绪性和处理各种材料的能力,3D打印被认为是探月工程中最有趣的技术。

（1）太阳能烧结。聚焦阳光将风化层塑造成各种各样的物体,如栖息地、着陆场和防尘墙。试验演示表明,聚焦的阳光可以使3D打印机利用月壤模型生产固体材料。

（2）电子束增材制造。将真空产生的电子束用于生产大型金属零件。

（3）熔丝制造。这种方法已经在低重力条件下进行了测试,可以产生种类繁多的材料。

（4）基于光刻技术的陶瓷制造。这种技术可以将风化层月壤加工成精密尺寸的陶瓷制品。

2018年11月,ISS成功安装了第1台综合回收器和3D打印机,如图8.3所示。

图8.3 ISS上的重构器(3D打印机)(照片由NASA提供)

该项重塑技术的演示能够将各种尺寸和形状的塑料材料重新塑造为3D打印所需的原料。整个过程发生在一台微型冰箱大小的自动化机器上,展示可持续发展模式的关键,在长期的太空任务中制造、回收和再利用废弃零件和材料。

该重构器由无限系带公司（Tethers Unlimited, Inc.）
开发和制造，用于 NASA 在马歇尔航天飞行中心的空
间制造项目，资金来自 NASA 的小型企业创新研究
项目。

8.6.1　月壤的 3D 打印

肯尼迪湿地工厂的颗粒力学与风化层操作
（granular mechanics and regolith operations, GMRO）实
验室的科学家和工程师正在利用模拟月壤进行 AM
的研究，欧空局实验室也在开展相关研究。AM 现在
是地球上的一项常规技术，但如何将它应用在月球
和火星上将是一个重大的工程与运营挑战，特别是
宇航员必须使用月壤作为建筑材料的方面。

月壤不同于沙子。陆地上的沙子经受着风、雨
和潮汐的持续风化，被侵蚀成更圆的形状，而月球上
并不会产生这些力，因此月壤颗粒非常锋利，类似于
微小的玻璃碎片。GMRO 实验室的科学家预计火星
上的火山岩风化层与月球火山岩风化层具有相似的
矿物特性，因此他们正在使用合适的矿物种类和颗
粒大小分布，对源自地球的模拟物进行试验，这是一
项潜藏着危险的工作。与任何细粒岩尘一样，月壤
也是一种呼吸危害物，其对肺部的致癌作用与石棉
相同。GMRO 实验室使用一种名为 Black-Point 1
（BP-1）的沥青伴生废物作为月球土壤模拟物，它含
有二氧化硅，是矽肺病的一个源头，这要求研究人员
佩戴呼吸防护设备。GMRO 实验室可以提供各种月
球风化层月壤模拟物（代号为 JSC-1A、JSC-1F、JSC-
2A、GRC-3、BP-1、NULHT-2M、OB-1、CHENOBI）和
火星土壤模拟物（JSC Mars-1 模拟物）。

知识链接：

矽肺病，又称为"肺尘埃沉
着病"，是由于在职业活动中长
期吸入生产性粉尘（灰尘），并
在肺内潴留引起的以肺组织弥
漫性纤维化（瘢痕）为主的全身
性疾病。其症状是咳嗽、咳痰、
胸痛、呼吸困难甚至咯血。目
前，矽肺病已经成为严重威胁劳
动者健康的职业病之一。

湿地工厂有一个风化层月壤试验箱,绰号为"大号垃圾桶"(Big Bin),因为它被认为是同类装置中最大的室内气候控制设施,边长近 8m,装着 120t 灰色的太空尘埃模拟物。该试验箱将帮助工程师和科学家测试采矿技术,使未来的探索人员能够通过采集氧气和水等资源的方式在其他行星表面生活。

从"阿波罗"计划中我们了解到,风化层颗粒带静电并能黏附在接触到的任何表面上。宇航员的宇航服和手套很快就被细小的颗粒弄黑,造成外层的严重磨损。月球舱外活动服的设计师非常清楚这个问题,尤其是对于旋转接头或滑动表面。和宇航服一样,湿地工厂使用的 3D 打印机也存在磨损问题。当物料通过系统挤出时,进料螺杆、料筒和喷嘴上的物料非常粗糙。

在研究利用月壤进行 3D 打印的解决方案时,颗粒力学与风化层操作实验室发现与其他含有添加剂的建筑材料相比,"月壤的行为很有趣"。它不会像沙漏中取自沙滩的沙子那样流动;相反,它倾向于黏结、成团、拥塞和形成"老鼠洞"。NASA 的工程师已经开发出各种各样的技术来实现风化层月壤 3D 打印时所需的流动性。然而,这些工程师坚持认为,加入添加剂后施工确实会奏效。显然,在 3D 打印机处理后必须使用一种特殊的"黏合剂"与月壤混合。即使有水可用,也不可能在没有其他添加剂的情况下制造出一种风化层月壤混凝土,而现有研究倾向于利用高温烧结技术制备混凝土。当然,3D 打印机本身将作为有效载荷首先被发送到月球上。GMRO 实验室在其添加剂施工试验中使用了废弃聚合物作为黏合剂。这些材料要么必须作为有效载荷交付;要么必须设计一些处理器,以便从垃圾和其他有效载荷的废弃物中获得这些材料。风化层月壤掺杂较低比例的聚合物可能产生一种建筑材料,其抗压强度与硅酸盐水泥相当,抗拉强度为硅酸盐水泥的 20 倍。

NASA 的工程师还能将月壤烧结成各种铺路石或砖块。该工艺包括在高温下对材料进行成形处理,以获得与砂岩一致性类似的最终产物。它需要大约 1200°C 的热源,因此它将是能源密集型的。一些可以通过使用太阳聚焦器来实现,另一些则需要核能来实现。不过,它们都需要更多的设备,可能还需要自动功能。也许这将是宇航员与机器人合作的另一个典范。

GMRO 实验室的工程人员使用安装在工业机器人手臂上的挤出机,能够建造高 1.8m、宽约 2.44m 的结构,这是一个概念验证设施。飞行准备系统需要质量小且能够在真空和月球的热辐射环境中运行。理想情况下,增材制造过程将完全自动化。3D 打印机将是宇航员出发之前运送有效载荷的一部分,甚至与相关设备(如月壤提取器)结合使用。

NASA 的工程师评估他们的增材制造技术处于 2~3 级的技术准备程度。在证明它是一个可行的概念后,下一个任务是对其进行特征化和升级。他们正在更深入地了解月壤,尤其是其作为建筑材料的承载力和强度特性。

有趣的是,如果任务计划预设在一个便利的洞穴或熔岩通道内安营扎寨,那么与拥有这些设备(可能还有控制这些设备的机器人)以建立一个栖息地有关的许多问题都可以避免了。

8.6.2 欧空局的 3D 打印技术研究

2018 年,在德国不来梅轨道高科技公司的领导下,ESA 向城市联盟(URBAN Consortium)授予了一项题为"基于 3D 打印技术的月球基地构想"的研究,该城市联盟由法国马赛的 Comex 公司、奥地利维也纳的 LIQUIFER 集团和德国柏林的 SONACA 航天公司组成。该团队评估了在月球基地的建设、运营和维护中使用增材制造技术的可行性与实施方案,该研究已于 2018 年 11 月完成。ESA 关于 3D 打印月球前哨站的概念如图 8.4 所示。

后勤仍然是长期载人航天任务的主要制约因素之一。航天机构对月球资源利用表现出极大的兴趣,认为它是人类在太阳系开展下一波载人探测浪潮的全球策略中一个合理的措施。任何可持续存在任务的关键是能否在原位按需制造各种结构、物件和可替换部件。增材制造是一种潜在的解决方案,因为它缩短了从设计到实施的交付周期;同时,由于原位材料的可回收性,也最大限度地减少了制造浪费。

城市联盟的研究进行了两次平行调查,以评估增材制造技术达到既定目标的可能能力。

(1)一项调查试图确定永久性月球基地所需的硬件,从大型永久性基础设施到较小的按需项目。研究了通过 3D 打印技术得到的这些不同模块的实用性。

图 8.4　ESA 关于 3D 打印月球前哨站的概念(图片由 ESA 提供)

（2）另一项调查分析了可用于增材制造的最先进技术,并评估了其 3D 打印多种材料的能力,如金属、聚合物、陶瓷、混凝土、食品成分和活体组织。一个目标是评估将废弃的模块作为打印材料用于建造新物体的可能性。除了用于建造月球基地外,城市联盟还预见到了这一技术在地球上带来的额外收益。

总而言之,在月球上运行 3D 打印机还有很长的路要走,也许是在 21 世纪 20 年代末,但"阿尔忒弥斯"载人登月计划的经验将影响火星表面设备的设计。

8.6.3　在地球上制造零件

当我们看到如今在地球上用 3D 打印设备制造的东西时,会很自然地期望这种技术能随时应用到月球上。

目前,对于太空计划具有实际意义的是,这项技术具有制造火箭发动机零件的潜力。洛克达因火箭公司最近完成了 NASA"猎户座"载人飞行器增强型反应控制推进系统的鉴定测试。在返回大气层之前,猎户座乘员舱与服务舱分离后,该系统是牵引猎户座乘员舱的唯一动力源,在下降过程中它还要担负保持乘员舱稳定性的任务。洛克达因火箭公司使用 3D 打印工艺制造喷嘴延伸件。这些 3D 打印部件以及航天器上的其他部件,标志着载人航天器将首次利用增材制造技术生产的部件。

一家大型航空航天制造商在地球工厂能做的事情和人类及机器人在月球上能做的事情之间不存在必然联系,因为这两个过程实际上相去甚远。

尽管如此,无论阿尔忒弥斯计划在月球上建造栖息地和其他设施方面学到了什么知识和经验,都会影响火星计划。随着技术的发展,小型零件的 3D 打印实验可能会在月球行动中变得切实可行。目前,正在使用的某些类型设备的尺寸最终可能会变小,小到足以发射到月球上。

有些工艺,如激光直接熔化或激光直接烧结,可能由于能量密度或设备体积太大导致无法应用在月球上。用于其他工艺的特殊黏合剂仍要需要在地球上进行加工再运到月球上,才能与高度加工的月壤一起使用。如果真的发现了水冰,并且可以将水添加到其他原位材料中,就有可能生产出类似于混凝土的结构材料。这个工艺也可以移用到火星上。

相对空间公司(Relativity Space)是一家总部位于加利福尼亚州洛杉矶市的私营航空航天公司,专门从事运载火箭的 3D 打印制造。2015 年,该公司由蒂姆·埃利斯(Tim Ellis)和乔丹·诺恩(Jordan Noone)成立,目前正在为商业轨道发射服务开发自己的发射器和火箭发动机。为了利用 3D 打印技术制造大型部件,该公司创建了一个名为"星际之门"(Stargate)的系统,据称是世界上最大的金属 3D 打印机,如图 8.5 所示。该系统基于选择性激光烧结技术,使用激光束将金属粉末逐层黏合成具有最小部件的精密复杂结构。该公司的目标是能够 3D 打印出运载火箭中至少 95% 的部件,包括其发动机。

相对空间公司正在制造"永恒之光"1 号(Aeon 1)火箭发动机,设计用于在海平面产生 69kN 的推力,在真空中产生 86kN 的推力。发动机由液态甲烷和液态氧驱动,用镍合金制成,包含大约 100 个零件,均来自 3D 打印。它已经在

图 8.5　相对论空间公司的星际之门 3D 打印机(图片由相对论空间公司提供)

NASA 斯坦尼斯空间中心进行了多次测试。9 台永恒之光 1 号发动机将为"泰兰"1 号(Terran 1)运载火箭的第 1 级提供动力,1 台永恒之光 1 号发动机将为该火箭的上面级提供动力。

这款火箭的低轨(185km)最大运载能力是 1250kg,太阳同步轨道(500km)的常规运载能力将是 900kg,太阳同步高轨(1200km)的运载能力将是 700kg。

目前,3D 打印技术已经取得了长足进步,但将 3D 打印技术应用于月球上还有很长的路要走。然而,当我们能在月球上使用这项技术时,它在火星上进行广泛应用就指日可待了。

相关图片链接

Fig. 8.1 https://upload. wikimedia. org/wiklpedia/commons/e/e7/Rob_Mneller_and_Bu22_Aldrin_with_RASSOR. jpg

Fig. 8.2 https://media. wired. com/photos/5ccOdlab93465b3c 1df4629d/master/w _ 2560%2Cc_limit/29467661583_b7ccd113ea_O. jpg

Fig. 8.3 http://www. nasa. gov/sites/default Hiles/−elg6172. jpg

Fig. 8. 4 https://www. 3d printin gmedia. network/wp-content/uploads/2018/11/Lunar_base
_made-with-3D-printing. jpg

Fig. 8. 5 https://upload. wikimedia. org/wikipedia lcommons/thumb/6167/Relatirity-Stargate
-3D-Printer. jpg/1280px-Relativity-Stargate-3D-Printer. jpg

第9章
结论

当前载人空间探索活动处于关键决策阶段,机器人太空探索的未来则不然。机器人未来必将继续协助人类探索太空并开展科学考察,但仅仅依靠机器人进行空间探索的前景还不明朗。机器人所需要的决策仅仅是去哪里和下一步发现什么,而月球乃至火星上的人类活动可就没有这么简单了。尽管 NASA 和美国白宫决定推进"阿尔忒弥斯"载人登月计划,但美国参议院拨款委员会尚未充分认可这一计划。梦想家已经决定继续进行探索之旅,而美国国会则更多关注其他问题和挑战,尤其是美国当前面临的 30 万亿美元巨额债务问题。很多国际和商业航天机构以及全球的月球科学家都参与了"阿尔忒弥斯"载人登月计划。在实用主义者思考最佳途径之时,科学家正在埋头苦干、以求精确揭示真相。100 多家公司和数千名工作者参与了这一计划。与此同时,也有人强烈反对目前的技术路径。他们的观点将被记录下来,随着时间的流逝和技术的进步,将来他们的理由和观点也许会被颠覆。也许存在这样一种可能性,即美国参议院拨款委员会将了解到这些反对门户空间站的观点,从而要求 NASA 重新评估其重返月球的战略。如果这种情况发生的话,那么"阿尔忒弥斯"载人登月计划将至少被推迟 1 年时间。

阿尔忒弥斯计划的众多核心单元都已经进行了 10 余年的研制。新型火箭太空发射系统及其主要部件都处在制造、测试和飞行验证过程中。太空发射系统火箭能将大型载荷送入低地球轨道，或将较小的载荷送入月球轨道。而一旦配备了载人上面级，这种火箭就能直接将飞行乘组送至月球上。目前，太空发射系统 Block 2 型运载火箭至少还需要 10 年时间才能完成研制。众多传统航天企业和新兴商业航天企业正在全力以赴地开发阿尔忒弥斯计划所需的核心单元、居住舱、后勤舱以及相关的系统和分系统。目前，支持国际空间站的地面中心和系统最终也会升级，从而满足阿尔忒弥斯计划的需要。科学家已经设计出了诸多设备，并已经确定了探索计划的优先顺序。

过去几年，"阿尔忒弥斯"登月计划提出的重返月球方式与很多人的预期不同，仍有很多人并不青睐这一方式，甚至还有人对其进行公开嘲讽。

"今日种种果，皆是昨日因。"早在 NASA 早年决定取消"土星"5 号运载火箭的研制时，当今的窘境就已铸成。缺乏超重型运载火箭的现状使 NASA 不得不选择当前这种重返月球的技术路线。1973 年 5 月，"土星"5 号运载火箭的最后一次发射任务将太空实验室（SkyLab）送入太空。当时，NASA 现任局长以及数千名"阿尔忒弥斯"载人登月计划的参与者还没出生呢！

尽管进度一再拖延，"阿尔忒弥斯"载人登月计划还是取得了重要进展。NASA 的工程师和科学家开发出了多款软、硬件，制造和测试了性能样机。有些产品应用了最先进的技术，并且已经完成了飞行验证。相关的宇航企业也开展了大量的研究工作，设计并制造了性能样机。着陆器和月表巡视设备的研制已经进入收尾阶段。

然而，出现拖后腿的事情在所难免，如在某些情况下出现了成本超支。NASA 已在全力以赴地推进阿尔忒弥斯计划，尽管计划实施过程中频现质疑和意见不一等问题，但是计划整体运行良好。而且，尽管不少国家希望抢在美国之前实现"阿尔忒弥斯"载人登月计划目前还是世界上唯一的载人探索任务。

请允许我大胆预测载人航天的未来。尽管"阿尔忒弥斯"载人登月计划会遇到一些阻力，但是我预计它最终会得到部分资金支持或逐步得到充足的资金支持。当然，2024 年实现载人登月的目标并不乐观，我估计可能在 2025—2028 年才能实现。由于"阿尔忒弥斯"载人登月计划的几次发射任务将耗时 1 年左右,而这会导致月球上的科学设备无人照料,因此可能在 10 年乃至更长时间后才能实现人类在月球长期驻留的目标。而只要有了充足的研制时间,商业航天企业就更有希望将有效载荷发射到月球了。不管机器人未来扮演何种角色,我认为真正的月表探测离不开人类的参与。为了实现人类在月球表面长期驻留的宏伟目标,建设月球永久基地显得尤为迫切。目前,国际和商业航天界都没有充裕的资金凭一己之力实现这一宏伟目标——美国不行,SpaceX 公司也不行。

"阿尔忒弥斯"载人登月计划可能在未来 10 年内消耗掉 NASA 在载人航天领域的全部资源。由于 NASA 重点关注载人登月,留给载人火星探测的资源非常有限。值得欣慰的是,NASA 喷气推进实验室仍然能获得资金以开展太阳系无人探索研究。NASA 局长多次声称"阿尔忒弥斯"载人登月计划支持未来的载人火星探测计划,并向美国总统汇报称未来将从月球门户空间站发射火星探测器。考虑到目前门户空间站的研制困境,这种说法可能有点言过其实。但不管怎样,目前规划中的核心单元都不适合载人火星探测——即便是研制进展最顺利的"猎户座"飞船也不能满足载人火星探测任务对寿命的要求。火星探测需要的单元和系统将在地球上完成设计和制造,然后发射到太空中。从轨道的角度来看,月球和地球距离火星均相当遥远。相比遥远的月球晕轨道,在地球轨道中组装火星探测单元总要容易一些。当人类具备了载人火星探测能力之后,我预计重型运载火箭和超重型运载火箭把火星探测单元发射到低地球轨道,在那里完成飞行器组合体的组装,进而再将飞行乘组送往火星。有效载荷可以单独发射,然后在火星轨道或火星表面与飞行器组合体连接起来。

NASA 首席科学家吉姆·格林(Jim Green)在谈到"阿尔忒弥斯"载人登月计划与火星探测计划的关系时是如此自圆其说的:在月球开采水冰以及从月壤中制备氢、氧、可呼吸的空气和饮用水的技术,将为载人火星探测任务奠定基础。在飞船携带的资源耗尽之前,这是火星乘组需要掌握和完善的首要任务。因此,阿尔忒弥斯计划在原位资源利用方面取得的突破可能是其为火星探测提供的唯一技术贡献。如果说"阿尔忒弥斯"载人登月计划还能为火星探测多做点什么的话,在我看来可能就是如何在月球表面工作并建造人类长期驻留所需的庇护所、居住舱和基础设施了吧！在晕轨道发射火星探测器会增加系统难度，必将是一种最低效的方法。我希望未来超重型火箭能够顺利研制成功，这样才能打消部分人对月球晕轨道方案抱有的幻想。

还有一种采用现有技术和规划中的技术实现载人火星探测的方式，即聚焦于火星的卫星，并把成本高昂且技术复杂的着陆工作推迟 10 年左右。这一方案依赖于从国际空间站获取的经验，几款功能更强大的新型火箭以及发动机可多次点火的载人上面级。所有为"阿尔忒弥斯"载人登月计划开发的技术，在经过升级后，将被用于一项"先导"任务，从而协助人类着陆火卫二和火卫一，并使宇航员通过虚拟现实技术实时操纵火星巡视器。与 NASA 现有的火星探测方案相比，该方案可以大幅缩短研制周期。没准国际和商业航天企业可以牵头开展这项任务呢！无论采用何种火星探测方案，"阿尔忒弥斯"载人登月计划都将延迟 10~20 年；如果需要依靠现有方案获取足够资源，就可能延迟一代人的时间。NASA 有限的经费预算无法同时支持两个载人探索项目，甚至是背靠背的支持方式也不行。

综上所述，"阿尔忒弥斯"载人登月计划将持续 10 年乃至更长的时间。该计划无疑将推动人类探索太空的进程，并产生伟大的科学发现，激励新一代科学家和工程师成长，并让参与其中的国家、航天机构和航天企业为之自豪。但这一计划的实施周期和成本与大众的期望存在差距，注定难以令人满意。因此，"阿尔忒弥斯"载人登月计划将无法达到"阿波罗"计划的高度，也许从这方面来看，任何一个载人航天计划都无法与"阿波罗"计划相提并论。但对人类而言最重要的不是进度，而是从探索活动中获得的科学发现和知识。这些知识不仅包括人类对月球的认识，还包括人类探索其他星球的确定性。有了这些知识，人类就可以作为宇宙中迄今所知的唯一智慧生命更好地探索其他星球。

附录 1
美国国家航天委员会在"阿尔忒弥斯"载人登月计划和火星计划中扮演的角色

以下述评来自 2019 年 8 月 20 日在美国弗吉尼亚州尚蒂伊市史密森学会（Smithsonian Institution）的史蒂文·F. 乌德瓦尔哈齐中心（Steven F. Udvar-Hazy Center）举行的美国国家空间委员会第六次会议,本次会议由时任美国副总统主持。

大家都知道,差不多两年前我们在国家航空航天博物馆举行了国家空间委员会的第一次会议。

因此,我们想不出更好的地方来举行我们的第六次会议,在这里我们将总结我们取得的进展,以及我们的国家和政府是如何让付出的努力步入正轨,以恢复和巩固美国在太空领域领导地位的。

而且,说真的,我想不出更好的时机了——没有更好的时机在这里庆祝我们重新获得领导地位。因为,那是 1 个月前,全世界一起向 3 位杰出的美国宇航员——"阿波罗"11 号载人飞船的乘组人员——以及 50 年前在他们身后提供支持的 40 万人送上敬意,这是"一小步",也是"一大步"。

这是多么伟大的庆典啊(指纪念人类首次登上月球 50 周年庆典)! 你们中的许多人都是其中的一分子,不仅来自首都,而且遍布全美各地。我必须告诉你们,能够与让美国人踏足月球表面成为现实的英雄度此良宵,我深感荣幸。平心而论,是他们确保了美国在太空的领导地位。

但是,当我们今天共聚于此时,我们应当认识到,自上次美国人登上月球已经过去47年了。事实上,我们伟大的航天飞机项目,包括我身后的发现号航天飞机,在近10年前就停飞了。

事实上,正如大家所知,美国已经太长时间只满足于地球低轨了。所有任务都集中在地球上,而不是瞄准外星球。

但我要自豪地向大家报告,在特朗普总统的领导下,所有现状都在发生变化。正如总统在就职演说中所说:"我们正站在新千年的开端,准备揭开太空的奥秘……"这正是我们正在做的,这是真的。

在特朗普总统领导下的两年半后,美国将再次在太空领域取得领先地位。这位总统意识到我们的安全、繁荣以及生活方式,取决于美国的领导地位,包括美国在太空领域的领导地位。这也是美国人民半个多世纪以来的共识。

现在,我们承认地球低轨不是我们的最终目的地,而是一个无限太空领域的训练场。我可以向你们保证,美国人民已经为太空历史的下一个篇章做好了准备。

因此,在总统的指示下,我们结束了连续几十年的预算削减,我们重申了美国对人类太空探索的承诺,誓要更快、更远地深入太空。

这就是为什么在我们执政的第一年,特朗普总统签署了《太空政策1号指令》,将重返月球并优先

> **知识链接:**
>
> 美国航天飞机是世界上第一种往返于地面和宇宙空间的可重复使用的航天运载器。它由轨道飞行器、外贮箱和固体助推器组成。每架轨道飞行器可重复使用100次,每次最多可将29.5t有效载荷送入185~1110km近地轨道,将14.5t有效载荷带回地面,航天飞机全长56.14m、高23.34m。轨道飞行器可载3~7人,在轨道上飞行7~30天,既可进入低倾角轨道,也可进入高倾角轨道,能进行会合、对接、停靠,执行人员和货物运送,空间试验、卫星发射、检修和回收等任务。从1979年第1驾航天飞机"哥伦比亚"号交付NASA在佛罗里达州的肯尼迪航天中心,到1992年"奋进"号首飞,美国共制造了5驾航天飞机。其中,"挑战者"号航天飞机和"哥伦比亚"号航天飞机分别于1986年1月28日和2003年2月1日发生爆炸,共造成14名宇航员死亡。美国航天飞机项目伴随着"亚特兰蒂斯"号于2011年7月8日的最后一次飞行任务而退出历史舞台。

"发现"号航天飞机发射过程

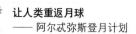

安排载人登月任务作为美国的国家政策。

《太空政策1号指令》是美国航天事业的一个分水岭,依据它,总统给予了NASA明确的方向和任务。

正如他所说的,我们将"自1972以来再次将美国宇航员送回月球并进行长期的探索",不仅是"插上我们的旗帜,留下我们的脚印",而且我们将在那里"为最终的火星探索任务奠定一个基础"。

今年(指2019年)早些时候,特朗普总统把在2024年前重返月球作为本届政府的政策,以确保下一位登上月球的男性和第一位登月的女性来自美国。

"阿尔忒弥斯"任务已经开启,我们正在努力完成NASA的"从月球到火星"的任务。今天你会听到更多关于这方面的信息。

为了给NASA提供完成这项任务所需的资源,总统签署了NASA有史以来最大的预算方案。与此同时,我们正在与国会合作,增加16亿美元预算,以支持我们在人类太空探索领域的新举措。

代号为SLS的太空发射系统将于2019年底完成全面组装。SLS是世界上最强大的火箭,我们将通过它把美国宇航员送上月球。

上个月,我们为"猎户座"飞船标上了"完工"记号。我们都知道,这是一艘将被安装在SLS顶部的飞船,它将搭载半个世纪以来第一艘被设计用于深空探测的载人飞船。

就在上周,我们宣布马歇尔太空飞行中心将主导我们新一代月球着陆器的研发工作。此外,我们将与约翰逊航天中心合作,确保新一代宇航员在2024年驾驶最先进的飞船安全抵达月球表面,并返回地球。我们会完成这一任务。

实际上,布林登斯汀局长告诉我,有了国会的支持,我们可以于明年开始在着陆器上"弯曲金属",不管这意味着什么。

我很自豪地向大家报告,我们也为我们的商业伙伴赋予了权力。最近几个月,SpaceX公司成功地将其自动载人"龙"飞船停靠在国际空间站,蓝色起源测试了其开发月球着陆器的发动机,波音公司正努力在今年年底前发射其首个载人飞行器。

在今年结束之前,美国将再次与众行业领袖合作,用美国本土的火箭将美国宇航员送入太空!

因此,我们正在取得巨大进展。但是,在这个新的世纪,我们有了新的目标:美国不仅要重返月球,还将带着新的目标重返月球。与半个世纪前的登月计划不同,这次我们的目标是在月球表面建立永久的存在,并从月球开始,发展前往红色星球——火星的能力。

在座的各位都知道,为了让我们迈出着陆火星表面的一大步,我们必须证明可以在月球上生活数月甚至数年。我们必须学会如何利用所有可用的资源维持人类的生存和支撑我们在太空中的所有活动,包括通过开采月球两极可以维持生命的结冰固态水。

一旦重返月球,我们就可以开发新的技术,为宇航员在月球南极开展为期数月的考察工作提供生存保障。

正如总统所说,我们在月球上学到的知识将使我们更接近"美国宇航员在火星表面插上星条旗"的那一天。

事实上,在过去的1年里,美国科技再次踏上了火星土壤。正如全世界见证的那样,"洞察"号(InSight mission)探测器的着陆标志着我们第8次成功着陆火星。即使是现在,NASA的航天人还在努力寻找这颗红色星球上最适合人类探索的区域。我们不仅提出着陆火星的计划,还在为之行动。

就像"阿波罗"计划一样,当时我们的太空计划依赖于任务创建时尚不存在的工具和方法,而实现我们雄心勃勃的目标则依赖于技术创新,包括我们小组成员今天将要讨论的技术。

但是,与"阿波罗"计划不同的是,这次我们的努力不会完全依赖于政府的行动。相反,我们会在私人合作伙伴和国际盟友的大力支持下,朝着光明的未来前进。

NASA已经在与业界领袖合作,为门户空间站制订计划:这是一个关键的前哨站和加油站,将帮助我们开发和测试相关技术与系统,并为首次载人火星之旅培训宇航员。

我们从月球到火星的任务正在进行中,毋庸置疑,美国在人类太空探索方面再次处于领先地位。

正如我们今天还将谈到的,在总统的领导下,我们将以前所未有的方式解放美国的商业航天产业。正如总统不久前令人印象深刻的说法——"有钱人喜欢火箭"。我们已经采取措施,让美国企业家可以参与投资,协助开发建立美国在太空领域领导地位的技术。

正如罗斯部长今天再次反思的那样,我们正在简化海外发射、重返太空和新太空行动的许可制度。我们正在取消不必要的法规——这些法规增加了成本,阻碍了创新。所有这些都发生在过去两年半的时间里。

我们制定了世界上第 1 个全面的空间交通管理政策,鼓励建立一个更加稳定和有序的空间环境。

面对新一轮太空探索的机遇,我们重振雄心并协助推动了令人难以置信的经济增长。就在两年前,仅卫星产业就创造了大约 3500 亿美元的收入。一些研究预测,在未来 20 年里这一数字将逐年增加到 1 万亿美元以上。

我们认为空间探测比以往任何时候都更是一个未来的产业。仅今年上半年,美国对航天公司的投资就几乎与去年全年一样多。事实上,在过去的 10 年中,已有超过 220 亿美元的资金投给了近 500 家不同的航天公司。我可以非常自豪地讲,这些投资中的大部分流向了美国的航天产业,美国在太空领域的公共和私人投资方面处于世界领先地位。

但众所周知,当我们在人类太空探索方面处于世界领先地位,当美国在太空创新和创业方面处于世界领先地位时,我们必须在安全方面也处于领先地位。为了我们的国土安全和太空安全,在特朗普总统的指示下,我们正在与国会合作建立一支新的武装力量。国会将很快批准并由总统签署成立美国第 6 支武装力量:美国太空部队。

正如总统所说,我们都认识到——坦率地说,几十年来一直如此——太空是"一个作战领域"。美国太空部队将确保美国时刻准备好捍卫美国的国民利益,并在整个地球上和广袤的太空里捍卫美国的价值观,这些技术将支持我们在广阔的外层空间进行全面防御。

下周,我们将正式成立新的统一作战司令部——美国太空司令部。我很高兴地宣布,我们将为该部门任命新的领导人。四星空军上将约翰·雷蒙德

(John Raymond)将成为美国太空司令部的首位领导人。谢谢您,将军。

在我介绍完雷蒙德将军之前,请允许我提及今天与我们在一起的另一位将军:乔·邓福德(Joe Dunford)将军,他是参谋长联席会议主席。他在漫长的军旅生涯中、在为这个国家服务的过程中取得了非凡的成就。他在巩固美国国防方面发挥了关键作用。在未来几个月,他将卸任参谋长联席会议主席。

大家能站起来,一起为乔·邓福德将军非凡的生活、事业和领导才能鼓掌吗?

谢谢你,将军。谢谢你的服务,感谢你们的领导,尤其是在有关美国太空领导地位的事务上,这是一项载入史册的功绩。我知道总统和我一样觉得,没有你们的领导和支持,我们就不会处在这个历史性时刻。

今天上午晚些时候,我们将听到更多关于美国政府在达成一项新的共同防御协议方面取得的进展,该协议旨在保护美国的国家太空资产安全,并确保我们的共同防御。

但是,尽管我们已经取得了所有成就,美国太空领域领导地位的最大胜利还在前方。你们今天会听到这些计划,国家空间委员会今天将向总统提出新的政策建议,这将有助于推动我们的政府、我们的商业伙伴和世界各地志同道合的国家之间的更广泛合作——那些认同我们民主、自由和法治价值观的国家。

我们将在国际空间站成功的基础上,与我们的朋友和盟友合作,支持美国2024年的登月计划;发展可持续的、长期的月球表面作业;建造一艘飞船将我们带到火星。

我们还将继续释放美国商业太空企业的创造潜力。今天,本委员会将建议采取措施,鼓励创新,确保美国公司拥有在太空竞赛中取胜所需的公平竞争环境。

我们将继续把NASA转变为一个更精简、更负责、更灵活的组织。是吧,吉姆?

NASA局长吉姆·布林登斯汀:是的,先生。

副总统:好的。

我们将比以往任何时候更容易招募和留住世界上最聪明的科学家、工程师

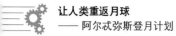

和管理人员。我们将实现我们的目标,我们将在太空创造新的美国历史。

你知道,特朗普总统责成国家空间委员会重新启动和振兴美国的空间计划。我很惭愧,同时也很自豪,可以说这正是这个团队所做的。在各位的支持下,我们将继续这样做。

正如特朗普总统所说:"美国的命运是……在进入未知世界的伟大冒险中成为世界的领导者。"这就是国家空间委员会重组的原因,也是我们今天共聚于此的原因。

虽然我们将要面对艰难和险阻、坚守与牺牲,但我们坚信50年前参与"阿波罗"11号任务的工作者相信的,那就是:美国人可以完成我们下定决心要完成的任何事情,美国将带领世界回到广阔的太空。

感谢大家今天的到来。我们非常感谢国家空间委员会,我们的顾问团,所有在今天来到这里的专家和行业领袖。我非常期待我们的对话和讨论。我在这个房间里看到了大家对于美国太空事业的支持,我不仅从全国参与伟大太空事业的人那里听到了支持,而且从各行各业的普通美国人那里听到了支持,这使我确信,我们已经开始重塑美国在太空领域的领导地位了。

谢谢大家。谢谢大家的支持。感谢您今天的光临。让我们开始工作吧。

(圆桌会议讨论省略。)

附录 2
就 NASA 月球发现与探索计划致国会的
公开信

2019 年 8 月 9 日,以下支持 NASA 月球发现与探索计划的信函分别发给了美国参议院拨款委员会主席兼高级成员理查德·C. 谢尔比(Richard C. Shelby)和帕特里克·J. 莱希(Patrick J. Leahy),及其商业小组委员会主席和高级成员、司法、科学和相关机构负责人杰里·莫兰(Jerry Moran)和珍妮·沙欣(Jeanne Shaheen)。

尊敬的谢尔比主席、莫兰主席,以及高级成员莱希先生和沙欣女士:

今年夏天,当我们庆祝"阿波罗"11 号载人登月计划 50 周年时,许多美国人痛苦地意识到,我们并没有在 20 世纪 60 年代和 70 年代初取得历史成就基础上更进一步。随后,在过去的 25 年里,我们在地球低轨上学到了很多东西,拥有了一个不断维护的空间站。然而,对于月球的探测工作只是通过轨道机器人的方式维系,直到 2013 年中国在月球的近地侧着陆了一个无人探测器。今年早些时候,中国成为第一个成功着陆月球远地侧的国家。很明显,现在其他国家认为月球不仅是无人探测的重要目的地,也是载人探测的重要目的地。作为人数众多且队伍还在不断壮大的月球与行星科学家和探测专家,我们今天写信表达对 NASA 月球发现与探索项目 2020 财年预算请求的强烈支持,并支持推动可持续的人类登月活动,这一次的长期目标是推动人类在月球的可持续存在。

如各位所知,月球发现与探索计划是一项可靠计划的延续,该计划旨在重新参与月球表面探索,在过去几年已经发展成熟,并在去年取得了显著进展。经过为期数年的载人登月行动规划,我们相信这个计划是为了兼顾效率和成本效益设计的。这就是为什么我们敦促 2020 财年为其提供全部资金支持,从而确保月球勘测轨道飞行器的持续运行,并在近 50 年来首次让美国再次踏足月球。

有了月球发现与探索计划,NASA 与美国各个大学、研究机构和商业公司合作,现在获权开始考虑长达数十年的月球科学和探索目标。这些都在完整的战略报告中进行了详细的阐述,如 2007 年美国国家研究委员会关于月球探索科学背景的报告、NASA 行星科学 10 年期调查、月球探索分析小组制定的 2016 年月球探索路线图以及 2017 年发布的《推动月球科学发展》报告。此外,该项目将有机会填补对于人类永久月球探索方案的战略知识空白。我们认为,月球发现与探索计划对充满活力的空间经济至关重要,它将为下一代科学家和工程师带来新的、振奋人心的就业机会,并将扩展到社会的所有部门。

月球发现与探索计划将使美国有机会对月球资源进行系统的勘测,在许多新地点收集全面的新样本,探索月球熔岩管、调查磁异常,并解决一长串尚待解答的月球物理问题,这些问题的答案对于提高我们关于太阳系及其重要行星形成过程的认识有着深远影响。正如 2017 年月球探索分析小组在《推动月球科学发展》报告中所述:"对于美国未来的载人及无人探测任务来说,月球是一个资源丰富、易于接近的目标,它将实现基础科学的进步,进而影响我们对太阳系的理解。"月球发现与探索计划有可能回答有关月球资源的重大问题,尤其是显示储量潜力(足够数量的可提取和可精炼的原料,利用成本比从地球上运输过来更低),这有助于实现人类可持续地重返月球,在太空环境中进行建设性、有成效地工作,从而为人类登上火星奠定基础。

由于贵委员会在 2019 财年《商业、司法、科学及相关机构法案》拨款法案中的领导作用,NASA 得以在科学任务理事会内建立一个项目,从美国私营公司采购用于月球表面任务的运输和物流服务。商业月球有效载荷服务项目有 9 个签约团队。这些团队相互竞争，竞标 NASA 为向月球运送科学仪器和实验设备而下达的任务指令。目前，有 2 家公司正在紧锣密鼓地兑现 NASA 的奖励，从 2021 年开始向月球投运有效载荷。这些公司正忙于为着陆器的既定任务做准备，而月球科学家则马不停蹄地为 1972 年以来再次登上月球做准备。该项目代表着美国引领的月球探索与发现新纪元的开启，从小型无人着陆器开始，引领人类在月球上的持续存在。这是真正利用月球的经济潜力，实现充满活力的地月经济的必要条件。将登月活动纳入我们的经济领域，我们将发现为美国人创造新财富、新工作、新技术和新产业的巨大潜力。

商业月球有效载荷服务项目通过月球催化剂项目，利用了 NASA 先前与商业实体合作的成果。目前，通过与商业伙伴合作规划的任务将解决月球表面上的关键科学问题以及确定将要探索的目标。商业月球有效载荷服务项目强调了 NASA 的意图，即推动科学界获取太阳系演化方面的知识和见解，同时搜集支撑人类太空探索活动与维持人类地外生存的重要数据。显然，科学研究所需的数据和太空探索行动所需的数据是一样的。此外，我们重新获得的关于如何在月球环境中行动的知识，对于未来的科研和探索任务将产生重要影响，而这些任务的活动范围更大，并可能延伸到人类重返月球使用的系统中。虽然商业月球有效载荷服务项目隶属于科学任务理事会，其与亟待推动的人类探索与行动特派团理事会方面具有至关重要的交联关系。随着中国和印度等其他国家不断推进自己的太空探索活动——每项活动都包含强大的登月计划和能力——我们认识到了美国推动在这一领域的进展以及展示领导力的重要性。我们不能将美国在月球表面探测、地月空间以及月球着陆器市场上的主导地位拱手让人，这对于我们航天事业的未来至关重要。因此，下列科学和深空探测领域的专家强烈支持月球发现与探索计划在 2020 财年的预算要求和方略，从而尽可能快地实现重返月球，以及实现美国人在月球表面的探索、进取与繁荣。美国人在月球上的持续存在，对维持我们在太空中的领导地位与在国际伙伴中的威望至关重要。人类在月球的可持续存在将赓续"阿波罗"计划的历史遗产——通过延续我们对知识的渴求以及对造福人类的期待，改变 50 年前对于未知世界的探索方式。

由衷感谢(由 76 位月球与行星科学家、工程师以及来自 22 个州的企业家联名签署)。

印第安纳州圣母大学的 Clive R. Neal 教授

新墨西哥州阿尔伯克基市的月球与行星独立科学家,阿波罗 17 号宇航员 Harrison H. Schmitt 博士

得克萨斯州休斯敦市的美国月球爱好者 Anne Spudis

得克萨斯州的美国月球科学家,原"阿波罗"计划首席研究员 Gary Lofgren 博士

罗德岛州罗德岛大学的原"阿波罗"计划首席教授 James Head Ⅲ

得克萨斯州 Kelso Aerospace 有限责任公司创始人兼 CEO Robert M. Kelso

得克萨斯农工大学金斯维尔分校的 Scott Hughes

马里兰大学兼职教授 J. B. Plescia

加利福尼亚大学洛杉矶分校地球物理学研究专家 Peter J. Chi 博士

马里兰州月球地质学家和勘探规划师 Kirby Runyon

马里兰州月球科学家 Cameron Mercer

罗得岛州布朗大学教授 Carle Pieters

得克萨斯州圣安东尼奥西南研究所研究员 Cesare Grave

密歇根州阿尔比恩学院教授 Nicolle Zellner

加利福尼亚大学圣克鲁兹分校副教授 Ian Garrick-Bethell

亚利桑那州克罗工业公司创始人 James Crowell

纽约州石溪大学地质科学系教授 Timothy Glotch

马里兰大学副教授 Nicholas Schmerr

密歇根大学教授 Youxue Zhang

亚利桑那州立大学教授 David A. Williams

休斯敦市美国月球教育工作者 Andrew Shaner

马里兰州劳雷尔市行星科学家 Dana Hurley 博士

阿拉巴马州亨茨维尔市月球科学家 Heidi Haviland 博士

明尼苏达州行星科学研究所科学家 Ryan N. Watkins

印第安纳州圣母大学本科生 Matthew Borden

印第安纳州圣母大学本科生 Hannah O'Brien

得克萨斯州西南研究所高级研究科学家 Edward L. Patrick 博士

马里兰州劳雷尔市月球科学家 Brett W. Denevi 博士

印第安纳州圣母大学本科生 Michael Torcivia

新泽西州罗格斯大学副教授 Juliane Gross

印第安纳州圣母大学本科生 Donald Welsh

印第安纳州圣母大学本科生 Geoffrey S. Webb

印第安纳州圣母大学技术研究师 Karl Cronberger 博士

科罗拉多矿业学院本科生 Kim A. Cone

马里兰州劳雷尔市月球科学家 David Blewett 博士

加利福尼亚州帕萨迪纳市蜜蜂机器人公司副总裁 Kris Zacny 博士

加利福尼亚大学洛杉矶分校宇宙化学和地球化学杰出教授 Kevin D. McKeegan

西弗吉尼亚州惠灵市月球科学家 Charles Wood 博士

亚利桑那州月球科学家 Amanda Nahm

科罗拉多州大学教授 Jack Burns

亚利桑那州坦佩市月球科学家 Morgan Shusterman 博士

密苏里州圣路易斯华盛顿大学教授 Bradley L. Jolliff

得克萨斯大学奥斯汀分校经济地质局的高级科学家 William Ambrose 博士

科罗拉多州黄金市航天记者 Leonard David

亚利桑那州弗拉格斯塔夫市月球科学家 Lillian R. Ostrach 博士

亚利桑那州立大学副教授 Craig Hardgrove

科罗拉多州西南研究所新地平线项目首席研究员 Alan Stern 博士

亚利桑那州立大学陨石研究中心的创始人兼负责人,原"阿波罗"计划首席研究员 Carleton Moore 博士

马萨诸塞州波士顿大学教授,原"阿波罗"计划科学家 Farouk El-Baz

新墨西哥州阿尔伯克基市月球科学家 Steve Simon 博士

佛罗里达大学副教授 Stephen M. Elardo

马里兰州劳雷尔市月球科学家 Joshua Cahill 博士

得克萨斯州休斯敦市波音公司退休人员 Kurt Klaus 博士

夏威夷大学荣誉教授 G. Jeffrey Taylor

弗吉尼亚大学天体物理和表面物理实验室主任 Catherine A. Dukes 博士

亚利桑那州立大学月球轨道勘测相机项目负责人 Mark Robinson

弗吉尼亚州安南戴尔市空间发展有限公司创始人 Dallas Beinhoff, Cislunar

科罗拉多州博尔德市月球科学家 Carolyn Crow 博士

马里兰州劳雷尔市月球科学家 Benjamin T. Greenhagen 博士

宾夕法尼亚州布卢明顿市名誉教授，美国月球科学家 Abhijit Basu

马里兰州劳雷尔市月球科学家 Rachel Klima

得克萨斯州休斯敦市月球科学家 Julie Stopar 博士

田纳西大学助理教授 Nicholas J. Dygert

马里兰州劳雷尔市月球科学家 Gerald Patterson

得克萨斯州休斯敦市行星科学研究所 Georgiana Kramer 博士

佐治亚理工学院博士后研究员 Micah J. Schaible 博士

田纳西大学本科生 Sarah Roberts

夏威夷州檀香山月球科学家 Linda Martel 博士

宾尼法尼亚州宇航机器人公司业务发展副总裁 Dan Hendrickson

北卡罗来纳州西尔瓦市月球科学家 Amy Fagan 博士

马里兰州劳雷尔市月球和行星科学家 David J. Lawrence

加利福尼亚州帕萨迪纳市加州理工学院地质和行星科学系客座副教授 Dimitri A. Papanastassiou

马里兰州哥伦比亚市月球和行星科学家 Stephen Mackwell 博士

新墨西哥州阿尔伯克基市新墨西哥大学三级教授 Charles K. "Chip" Shearer 博士

佛罗里达州 Moon Express 公司创始人兼 CEO Bob Richards

田纳西州诺克斯维尔市月球科学家 Bradley Thomson 博士

附录 3
NASA 门户绕月空间站备忘录

一份关于月球轨道平台——门户空间站伙伴关系与进展的声明,由 NASA 于 2018 年 5 月 2 日发布。

1. 简介

美国政府和国会为 NASA 制定了雄心勃勃的目标,这些目标将加大当前对于载人航天的投入力度,确保美国维持在太空领域的领导地位,促进地球低轨空间经济的发展,并在未来几十年将美国人生存与发展的版图拓展到太阳系的更深处。

正如 NASA 的探索行动(exploration campaign)项目反映的那样,载人太空飞行的下一步是通过部署和运行美国主导的月球轨道平台或门户空间站,建立美国在地月空间的领导地位。与 SLS 和"猎户座"飞船(Orion)一样,门户空间站是支持和推动美国实现太空探索目标的核心,也是 NASA 绕月行动、月面着陆和火星任务架构中唯一的共用跳板。门户空间站将促进美国航天工业发展,维持美国在其他国家可涉足的新兴、关键领域中的领导地位。

当与政府支持的小型商业月球着陆系统相结合时,门户空间站为美国开展更大的月球机器人任务奠定了基础,从而实现让人类重返月球表面的目标。作为一个绕月航天器,它基于一系列国有和商业飞行器的可重复使用性及可访问性原则,实现了更通用的架构。门户空间站的第 1 个模块——动力推进模块——最早将于 2023 年发射。该模块利用了美国商业卫星的专业知识,为美国公司提供了一个提升航天器通信系统总线技术水平的机会。这一尝试不仅有利于 NASA,也有利于美国国内商业卫星产业保持全球优势。对 NASA 而言,门户空间站提供了一个可以实现地月空间科学进步与深空探测技术发展的平台,包括月球样本返回以及月球机器人和空间系统的运行。

通过强调国际社会对门户空间站的广泛支持,国际空间探索协调小组的 14 个航天机构与 NASA 一道,就门户空间站在将美国人的存在扩展到月球、火星和太阳系更深处的重要性上达成了共识。

2. 战略:基于门户空间站的太空探索合作关系

作为总体部门,NASA 将平衡美国商业伙伴、国际合作伙伴以及其他美国政府实体提供的航天力量及参与份额。通过国内和国际合作,NASA 将为推进美国载人航天目标的实现带来变革和新方法。NASA 将领导美国的太空探索计划,以实现美国的太空意图和全球探索目标。与日本、欧洲、加拿大和俄罗斯的国际合作带来了 30 多年的航天飞机和国际空间站应用经验,是美国太空探索事业的重要组成部分。NASA 希望其他国际合作伙伴能够提供更多的力量。门户空间站提供了一个引人注目的未来愿景,将吸引美国私营公司部门和国际合作伙伴的参与。这项活动将维持美国在航天领域的领导地位,并允许美国为太空活动制定"道路规则"。

3. 门户空间站的功能

NASA 的门户空间站理念是将必要的功能分配到各个高级模块中:电力和推进(通信)模块、居住/活动舱、后勤补给舱、气闸和机械臂。一个有效的居住及应用功能包含集成了居住系统与组件的加压舱、对接端口、ECLSS、航电与控制系统、辐射防护与监测、消防安全系统、自动控制部件、应用,以及宇航员健康保障,包括锻炼器材。

4. 门户空间站的结构

NASA 正在研究门户空间站的各种实现途径,包括在 NASA"下一代空间技术促进探索伙伴关系"(NextSTEP)居住舱开发项目下发起的潜在商业设计概念。NextSTEP 居住舱开发项目的目标包括与美国工业界建立公私合作关系,使 NASA 充分发挥其能力,考察地月空间中门户空间站内宇航员的居住需求。为了支持这一项目,6 家美国公司正在开发全尺寸地月空间居住舱的地面样机,从而使 NASA 及 NextSTEP 居住舱项目参与者能够:①评估居住舱概念的配置和宜居属性;②评估各系统如何相互作用,以及与后勤模块和气闸等其他功能的关系;③提供测试平台,以确保考虑的标准和公共接口是全面的,并实现预期的互用性。此外,NASA 与 5 家美国公司合作,完成了有关动力推进模块的技术需求驱动和商业方法理念的针对性研究。除了在美国国内展开的工作外,NASA 还与其国际空间站合作伙伴进行了一项门户空间站的概念性研究。NASA 正在整合国际空间站项目合作伙伴的航天经验、工程专业知识和潜在的投资者,开展网关架构概念的分析。美国在 2018 年的目标是,将各个功能模块在所有合作伙伴(国内和国际)之间进行全面分配,以便着手除动力推进模块之外的其他模块与元件的设计和采购工作。一旦就功能模块的分配方案达成一致,未来门户空间站的模块需求就可以持续地进行开发。

5. 候选合作伙伴任务分配

NASA 将作为总体部门,扮演架构师、系统集成商和运营商的角色。

NASA 与合作伙伴的任务可能包括以下内容。

(1)运输模块:

- "猎户座"飞船,包含乘员舱、推进舱、发射中止系统;

- 太空发射系统;

- 地面运算;

- 包括 SLS 及商用运载火箭门户空间站发射组件的集成;

- 商业运载火箭。

(2)门户空间站的功能:

- 包含初代月球通信功能的动力推进模块;

- 居住及应用功能包含集成了居住系统与组件的加压舱、对接端口、ECLSS、航天电子与控制系统、辐射防护与监测、消防安全系统、自动控制能力、应用,以及宇航员健康保障,包括锻炼器材;

- 多个后勤保障飞行任务；

- 乘组气闸、科研气闸和科学气闸舱装；

- 科学实验（包括舱内和舱外），包括与科学气闸协同使用的立方体卫星（Cubesat）部署器；

- 对接功能，额外的推进剂存储功能（可为门户空间站提供额外的燃料）以及先进的月球通信功能；

- 包含机械臂接口的机械臂；

- 交会传感器组件；

- 可支持人类和机器人开展月球表面任务。

（3）任务控制中心。

（4）发射设施。

（5）有效载荷和实验操作中心。

到 2018 年年底，门户空间站的需求将基线化，这将启动门户空间站硬件开发和部署的采购与合作工作进程。

正如 2018 年 2 月宣称的，NASA 正准备发布一项广泛机构公告，以征求 2022 年发射动力推进模块的创新合作方案。动力推进模块展示了整个门户空间站与美国航天产业界的合作方式，通过与 NASA 合作，利用大功率太阳能供电技术的最新进展和美国电信行业的投资，同时将成本降到最低。这一合作关系的目的是将先进的电力推进技术推广到美国商业卫星工业领域，从而使美国获得竞争优势。NASA 的 SLS 将运送猎户座飞船和其他模块作为共同管理的组件，以完成门户空间站的建设。猎户座飞船将作为一艘太空拖船，在门户空间站初始组装期间与之对接并运送所需模块，从这个得天独厚的位置运送开展科学研究和技术开发活动的宇航员。

6. 未来计划

NASA 将继续完善门户空间站的相关采购和与合作伙伴的工作规划，利用国有、私人以及国际合作中的互利方法，为 NASA 的月球表面探索计划以及最终的火星探索计划奠定基础。未来的采购分析将涉及模块配置，太空发射系统、猎户座飞船和商业运载火箭的使用部署选项，纳入 NASA 需求之外的商业、科学和技术规划,以地月空间内门户空间站的发展为特征。从国际空间站近20年的运行和其他大规模多方合作中吸取的经验教训,将被用于管理和整合合作伙伴的参与方式。虽然多年来为支撑载人飞行任务进行了大量的硬件采购与制造,但是 NASA 在2018年夏天就门户空间站的功能特性进行了关键性决策。考虑到未来门户空间站的建设和部署,NASA 将与国际和国内合作伙伴展开密切合作,开展必要的活动,以维持原定进度。

附录 4
近直线晕轨道

拉格朗日点又称"平动点"，在天体力学中是限制性三体问题的 5 个特解。它是一个小物体在两个大物体的引力作用下所处空间中的一点，在该点处，小物体相对于两大物体基本保持静止。这些点的存在由瑞士数学家欧拉于 1767 年推算出前 3 个，法国数学家拉格朗日于 1772 年推导证明了剩下 2 个。1906 年，首次发现运动于木星轨道上的小行星在木星和太阳的作用下处于拉格朗日点上。在每个由两大天体构成的系统中，按推论有 5 个拉格朗日点，但只有 2 个是稳定的，即小物体在该点处即使受外界引力的摄扰，也有保持在原来位置处的倾向。

为了理解这类轨道，最好先对拉格朗日点有一定的了解。

有了基本的概念后，人们就能更好地理解 NASA 在"阿尔忒弥斯"载人登月计划中为门户空间站规划的轨道。门户空间站将要被送到近直线晕轨道（NRHO）上，这是一条尚不为公众熟知的轨道，因此需要补充一些介绍。

为了理解我们熟悉的低月球轨道和 NRHO 之间的区别，先回顾一下曾经使用过的轨道："阿波罗"月球轨道。沿着这条轨道抵达月球需要花费 3 天多的时间。"阿波罗"指令及服务舱停留在月球待机轨道上，同时登月舱着陆。抵达月球附近后，组合在一起的指令及服务舱与着陆舱将进入一个额定高度为 310km×110km 的椭圆轨道，接着转换到高度为 110km 的圆形待机轨道。轨道周期因任务的不同而发生变化，但均为 2h 左右。着陆舱通过降落轨道插入点火开启着陆流程,并抵达高度为 15km 的近月点,以排除与高达 6.1km 的月球山脉撞击的可能性。在第 2 次着陆任务之后,"阿波罗"14 号载人飞船改变了流程,通过使用指令及服务舱的燃料来执行降落轨道插入点火,从而为着陆舱的机动降落节省更多的燃料。着陆舱在月面着陆后,指令及服务舱抬升到一个更高的圆形轨道。

经过为期数月的讨论,NASA 及其合作伙伴最终确定了门户空间站将如何绕月飞行。门户的位置影响登月任务的各个方面,包括进入月球轨道的航天器将如何与门户空间站进行交会对接。而门户之所以被称为"空间站",是因为一旦所有模块到位,它就会看起来像一个"迷你"型空间站。这意味着门户空间站将沿着偏心轨道绕月飞行,其高度在 3000km 的近点和 70000km 的远点之间。门户的轨道将通过锁定在 L1 拉格朗日点上与月球一起旋转。它被称为"晕"轨道,是因为从地球上看它像一个围绕月球的光晕。然而,即使选择这个比喻也有误导性。

门户空间站每隔 7 天经过一次最接近月球的点位。这意味着每 7 天就有一个从门户空间站发射到月球表面的时间窗口,同样也有一个从月面升空返回门户空间站的时间窗口。选择这个周期是为了限制日食的频率,日食发生时,门户空间站将穿过地球或月球的阴影,从而使通信受到限制。

晕轨道利用了太阳系中存在的引力平衡点。由于地球和月球引力之间的相互作用,门户空间站可以在这个晕轨道上保持稳定。实际上,这是一个经典的"三体问题",只不过其中一个物体的质量与其他星体的质量相比是微不足道的。当两个大天体在太空中运行时,一个较小的物体可通过被两个巨大邻居"捕获"而处于各种稳定(或接近稳定)的位置。这些"平衡点"是由 18 世纪的数学家约瑟夫·路易·拉格朗日定义的,因此人们通常以他的名字为其命名。

地月之间存在 5 个这样的点,命名为 L1~L5。"阿尔忒弥斯"载人登月计划感兴趣的轨道属于与 L1 和 L2 点相关的周期性轨道群的一个子集,这些轨道可以作为月球空间栖息地的候选轨道。这些点在太空中的稳定性对于像门户空间站这样的长期任务来说是理想的。但它并不完美,因为随着时间的推移它将变得不稳定。也就是说,轨道会随着运行时间的延长而出现漂移。但是,只要在合理的时间内进行轨道修正,就不需要消耗太多的能量。如同国际空间站偶尔需要进行一些轨道调整,门户空间站大约每周需要进行一次小的机动。如果在相当长的时间内没有进行轨道修正,那么门户空间站将需要一个更大的机动距离,以回到理想的位置。

"阿波罗"飞船需要将大量能量转化为动能以离开地球引力的束缚。一旦飞船到达月球附近,在着陆月球之前它需要摆脱部分动能。这意味着它需要携带足够的燃料及推进剂来实现自身的减速。接着,当它需要重返地球时又需要大量的能量。月球门户空间站的应用将改变这一现状。通过与运动的门户空间站进行对接,飞船可以将自身的一部分留在门户空间站上,因此能够减少一些能量消耗。与从地球发射直达月球相比,从门户空间站出发去往月球所需的能量将大幅减少。这意味着去往月球并返回地球之旅将不再需要"像阿波罗"计划使用的"土星"5 号运载火箭那样的重型火箭了,小型火箭便可满足要求。如此一来,门户空间站就像一个"能量银行",可以给登月任务以更多的灵活性和高效率。使用超级重型运载火箭去往月球会更简单,但 NASA 不再拥有这样的运载火箭——这缘于一个年代久远的决策,同时也意味着 NASA 现在不得不依靠功率较小的 SLS 以及只能选择 NRHO。附图 4.1 展示了 4 个拟议的关于地月系统 L1 点和 L2 点的"阿尔忒弥斯"轨道。

永久运行于绕月轨道上的门户空间站将成为探索月球的一个中转站。月球任务的模块可以暂存在那里,等有需要时再进行组装。从月球升空后,只需要进行简单的机动,就可以与门户会合。

然而,在 NRHO 上还存在一些潜在的操作难点。由于 NRHO 的分布相当宽泛,其参数会随着时间的推移在三维空间中发生变化。由于内在的不稳定性,需要实时监测并定期调整轨道参数。不仅需要纠正这些漂移,而且必须在轨道的特定点位上进行纠正。不管飞船上是否有乘员,这一点必须做到。因此,这些操作的指令必须能够从地球或国际空间站发出。要知道在什么地方和什么时候进行机动以及机动的幅度,将需要实时监测和计算机的不间断辅助。也许这将是任务控制中心中飞行控制台的一项职能。

附图 4.2 中的 3 张图片显示了这些轨道是多么不寻常,特别是与我们最熟悉的"阿波罗"计划的月球轨道相比。目前的规划要求门户空间站必须经过 L1

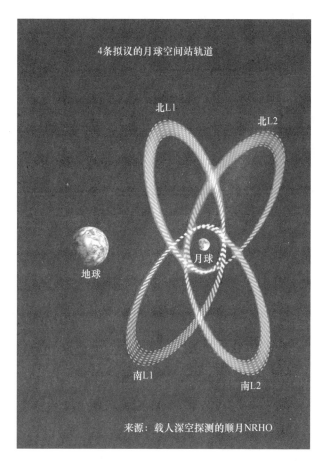

附图 4.1　4 个拟议的关于地月系统 L1 点和 L2 点的"阿尔忒弥斯"登月轨道

点,以提供进入月球南半球的通路,即从地球上看到的月球下半部分。当门户空间站的轨道高度距离月面大约 3000km,处于最接近月球的点位时,发射转运火箭和着陆器,如此便开启了着陆器的降落程序。这与"阿波罗"计划的登月轨道大相径庭。

　　值得注意的是,附图 4.2 中的 L2 轨道将是一个可以接收月球远地端通信的轨道,类似于中国"嫦娥"4 号(或可能是一个新的月球轨道飞行器)的轨道卫星可以用来进行信息中继。虽然有些文章讨论了对于月球南极艾特肯盆地的探索,但它们关注的并不是艾特肯盆地位于远地端的大部分区域,而是盆地边缘可以直视地球和门户空间站的位置。

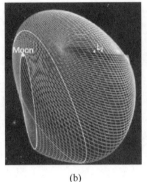

(a)   (b)   (c)

附图 4.2   与 L1 点和 L2 点相关的 NRHO 群

(a) 地月空间中 L1 和 L2 南半球轨道群;(b)L2 晕轨道群的放大图,白线为 NRHO 的边界;

(c)L1 和 L2 NRHO 的放大图(图片由美国普渡大学的 Emily Zimovan 提供)

    NASA 与美国普渡大学发布了一个编号为 IAA-AAS-DyCoSS3-125 的报告,题为《NRHO 及其在地月空间中的应用》,作者是 Emily M. Zimovan、Kathleen C. Howell 和 Diane C. Davis,对这一轨道进行了更详细的介绍:

    "NRHO 是 L1 和 L2 周期性晕轨道群中的一个子集,被选定为顺月空间内载人飞船的候选轨道。在这项研究中,探讨了 NRHO 优异特征的性质。这些高效、稳定的周期性轨道具有良好的日食规避特性,并且可以转移到具有更高保真度的星历模型中,以进行更深入的任务分析。与其他所有载人任务一样,偏离路径检测能力至关重要,而动量积分为这一目的提供了一个简单的衡量标准。此外,初步的转移研究表明,可以从地球低轨以相对较低的成本和较短的飞行时间进入 NRHO,这也是对载人任务有利的特点。对进入远距离逆行轨道进行了研究,初步结果表明,顺月空间的各种动态结构可用于轨道设计。正在进行的研究包括 NRHO、远距离逆行轨道和其他轨道系列之间存在的替代转移几何学和日食规避技术,并且更加深入地了解了这一复杂的动态系统。"

相关图片链接

    Fig A4.1 https://wp-assets.futnrism.com/2017/04/4-proposed-orbit-1200x1723.jpg

    Fig A4.2 https://www.researchgate.net/profile/Emily-Zimovan/319531960/figure/fig1/AS: 614192662978563 @ 1523446350463/The-L-1-and-L-2-halo-orbit-families-and-the-NRHOs-11.png

附录 5
太阳能电推进和霍尔推力器

一个 50kW 的太阳能电力（solar electric power，SEP）系统将为阿尔忒弥斯月球门户空间站的霍尔推力器（Hall Effect Thrusters，HET）和动力推进模块的其他系统供电。2019 年 5 月，NASA 雇佣了位于科罗拉多州威斯敏斯特的马克萨技术公司，以该公司 1300 型卫星平台为原型制造动力推进模块。虽然这项技术是应用在门户空间站上，但 NASA 同时也在为地月空间以外的探索活动寻求高效费比的技术。除此之外，NASA 还希望缩短开发和应用变革性技术的时间周期。这些技术不仅将增强美国的太空实力，而且能使它们圆满完成未来的太空任务，并为各种商业太空活动提供支持。关于动力推进模块的讨论见第 4 章。

NASA 离子推进项目的关键核心技术正处于研究阶段，该技术可为科学研究和空间探索任务提供高可靠性、长寿命的卫星平台。目标是实现低成本、高可靠性、大推力的"完美"组合，并计划在将来用于地球轨道以外的下一代星际航行。

电推进系统以太阳能电池阵列作为电力驱动源，所需的推进剂是传统化学推进系统的 1/10。除此之外，电推进系统还可将机器人送至远离低轨的目的地去执行任务，并在深空的各个目的地之间运送货物。

多项太空任务对于大功率太阳能电推进系统的需求正推动着相关先进技术的快速发展，其中包括研制大型轻质太阳能阵列、磁屏蔽离子推力器以及高电压功率处理器。该项目由 NASA 格伦研究中心主导，系统级的原理样机正在加速筹备中。

在 NASA 颠覆性技术开发项目的支持下，在过渡到技术示范任务计划（Technology Demonstration Missions Program）之前的技术成熟期后，推进技术开始着眼于研制大型、柔性、抗辐照的太阳能电池阵，同时兼顾小型、轻量的包裹化设计以便于发射。在太空中，整个电池阵列结构展开并收集太阳能作为储备电力，实现大功率的太阳能电推进。诺斯罗普·格鲁曼公司和可部署空间系统（Deployable Space Systems, DSS）公司将制造并测试两种太阳能电池阵设计：一种是像风扇一样的可折叠式太阳能电池阵列（称为 ATK MegaFlex），另一种是像卷帘一样的卷轴式柔性太阳能电池阵列（称为 DSS ROSA）。两者都采用了轻质结构和毯式柔性技术，能在地球轨道或穿越范艾伦辐射带时长期稳定运行。目前，两个电池阵的技术指标均达到了世界先进水平，包括 4 倍的辐射耐受性、1.7 倍的单位质量功率容量、4 倍的收放容积效率以及至少 20 倍的机械强度冗余。

未来将采用太阳能电池阵技术的商业航天任务包括：诺斯罗普·格鲁曼公司在国际空间站的天鹅号货运飞船上使用类似 Megaflex 的缩小版电池阵列；劳拉空间系统公司和 DSS 公司为劳拉商业卫星提供 12.5kW 的卷式柔性太阳能阵列。而且，2017 年，国际空间站上的 ROSA 飞行测试顺利实现其预定目标，即首次在轨展开，同时验证了动力结构稳定性和发电性能。但经过 1 周的测试后，该阵列无法实现回缩，因此随后被废弃。

电推进项目选择使用磁屏蔽式的霍尔推力器，在大型太阳能电池阵列将太阳光转换为电能后，输送到高比冲的推力器中，提供连续稳定的推力。

霍尔效应推进器的内部磁场捕获电子，电离工质并形成等离子体，等离子体中的带电粒子在电场的加速下形成束流并产生推力。目前，常用的工质是惰性气体氙，通过多个推进器协同工作来调节推力的大小。该系统可将氙离子加速到时速十万千米以上，提供的推力可用于货运或变轨。

在 2015 财年,研究人员成功测试了功率为 12.5kW 的新型磁屏蔽霍尔效应推进器。该推进器可实现数年时间的连续运行,从而成为深空探测应用的一个重要支撑技术。附图 5.1 为霍尔推力器点火效果,附图 5.2 为电推进项目的首席工程师丹尼尔·赫尔曼(Daniel Herman)的照片。

NASA 的离子推力器使用了双电极系统,其中上游电极(称为"屏蔽栅电极")为正高电位,下游电极(称为"加速栅电极")则为负高电位。离子在正高电位区域附近产生,而加速栅带负电,因此离子被吸引聚焦到加速栅附近,并通过栅孔结构引出放电室,产生高密度的离子射流。所有离子射流统称为"离子束流",而推力则产生于上游离子和加速栅之间。离子束的排出速率取决于施加的栅间电压。化学火箭的最高速度受限于火箭喷嘴的耐热性,而离子推力器的最高速度则受限于施加的栅间电压(理论上是无限的)。

附图 5.1 霍尔推力器点火效果(图片由 NASA 格伦研究中心提供)

电推进是未来太空探索电推力运输系统所需的关键技术,其高效的轨道机动能力也可用于空间商业任务和科学探索研究。

NASA 格伦研究中心还支持了洛克达因公司研制大功率霍尔推力器、动力

附图 5.2　电推进项目的首席工程师丹尼尔·赫尔曼。他帮助 NASA

研制了氙离子电推力器(NEXT),曾担任 NEXT 的寿命测试负责人。照片拍摄于

2009 年密歇根大学的一个真空测试设备中(图片由 NASA 格伦研究中心提供)

处理单元、氙流量控制模块。洛克达因公司曾和 NASA 进行了一系列的点火测试,验证了该推力器稳定运行的能力,并演示了洛克达因公司生产的动力处理单元放电模块的性能。

NASA 将通过发射一艘航天器来测试电推进系统,验证在大功率状态下的变轨移动技术和硬件性能。NASA 的任务目标是实现由地球低轨到地球同步轨道的转移、其他变轨转移、自主位置保持、载荷拖曳以及火星探测。从长远来看,这将降低未来星际任务的成本,而更大功率的后续型号将协助人类探索火星。

电推进系统拥有更高的工质利用率,进而减小了发射过程中所需的速度增量,整个电推进系统的质量占比远小于传统化学推进系统。其他政府机构也正在开展这些未来航天探索技术,验证测试流程可有效降低关键部件和综合系统层面的风险,因此可与 NASA 合作共同挖掘相关技术的巨大潜力。

地球同步轨道通信卫星平均每年能够产生 5000 万~1.5 亿美元的收入,若通过电推进系统实现南北位置保持,其运行寿命可从 7~8 年提高至 12~15 年。配备 30~50kW 级的太阳能电力系统可使整个商业航天器轻量化,并通过单枚猎鹰 9 号火箭实现成对发射。当大功率电推力器技术成熟后,压力更多地来到了卫星制造商这里,他们需要研制出更大功率的太阳能电池阵以供配套使用。因为,这类卫星在从地球同步转移轨道机动到地球同步轨道上时,需要使用化学推进系统提供动力,而双化学推进系统约占整个卫星质量 60%。30~50kW 的功率容量将足以应对从地球同步转移轨道变轨至地球同步轨道的需求,因此需要增配额外的有效载荷以满足日益增长的卫星电视需求(美国目前卫星电视占所有卫星服务营收的 90% 以上)。

大功率电推进系统是 NASA 人类探索计划的基石,作为试验场任务的一部分,需要将大型货物、有效载荷和其他载人探索所需的飞行器部件运送到地球低轨以外,作为多功能、可升级的空间基础设施使用。不同于传统推进系统的大量工质消耗,太阳能电推进系统可以在深空任务中携带更多的货物,同时可大幅降低运载火箭的成本。

知识链接:

试验场任务指 Proving ground missions,是 NASA 计划在 21 世纪 20 年代进行一系列的试验任务。计划从小行星上收集一块数吨重的巨石后,航天器借助月球引力,缓慢地把巨石转移到月球轨道上。在那里,宇航员将从小行星中挑选、提取、收集和送回样本,并在试验场开展其他载人、机器人和航天器测试的任务,以验证 NASA 火星之旅的相关概念。

相关图片链接

Fig A5. 1 http://www.nasa.gov/sites/default/files/thumbnails/image/hall-thruster-0.jpg

Fig A5. 2 http://www.nasa.gov/sites/default/files/thumbnails/image/herman-2.jpg

附录 6
月球探测技术

1. 2020 年技术分类标准

更新的 2020 年 NASA 技术分类标准(technology taxonomy, TX)反映了 NASA 在技术架构方面的转变,即 NASA 对于技术领域采用的架构将与技术学科相一致。为了实现这一转变,本次修订保留、修改以及引入了新的 1 级、2 级技术领域,同时拆分了其他技术领域,并将其与现有领域进行合并。新的架构扩大至 17 个技术领域,以 1 个没有编号的案例清单取代了以前的 4 级"技术备选"。2020 年度清单的更新还包括与该机构相关的新技术,如网络安全和人工智能。

以下是新的分类结构与 2015 年技术领域分类结构的主要变化。

(1) 在每个技术分类标准的末尾增加了一个 2 级部分,用于描述那些没有明确介绍但又确属该分类标准部分的技术(如 TX01. X、TX02. X 等)。

(2) 保留并更新了一个交叉部分(TX00),增加了 TX1f~17 中没有明确介绍的、贯穿技术分类标准领域的内容。

(3) 将 TA1 发射与推进系统和 TA2 空间推进技术合并为一个领域,即 TX01 推进技术,包含空间与地面推进模块。

(4) 新建了 TX02 飞行计算学和宇航电子学。

（5）将 TA4 机器人技术和自主系统分割为独立的技术领域，即 TX04 机器人技术和 TX10 自主系统。

（6）取消了 TA10 纳米技术作为一个独立的技术领域。它目前体现在其他适当的领域中（如纳米推进剂在 TX01 推力器中）。

（7）将 TA15 航空学分为 TX15 飞行器系统和 TX16 空中交通管理，并将其他航空技术适当地纳入其他技术领域。

（8）新建了 TX17 制导、导航和控制。

目前，17 个技术分类领域如下。

（1）TX01：推进系统。该领域包括化学和非化学推进系统以及与推进系统相关的辅助系统，用于推进、空间发射推进或太空内推进应用。

（2）TX02：飞行计算学和宇航电子学。这个领域涵盖了飞行系统中的电子学和硬件计算，应用范围包括太空和大气环境。

（3）TX03：宇航动力学和能源储备技术。这一领域涵盖了电力系统的不同组成部分（发电、储能、电力管理和分配），需要通过技术改进实现 NASA 的任务需求。

（4）TX04：机器人技术。这一领域涵盖了机器人的系统级技术，该技术将被用于科学探索、载人任务前期的无人探测、宇航员助手、舱外活动移动辅助工具，以及资产（无人看管的）看护。

（5）TX05：通信、导航及轨道碎片跟踪识别技术。该领域涵盖为探索任务传输任务数据、下达指令、航天器遥测，同时提供精准的导航支持。轨道碎片可通过航天器通信导航系统及其他专业模块进行跟踪定位。

（6）TX06：人类健康、生命维持和居住系统。这一领域涵盖的技术主要针对人的因素，还包括那些直接影响乘员生存和健康需求的技术，以及宇航员所处环境和操作界面。

（7）TX07：行星探索技术。这一领域涵盖了与空间探测任务相关的所有技术，其中包括从任务运营到原位资源利用等技术。

（8）TX08：传感器与仪器设备。该领域涵盖传感器及设备制造技术，其中包括远程观测技术。

（9）TX09：进入、降落及着陆技术。这一领域涵盖了当前和未来在此任务阶段所需的相关技术。

（10）TX10：自主系统。这一领域涵盖了（在机器人、航天器或航天飞机的背景下）使系统能在外界动态环境中实现自主可控的相关技术。

（11）TX11：软件、建模、仿真和信息处理技术。这个领域包含建模仿真和信息处理技术，并通过软件技术增强对物理世界规律的认知掌握。它们将为NASA各种任务的解决方案提供基础理论支持。

（12）TX12：材料、结构及制造技术。这一领域涵盖了具有改进或组合特性的新型材料技术，通过新型材料、创新制造工艺满足系统结构需求。

（13）TX13：地面测试系统。这一领域涵盖了在地球和其他行星表面进行筹备、装配、验证、执行、支持和维护航空航天活动的相关技术。

（14）TX14：热控技术。这一领域涵盖了获取、传输和排放热量的技术，绝缘处理及热流控制以保持温度在可控范围内变化。

（15）TX15：飞行器系统。这一领域涵盖了航空技术和飞行器原理。航空科学包括对飞行器的飞行特性和流体特性研究，在最大限度降低环境影响的同时实现高性能需求。飞行器原理包括飞行器动力学、轨迹研究，飞行器特性分析、预测、测试。

（16）TX16：空中交通管制和区域追踪系统。这一领域涵盖了安全和自动化技术，该技术对未来规划和运营具有深远意义，同时被用于安全有序地扩大空运和商业空间服务规模。

（17）TX17：制导、导航和控制（huidance，navigation and control，GN&C）技术。该领域研究的GN&C系统技术将被用于新兴任务需求，在保持（也可能是提高）性能的同时降低成本、缩短周期、减少质量或功率需求，并提高系统的安全性和寿命，降低航天器运行对环境造成的影响。

除了本书第7章关于赋能技术进步之外，以下列举了部分正在进行中的技术改进工作，有些技术或将用于"阿尔忒弥斯"载人登月计划及其他太空任务，有些技术可能还需数年时间的研究才能得到实际应用。

2. 热防护系统

热防护系统(thermal protection systems,TPS)是一个应对潜在"单点故障"的关键系统。它不仅保护飞行器在进入大气层时免受极端高温的破坏,还保护其不受微流星体、轨道碎片以及空间极端环境的影响。因此,跟上当前的技术水平并追求更新的技术至关重要。理解不同类型热防护系统的特点,对于不同任务热防护方案的优化选择同样至关重要。在同等条件下,保证有多个可选方案,并确保始终有热防护系统可选用。以下是"阿尔忒弥斯"载人登月计划和国际空间站任务涉及飞行器的热防护系统应用状况。

3. 猎户座飞船热防护模块

为了保护航天器(及其乘员)免受恶劣条件的影响,NASA 约翰逊航天中心的"猎户座"项目办公室专门指派了一个小组负责开发热防护系统。10 年前,"猎户座"热保护系统高级开发项目花费 3 年多的时间考察了 8 种备选材料,最终选择了 Avcoat 和酚碳热烧蚀板(phenolic impregnated carbon ablator,PICA),并通过了后续的实际验证。

Avcoat 曾被用作"阿波罗"任务的热防护罩和航天飞机早期任务中某些部位的热防护材料。现在它被重新生产以进行研究。Avcoat 主要由硅纤维和环氧树脂组成,填充在蜂窝状的玻璃纤维–酚醛复合材料中。在实际应用中,这种材料直接制备在热屏蔽层的基材结构上,在航天器的组装过程中作为一个单元贴敷在载人舱上。与之相反,PICA 隔热板则是直接被加工成块状,在制造完成后安装在航天器上。PICA 隔热板曾被用于"星尘"号(Stardust)探测器上,"星尘"号是 NASA 第 1 个专门用于探索彗星的机器人深空探测任务,也是自"阿波罗"时代以来的第 1 个采样返回任务。

NASA 开展了大量的技术开发工作,进行了数以千计的测试,调动了整个机构的设备、人力及其他资源,以探究这些材料在猎户座飞船宽达 5m 的热屏蔽罩上的性能表现。这一工作是在 NASA 艾姆斯研究中心进行的。

"猎户座"1 号飞行试验的隔热罩使用的 Avcoat 材料是分块贴敷的,而不是将该材料直接喷涂上去,从而可以大幅缩短生产时间。在这种新方案中,洛克希德·马丁公司在 NASA 位于新奥尔良的米丘德装配中心制造了大块的 Avcoat

材料并运送至肯尼迪航天中心。这些材料被加工成 180 多个形状各异的块体，并粘贴到热防护结构中。为了填补料块之间的微小缝隙，技术人员在接缝处填充了一种会随着时间推移而凝固的混合物。技术人员还在隔热罩的表面涂上了一层白色的环氧树脂漆，在环氧树脂漆干燥后再贴上镀铝胶带，目的是提供表面热导率，以吸收太阳热量及红外线辐射。附图 6.1 展示的是洛克希德·马丁公司的工程师和技术人员在肯尼迪航天中心向猎户座载人舱安装隔热罩并进行部件检查。

附图 6.1　2018 年 7 月 25 日，洛克希德·马丁公司的工程师和技术人员在肯尼迪航天中心向猎户座载人舱安装隔热罩并进行部件检查。该航天器正在为"阿尔忒弥斯"1 号任务做准备，这将是在 SLS 上进行的第一次无人驾驶综合飞行测试（图片由 NASA 提供）

　　2014 年，在猎户座飞船探索飞行测试完成后，飞船的隔热罩经历了一次细致的飞行后检查。NASA 和洛克希德·马丁公司的工作人员首先从隔热罩上清除外表面烧蚀部分。其次 NASA 艾姆斯研究中心热防护系统工程师领导的团队，在 4705 号大楼内使用马歇尔（Marshall）公司的新型七轴铣削设备，切割掉大块的 Avcoat 烧蚀材料。其余的 180 多个 Avcoat 料块包覆着大量复杂的传感设备，需要手工拆除后运送至艾姆斯和 NASA 其他的研究中心。在 2015 年 6 月初,被剥离的隔热罩被送到 NASA 兰利研究中心进行水流冲击测试,同时对烧蚀材料和传感器数据的分析一直持续到 2015 年底。

4. SpaceX"龙"飞船的热防护模块

SpaceX 公司与 NASA 艾姆斯研究中心密切合作,开发 PICA-X 材料用于龙飞船的热防护罩。NASA 向 SpaceX 公司提供了专业知识和设备,使该公司在不到 4 年的时间内完成了直径 3.6m 的 PICA-X 防护罩的设计、研发和认证工作,并为 NASA 节省了大量的经费预算。作为目前最先进的热防护系统,自 2010年以来,PICA-X 隔热罩在重返大气层时保护航天器免受超过 1600℃高温的影响。它可在飞船从地球轨道重返大气的过程中重复使用数百次,而每次都只有轻微的烧蚀退化(多次飞行验证),甚至能够承受从月球或火星返回时面临的更高温度。附图 6.2 为 CRS-17"龙"飞船在执行国际空间站任务后被回收。

附图 6.2　CRS-17"龙"飞船在执行国际空间站任务后被回收(图片由 SpaceX 公司提供)

2006 年,NASA 的"星尘"号航天器在收集彗星和空间尘埃样本后返回地球时,使用了 PICA 防护罩,并创造了航天器重返地球大气层的最快速度纪录——每小时 46500km。2011 年,"好奇"号探测器在进入火星大气层时也使用了该材料制成的防护罩,直径达到了 4.5m,是迄今为止行星任务中规模最大的热防护罩。

2007 年,NASA 将 PICA 认定为年度发明。

5. 波音星际客船的热防护模块

波音公司正在研发的 CST-100 飞船带有一个最多容纳 7 名宇航员的太空舱,可往返国际空间站。将一次性使用的隔热罩与可重复使用 10 次的后壳结合后,应用在了该型飞船上。该后壳由波音硬质绝缘材料 18 型(Boeing rigid insulation,BRI-18)和纤维质耐火复合隔热材料(fibrous refractory composite insulation,FRCI)以及毡质可重复使用表面隔热材料(felt reusable surface insulation,FRSI)组成,如附图 6.3 所示。与"阿波罗"太空舱不同,CST-100 将使用降落伞和气囊实现着陆。由于该太空舱是为国际空间站服务的,因此相比于月球轨道返回任务拥有更多的选择余地。Avcoat 曾被考虑与波音酚醛烧蚀体

附图 6.3 波音 CST-100 星际客船隔热罩(图片由 NASA 提供)

（boeing phenolic ablator, BPA）和波音轻质烧蚀体（boeing lightweight ablator, BLA）一起使用,但最终决定只使用 BLA。这种烧蚀体是一种硅基蜂窝状结构,里面充满了二氧化硅制成的微球体($0.3g/cm^3$),可承受1760℃的高温。

6. "追梦者"号飞行器的热防护模块

内华达山脉公司承担设计"追梦者"号飞行器,这是一个与微型航天飞机类似的升力体飞行器。该飞行器长约12m,可携带7名宇航员前往国际空间站或地球低轨。"追梦者"号飞行器通过2个后轮和1个机头滑板着陆,应用了可重复使用的热防护模块设计。与航天飞机一样,"追梦者"号飞行器底部将完全覆盖密度更大的黑色氧化铝增强型热障（black alumina enhanced thermal barrier, AETB）。由于机翼前缘、鼻锥和机身襟翼的热负荷较高,因此该部分计划使用增韧单片纤维增强型耐氧化复合材料（toughened unipiece fibrous reinforced oxi-dation-resistant composite, TUFROC）。机身上部由于热负荷减少,将由白色 AETB 和毡质可重复使用的表面隔热材料组成。"追梦者"号飞行器的热防护测试计划在 NASA 艾姆斯研究中心和约翰逊航天中心完成。这为热防护系统的子系统关键设计审查,以及验证"追梦者"号飞行器热防护系统的制造准备工作提供了关键数据。附图6.4为增韧单片纤维增强型耐氧化复合材料正在 1650℃高温的条件下进行测试时的照片。

附图6.4　增韧单片纤维增强型耐氧化复合材料正在1650℃
高温的条件下进行测试(图片由 NASA 提供)

7. 固体氧化物电解电池

以下关于电解技术的讨论是由丹麦技术大学能源转换与存储系的高级研

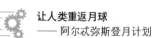

究员亨利克·伦德·弗兰森(Henrik Lund Frandsen)提供的。

电解池利用电能将水分子(H_2O)分解成氢气(H_2)和氧气(O_2)。通过这种方式,电能被转化为氢分子和氧分子中的化学结合能。这与燃料电池中的发生过程正好相反——燃料电池通过化学反应产生电能。

固体氧化物电解电池(solid oxide electrolysis cell,SOEC)与固体氧化物燃料电池(solid oxide fuel cell,SOFC)的运作原理相反。这种电解电池在相对较高的温度(700~1000℃)下具有更好的效率,电解的副产物氢气和氧气分别在电解池的两侧形成。SOEC可借助风力发电机或太阳能电池等设备产生的多余电力制造氢气。氢气可以作为燃料储存,在有需要时通过燃料电池再次转化为电力。该方案可在供大于求时做到有效储存电力。

SOEC也可以将二氧化碳分解成一氧化碳,若与水同时进行电解(共电解),则会产生氢气和一氧化碳的混合物。这种混合气体被称为"合成气",是大规模碳氢化合物合成工艺流程的起点原料,因此液体燃料也可通过合成的方式生产。若电力来源于风力发电机或太阳能电池,产生的燃料就是碳中和性质的。

丹麦技术大学能源转换与储备系一直致力于固体氧化物电解领域的研究。近期取得的显著成果包括:对燃料电极的退化机制及其预防方法有了更深入的了解,堆级高压运行演示,以及丹麦哈尔多-托普索(Haldor Topsøe)公司采用其许可的技术生产的一氧化碳制备装置已投入商用。

8. 月岩电解气态氧

NASA肯尼迪航天中心的湿地工厂正计划研发一种装置,可熔化月岩并从其金属氧化物中提取氧气。月岩电解制氧(gaseous Lunar oxygen from regolith electrolysis,GaLORE)团队获得了一项内部基金,以支持相关熔融技术的开发,该项目始于2019年10月。GaLORE正在推进将岩石加热到1650℃的技术,以便在熔融态的岩石材料中通入电流,由此产生的化学反应将把岩石分解成气态的氧气和金属。这是实现可持续月球探索的一项关键技术;氧气是维持宇航员生命的必需品,也是火箭推进剂的氧化剂;金属(铁和铝)可用于基础设施建造,或作为3D打印的原料制造零件和工具。

月球上有大量的氧分子被锁在氧化物中,虽然它们均可通过电解的方式提取,但这一技术仍面临各种挑战。首先,高温和单质铁的存在可造成极强的破坏性,其次需要能够承受月面极端条件并能自主运行的仪器设计。而电解过程需要消耗大量能量,这种工艺并不适合在火星上应用,但在火星上可通过其他方法从丰富的二氧化碳大气中提取氧气。

9. 无人驾驶太空舱

NASA 肯尼迪航天中心湿地工厂的另一个重点研究方向是在太阳系天体开展资源勘探。正在研究的一种方法与无人驾驶飞行器(unmanned aerial vehicles,UAV)相关。这些飞行器被称为"极限造访飞行器"(extreme access flyers),没有转动部件,通过喷射氧气或水蒸气(或任何在特定行星及小行星上容易获得的东西)实现移动。它们拥有快速机动的能力,可在传统着陆器无法进入的区域寻找土壤样本。

10. 蜂群机器人

蜂群(swarmies)是一款小型机器人探测车,配有传感器、网络摄像头、GPS(在地球上使用)和 Wi-Fi 天线。它应用了自主运行设计,可通过指令代码以集体或蜂群形式进行通信和互动。该技术有望极大提高机器人在大面积未知区域的有效定位、目标识别和资源收集能力。机器人群组将比单体机器人更加强劲、灵活、可扩展。

2019 年 6 月,新墨西哥大学的摩西(Moses)生物计算实验室在肯尼迪航天中心举办了第 4 次(也是最后 1 次)Swarmathon 研讨会和颁奖仪式。这让学生参与到机器人合作算法的开发中,可能会彻底改变未来的空间探索活动。这涉及算法的开发和测试,相关成果在未来可能会被用到 NASA 的火星任务中。机器人将协助从月岩中收集水冰和矿物等原料,并加工成有用的物件。

蜂群机器人是由新墨西哥大学与肯尼迪航天中心的湿地工厂合作设计的,见附图6.5。梅兰妮·摩西(Melanie Moses)博士和她的学生研究了蚂蚁如何觅食,并将观察到的行为编译成名为 iAnt 的机器人自适应搜索算法。在寻找资源的过程中,iAnts 将模仿蚂蚁的行为模式,返回到记忆中的食物存储地点,并与其他个体进行交流。觅食算法通过不断的迭代实现进化,最终在不同的复杂条件下将这些行为调整为高容错、灵活和可扩展的机器人觅食策略。目前,新墨西哥大学团队正与 NASA 合作,将这些搜索算法应用于月球、火星或太阳系其他天体上资源的识别检索中。

附图 6.5　在 NASA 肯尼迪航天中心举办的 Swarmathon
研讨会上展示的蜂群机器人(图片由 NASA 提供)

11. 电动力防尘罩

探索月球或其他行星面临的挑战之一,就是火箭发动机的着陆过程以及人类和机械探测活动在星体表面引发的扬尘。NASA 肯尼迪航天中心静电学和表面物理实验室的科学家正在研究这一问题的解决方法。其中,一个途径是通过电动力防尘罩(electrodynamic dust shield, EDS),防止松散的颗粒积聚在宇航服、热辐射器、太阳能电池板、光学仪器和其他设备表面。它的原理是产生一个沿着被保护物体表面传播的电场,就像池塘上的涟漪一样。EDS 系统在微重力环境中的测试结果显示,它能够从被保护的表面去除 99% 的灰尘。

12. 粉尘推进技术

湿地工厂还在研究一些颇具潜力的技术,"粉尘推进"(dust to thrust)项目计划开发月岩作为推力器的推进剂。同时,该项目还在研究用于流体和电缆的耐尘阀门和快速断开接头。而在机器人领域,目前正在持续开发激光、雷达、立体视觉传感等技术,以辅助机器人在多尘环境中安全作业。同时,湿地工厂还在研究可生产和布置铺路材料的机器人,从而为飞船制造着陆台。科研人员还在研究如何利用月壤实现增材制造。这些技术将包括利用从熔融月壤中提取金属、使用月壤作为制造原料以及以月壤和其他原位资源为原料的、基于体素的制造技术。

13. 低温燃料

阿尔忒弥斯长期任务的理念包括从月岩中提取水冰,制造饮用水,并将多余部分进行电解以制造氢氧推进剂。虽然这一过程听起来很简单,但实际上存在许多难以克服的问题。

人类在太空计划中使用低温推进剂已有几十年的历史。低温推进剂火箭的发射环节相对短暂,一般不超过10min,因此短时间内保持推进剂的低温状态是容易实现的。当这种推进剂被用于上面级时,它们可以根据需求保持低温,但通常不超过7h。

氢是宇宙中分子量最小的元素,可在3300℃的温度下以极高的强度燃烧。比冲是推进剂燃烧效率与消耗量关系的衡量单位,当液氢(LH_2)与液氧(LOX)混合使用时,其比冲是所有已知火箭推进剂中最高的。

由于LH_2和LOX都是低温液体(只有在极低温度下才能液化),因此带来了巨大的技术挑战。LH_2必须储存在20K(-250℃)的温度下,并要极其谨慎地处理。为防止其蒸发或"沸腾",使用它作为燃料的火箭必须与所有的热源隔绝,其中就包括穿越大气

知识链接:

体素表示立体图形中的一个体积元素,如图像素是平面图形中的一个图像元素。体素化是将几何上表示的三维物体转换为体素模型的过程。

层时发动机喷口和空气摩擦产生的热源。一旦飞行器进入空间环境，就必须遮挡处理以避免太阳辐射带来的热量。因为，当 LH_2 吸收热量时会急速膨胀，所以必须配备排气阀以防止罐体爆炸。被 LH_2 冷却的金属会变脆，而且 LH_2 会从焊缝的微小孔隙中泄漏，如何在月球任务中解决这些问题成为工程师面临的挑战。

月球绕地球的公转周期是 27 天 7 小时 43 分钟。在没有大气层遮蔽的情况下，当太阳升到最高点时，月面温度可以达到 127℃。而在月球的子夜，月面温度可降至零下 173℃。月球的夜晚将持续两个星期之久，这将给人类探测带来严峻挑战。不过在太阳绕过月平线的两极区域时，温度变化没有那么极端。

地球自转轴相对于太阳轨道平面（称为"黄道"）的倾斜度为 23.44°，正是这种偏移导致了季节的变化。月球的轴线与黄道的偏移只有 1.54°，意味着在月球两极存在一些永远得不到太阳照射的地方（处于永久阴影的低洼地带，那里的月岩中可能存在水冰），和永远看不到黑暗的地方（所谓的"永昼之峰"），而后者是理想的太阳能电厂候选地址。这也是 NASA 选择将月球南极区域作为阿尔忒弥斯计划着陆点的原因。

NASA 通过月球勘探轨道飞行器（Lunar reconnaissance orbiter）绘制出了所有的持续光照区域。与此同时，飞行器携带的"占卜者"（Diviner）号红外辐射测量仪在月球南极火山口处测得的温度为零下 238℃，在月球北极的一个火山口测得的温度为零下 247℃，二者都可以满足液氧的储存条件，但对液氢来说温度还不够低。因此,科研人员在设计利用月壤生产液氢/液氧的工艺时必须考虑这些环境因素带来的影响。

14. 零沸腾贮罐

多年来,NASA格伦研究中心一直在开展低温燃料研究,零沸腾贮罐(zero boil-off tank,ZBOT)项目借助实验性流体来测试主动散热和强制喷射混合技术,以作为利用挥发性流体控制罐体压力的替代方法。2017年,国际空间站上的ZBOT实验研究了在不损失任何液体的情况下实现压力释放的方法,其中采用了动态压力控制法,见附图6.6。这是一种不借助泄压口,在有或没有主动冷却措施的情况下均可实现液体混合的技术。储罐加压过程和压力控制受强制混合期间的相互作用,以及气液界面冷凝与蒸发效应的制约。ZBOT用挥发性液体全氟正戊烷来研究传输和相变现象对分层、压升和压力控制的作用。

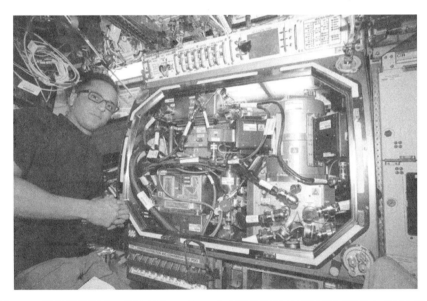

附图6.6　宇航员约瑟夫·阿卡巴(Joseph Acaba)正在进行ZBOT试验(图片由NASA提供)

通过全面的地面和微重力环境测试,对热通量、填充水平和液体混合对热分层、压升和压力控制的影响进行了系统研究,NASA的格伦研究中心已经开展了如下工作。

① 通过最新的双相计算流体力学模拟,建立了贮罐模型,并设计了模块化

的储罐压力控制系统。

② 为贮罐建立了一个多区域的热力学模型,可用于快速有效的工程分析。

③ 通过真实的地面和微重力环境试验数据对模型进行验证。

实验数据和建模工作都作为储罐设计的基准,以实现在月球和火星任务中对低温液体的长期储存。

相关图片链接

Fig A6. 1 https://www. nasa. gov/sites/default/files/styles/full-width/public/thunbnails/image/orion-heat-shield-install. jpg? itok=wu-ZMiVC

Fig A6. 2 https://www. nasaspaceflight. com/wp. content/uploads/2019/061NSF-2019-06-04-20-00-41-453. jpg

Fig A6. 3 https://image-assets. nasa. gov/image/KSC-20180315-PH-BOE01-0001/KSC-20180315-PH-BOE01-0001~orig. jpg

Fig A6. 4 https://www. teslarati. com/wp-content/uploads/2018/12/TUFROC-heated-to-3000F-NASA. png

Fig A6. 5 https://www. nasa. gov/sites/default/files/thumbnails/image/swarmie 2017w-gripper. png

Fig A6. 6 https://www. issnationallab. org/wp-content/uploads/iss053eo27051. jpg

附录 7
任务时间线

"阿尔忒弥斯"载人登月计划包含了诸多大大小小的事件,可能会引起混淆,因此下面列出了"阿尔忒弥斯"载人登月计划的时间线,以便读者掌握这一宏大计划的清晰脉络。

2000 年,蓝色起源公司成立。

2002 年,SpaceX 公司成立。

2004 年,美国总统布什提出让美国重返月球的倡议。

2006 年,"猎户座"载人探索飞行器公布。

2009 年,奥古斯丁委员会审查"星座计划"。

2010 年,"猎户座"飞船在白沙导弹试验场成功试验了发射中止系统;NASA 授权法案取消了"星座计划"。

2011 年,提出基于"猎户座"飞船的多功能载人飞行器。

2014 年,开展"猎户座"探索飞行 1 号试验;与波音和 SpaceX 签订商业宇航员合同。

2015 年,NextSTEP 居住舱研制工作开启;SLS Block 1 型火箭完成关键设计审查。

2016 年,内华达山脉公司竞得 CRS-2 合同,在 2021 年为国际空间站提供补给服务;洛克希德·马丁公司提议在2028年建立火星基地;开展固体燃料火箭助推器验证测试。

2017年6月,取消小行星重定向任务,国家空间委员会重组;10月,国家空间委员会召开第一次会议;11月NASA选择5家公司开始动力推进模块研究;12月美国总统特朗普签署《太空政策1号指令》。

2018年2月,猎鹰9号运载火箭首飞。4月詹姆斯·布林登斯汀被国会任命为NASA局长,NASA取消资源勘探者号登月计划,4月商业月球有效载荷服务项目发布一份意见征求草案。5月,NASA门户空间站备忘录发布。8月,9名商业宇航员入选国际空间站成员;月球极地勘探研讨会召开,主题为发现与建议。9月,开展"猎户座"飞船降落伞系统的最终验证测试。11月,NASA选择9家美国公司参与商业月球有效载荷服务合同竞标。12月,"猎户座"飞船降落伞系统的最终验证测试完成。

2019年1月,中国"嫦娥"4号探测器成功着陆月球背面,人类研究计划年度会议召开,诺斯罗普·格鲁曼公司完成了"阿尔忒弥斯"1号所有分段研制任务。2月,NASA敲定12个研究任务和月球科学技术载荷。3月国家空间委员会指示NASA加快执行登月计划;SpaceX载人"龙"飞船首飞,前往国际空间站。4月,NASA承诺在2024年之前实现载人登月,NASA选择了12个与宇航员健康表现有关的研究项目提案。5月,NASA宣布马克萨科技公司获得动力推进模块研发合同;NASA选择宇航机器人、直觉机器人和超轨公司作为月球有效载荷服务的供应商;美国众议院通过了2020财政年度预算,并没有为阿尔忒弥斯计划增加预算。6月,月球与行星研究所发表了"阿尔忒弥斯"载人登月计划简报,NASA发射深空原子钟。7月,在卡纳维拉尔角发射场开展猎户座上升中止试验AA-2,美国总统特朗普重组国家空间委员会,肯尼斯·鲍尔索克斯被任命为NASA人类探索和运营部代理副部长。8月,国家空间委员会第六次会议召开,月球科学界向国会致信。9月,"阿尔忒弥斯"1号任务的"猎户座"飞船被送至梅溪空间环境试验场;NASA授予14项"引爆点"技术合同;马斯克公布了超重型星舰计划;NASA向发出工业界最后呼吁,征集月球载人着陆器提案。

10月,NASA宣布了"猎户座"和xEMU航天器的宇航服选择;月球探索分析小组年度会议召开,道格·洛弗罗被任命为人类探索和运营部副部长,开展猎户座发射中止系统的验证测试,两名女宇航员首次在国际空间站外进行太空行走,载人"龙"飞船进行发射中止测试,月球探索分析小组年度会议召开。11月,诺斯罗普·格鲁曼公司的天鹅座飞船艾伦·宾号飞往国际空间站执行货运任务,CST-100星际客船开展紧急中止系统测试,载人"龙"飞船开展静态点火测试,NASA选择了5家额外的承包商加入商业月球有效载荷,人类月球着陆器竞赛的提案到期。

12月,总统批准2020财年预算,为NASA拨款226亿美元;CST-100星际客船首次飞往国际空间站,未进行对;总统宣布成立美国太空部队。

2020年1月,SpaceX开展载人"龙"飞船紧急中止系统测试,"阿尔忒弥斯"1号宇航员培训班毕业。2月,SpaceX载人"龙"飞船首飞;

克里斯蒂娜·科赫创造了女性在国际空间站执行任务时间的最长纪录。2020年3月,美国总统大选开始;11月,选举结果公布。

2020年,"阿尔忒弥斯"1号芯级运往坦尼斯航天中心试验台进行"绿色运行"测试,宇航员赫尔利(Hurley)和本肯(Behnken)搭乘载人"龙"飞船前往国际空间站。

2020—2021年,通过商业运载火箭向月球发射有效载荷;"阿尔忒弥斯"1号任务的SLS火箭向月球轨道部署立方体卫星。

2022年,通过商业运载火箭向门户空间站发射动力推进模块。

知识链接：

以下为原著作者在2019年成书期间对"阿尔忒弥斯"载人登月计划进展的预测。事实上,直到北京时间2022年11月16日14时,在经过数次补救、排险措施后,"阿尔忒弥斯"1号任务才成功发射。

2022—2023 年,"阿尔忒弥斯"2 号任务 SLS 火箭运送首批宇航员进入月球轨道。

2023 年,通过商业运载火箭向门户空间站发射载人舱。

2024 年,通过商业运载火箭向门户空间站发射载人着陆系统。

2024—2025 年,"阿尔忒弥斯"3 号任务 SLS 火箭向门户空间站运送宇航员,检查着陆器并飞往月面。

2025—2026 年,"阿尔忒弥斯"4 号任务 SLS 火箭向门户空间站运送宇航员,开展载人登月任务。

2026—2028 年,"阿尔忒弥斯"5~8 号任务 SLS 火箭向门户空间站运送宇航员,每隔 1 年左右开展一次载人登月任务。

2028 年,NASA 和工业界与国际合作伙伴计划在门户空间站不断增加的功能和可重复使用着陆系统的支撑下,以稳定的节奏向门户空间站和月面派遣宇航员。

2030—2040 年,由月球飞往火星,具体计划尚未可知。

附录8
阿尔忒弥斯神话

阿尔忒弥斯神庙的故事源于公元前 250 年西顿（Sidon，古代腓尼基北部奴隶制城邦）的安提帕特（Antipater）：

我曾注视高耸的巴比伦城墙，那里有战车通行的道路，阿尔卑斯山边的宙斯雕像，空中花园，太阳的巨像，高大的金字塔下热火朝天的劳动场面，以及摩索拉斯王宏伟的陵墓。但当我看见耸入云端的阿尔忒弥斯神殿时，其他奇迹都黯然失色。我感叹道："除了奥林匹斯山，太阳从未见过如此宏伟的景象！"

这表明了阿尔忒弥斯在希腊人心中的重要地位，堪比罗马神话中的月亮女神戴安娜。

阿尔忒弥斯神庙是一座修建于公元前 6 世纪的希腊神庙，供奉着希腊女神阿尔忒弥斯，位于小亚细亚东岸（今土耳其境内）的希腊殖民地以弗所（Ephesus）。该建筑被列为世界七大奇迹之一，见附图 8.1。

在古代宗教神话中,阿尔忒弥斯是主掌狩猎、原始自然、月亮和贞洁的女神,是宙斯与勒托之女,太阳神阿波罗的孪生姐姐。她为妇女祛除疾病灾害,并作为年轻女孩的守护者。阿尔忒弥斯和厄勒梯亚(Eileithyia)一起被奉为掌管生育和助产的主要女神之一。与希腊女神雅典娜和赫斯提亚一样,阿尔忒弥斯还是希腊神话中的 3 位处女神之一,发誓永不结婚。

对阿尔忒弥斯的崇拜遍布整个古希腊,她最著名的信众聚集地包括德洛斯(Delos)岛(她的出生地)、阿提卡(Attica)的布劳伦(Brauron)和穆尼希亚(Mounikhia,位于 Piraeus 附近),以及斯巴达(Sparta)。在绘画和雕像中,阿尔忒弥斯经常被描绘成一个年轻、高挑的女猎人形象,身穿短裙和长靴,在森林中手持弓和箭筒,并与一只鹿为伴。斯巴达人在发动新的军事行动前,常常把她作为守护神之一进行祭祀。

附图 8.1　重建的阿尔忒弥斯神庙(图片由 GNU Free Documentation 授权提供)

在古典时期,妇女成功分娩后经常将衣物作为供品在神庙里献给阿尔忒弥斯。同时,阿尔忒弥斯也是一个让孕妇害怕的神,因为人们将怀孕和分娩时的死亡都归咎于她。实际上,还有许多与分娩有关的神灵,其中包括阿佛洛狄特(Aphrodite)、赫拉(Hera)和赫卡特(Hekate)等,许多都与特定的地理位置有关。

雅典的希腊学者阿波罗多罗斯（Apollodorus）说，阿尔忒弥斯在阿波罗是分娩过程中帮助过她的母亲。如果是这样，那么她就不可能是传闻中与阿波罗是双胞胎，而一定比阿波罗年长。附图 8.2 为阿尔忒弥斯和阿波罗的雕塑。

附图 8.2　阿尔忒弥斯和阿波罗的雕塑（来自希腊的米里纳（Myrina），
可追溯到大约公元前 25 年。图片由维基共享资源提供）

　　许多节日都会纪念阿尔忒弥斯，因为她是在雅典历 11 月的第 6 天出生，所以希腊一年中几乎每月都有一个节日，主持祭祀的少女驾驶着 4 只鹿牵引的战车行驶在游行队伍的末尾，纪念活动还包括动物献祭。许多节日场所后来都成了圣地。

　　阿尔忒弥斯有许多标志性符号，其中包括：

- 弓箭；
- 战车（4 只金角鹿牵引的黄金战车）；
- 矛、网和七弦竖琴（阿尔忒弥斯经常被描绘成带着一把七弦竖琴的形象）；
- 少女的舞蹈与歌声；

- 鹿(阿尔忒弥斯的圣物);
- 狗(打猎时带着7只狗);
- 野猪[俄纽斯(Oineus)和阿多尼斯(Adonis)都是被阿尔忒弥斯的野猪杀死的];
- 珍珠鸡;
- 秃鹰(许多神灵的宠爱之鸟);
- 棕榈和柏树。

月亮女神阿尔忒弥斯一般以身着长袍、头戴面纱的形象示人。她的阴暗面在一些瓶饰画中有所体现,她被表现为带来死亡的女神,她的箭射倒了少女和妇女,如尼俄伯(Niobe)的女儿。有时阿尔忒弥斯以戴着新月冠冕的艺术形象出现,这在月神和其他人物形象中也可以看到。附图8.3为公元前4世纪由科菲索道(Kephisodotos)创作的阿尔忒弥斯大理石半身像复制品。

附图8.3　公元前4世纪由科菲索道创作的阿尔忒弥斯
大理石半身像复制品(图片由维基共享资源提供)

时至今日，人们仍能感受到阿尔忒弥斯的影响力。2007 年 6 月 7 日，一座罗马时代的青铜雕塑《阿尔忒弥斯和雄鹿》在纽约苏富比拍卖场被奥尔布赖特-诺克斯美术馆（Albright-Knox Art Gallery）以 2550 万美元的价格竞得。附图 8.4 为位于巴黎卢浮宫博物馆的罗马女神雕像《凡尔赛宫的戴安娜》。

现在，月亮女神阿尔忒弥斯是人类重返月球计划的代号，如附图 8.5。

附图 8.4　位于巴黎卢浮宫博物馆的罗马女神雕像《凡尔赛宫的戴安娜》，该雕像也被称为"戴安娜-拉比什"（Diana à la Biche）、"戴安娜-夏瑟斯"（Diane Chasseresse）、"追逐的阿尔忒弥斯"（Artemis of the Chase）、"阿尔忒弥斯与雌鹿"（Artemis with the Hind）（图片由维基共享资源提供）

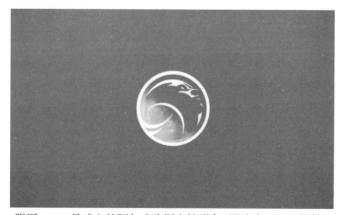

附图 8.5　月球上的阿尔忒弥斯女性形象（图片由 NASA 提供）

相关图片链接

Fig A8. 1 https：/www. ancient. eu/img/r/p/500x600/180. jpg？V＝1485680517

Fig A8. 2 https：//upload. wikimedia. org/wikipedia/commons/thumb/b/b1/Artemis－Apollo－Louvre－Mry199. jpg 1789. p>0－Arbemis－Apollo－Louvre－Myr199. jpg

Fig A8. 3 https：//upload. wikimdia. org/wikipedia/commons/thumb/5/5c/Artemis－kephisodotos－Musei－Capitolini－MC1123. jpg/77p－Artemis－Kephisodotos－Musei－MC1123. jpg

Fig A8. 4 https：//upload. wikimedia. org/wikipedia/commons/5/5c/Artemis－Kephisodotos－Musei－Copitolini－MC1123. jpg

附录 9
月球村协会

ESA 局长扬·沃纳(JanWörner)对于太空探索有一个大胆的构想,它目前尚未被 ESA 正式立项,而是基于一个非营利机构提出的概念。该机构名为月球村协会(Moon Village Association,MVA),成立于 2017 年,总部位于奥地利维也纳,主席为朱塞佩·雷瓦尔迪(Giuseppe Reibaldi),他曾在 ESA 工作了 35 年。成立该协会的目的是推动月球村的发展,由来自超过 39 个国家的约 220 名成员组成,在全球有 25 个成员机构,代表着科学技术、文化和跨学科等不同领域。它将与 ESA 密切合作,促进世界各国和各组织之间,特别是发展中国家之间的合作,以协助实现建成永久月球基地的愿景。为此,雷瓦尔迪在月球会议上发表演讲,并与空间政策制定者和 NASA 的科学家会面。

MVA 的目标是为政府、工业界、学术界和对月球村发展感兴趣的公众等利益相关者创建一个永久性的全球非正式论坛,目标是探索并可持续利用月球,既不是要在月球上建造一个村庄,也不是要建造任何单一的科学设施,更不是一个"月球上的国际空间站"项目。MVA 促进了当前或尚在计划中的月球探索项目合作,它由公共或私人倡议,与非空间组织合作,促进国际讨论和计划制订,创建国际、国家和区域网络,让世界各地响应月球村精神的民间团体参与进来。附图 9.1 为月球村概念图,附图 9.2 为月球村的部分剖面图。

附图 9.1　月球村概念图(图片由欧空局及福斯特伙伴(Foster Partners)公司提供)

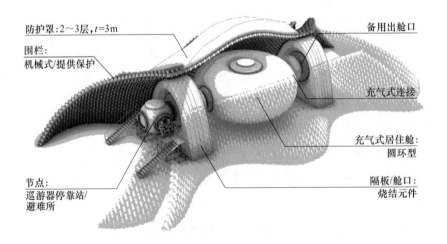

附图 9.2　月球村的部分剖面图(图片由欧空局提供)

278

MVA 的宗旨和原则如下。

1. 宗旨

MVA 的宗旨是为月球村的"协调与合作"做出重大贡献,而不一定要求存在正式的国际框架协议或监管文书。月球村原则上代表了 MVA 的普遍共识,但严格来说不具有约束力。

MVA 将每年评估各组织在"月球村原则"方面的任务和活动,并以高度公开的方式说明这些任务和活动是否符合该原则。

2. 原则

作为实施的第一步,MVA 认为以下原则可以体现月球村概念的任务和活动,这些任务和活动在未来可能会具有价值。

原则1:遵守适用于人类空间活动的国际规则和协议,如 1967 年的《外层空间条约》以及其他条约,在进行和平活动时,要深思熟虑,尊重人类在月球上的文化遗产。

原则2:提高对月球环境及其用于科学研究的认识。

原则3:降低往返于地球和月球以及地月空间内的运输成本和风险。

原则4:支持月球社区的经济发展。

原则5:采用或建立并记录具有普适性及有用性的开源码工程标准。

原则6:开发和建造为探月活动提供关键服务的元件与系统,如导航、通信、电力和资源。

原则7:开发和演示能够使机器人和人类在月球表面和周围地区进行低成本、可靠且安全运营的技术。

原则8:提供足够的信息,使全球合作和普通民众共同参与人类拓展月球的活动,甚至最终定居月球。

原则9:在文化、艺术、教育或其他基本要素方面为人类社会做出伦理贡献。

相关图片链接

Fig. A9. 1 esa/storage/images/esa–multim edia/images/2013/01/Lunar-base-made-with-3d-printing/12501019-1-eng-GB/Lunar-base-made-with-3D-printing-node-full-image-2. jpg

Fig. A9. 2 https://www. techforspace. com/wp-content/uploads/2017/05/moon-viuage-base-regolight. jpg

附录 10
中国登月计划

知识链接:

鹊桥中继卫星,是中国首颗也是世界首颗地球轨道外专用中继通信卫星,于 2018 年 5 月 21 日在西昌卫星发射中心由"长征"4 号丙运载火箭发射升空。作为地月通信和数据中转站,鹊桥中继卫星可以实时把在月面背面着陆的"嫦娥"4 号探测器发出的科学数据传回地球,具有重大的科学与工程意义,也是人类探索宇宙的又一有力尝试。

鹊桥中继卫星结构示意

虽然中国没有被纳入"阿尔忒弥斯"载人登月计划合作伙伴关系中,但已经同意 NASA 的一项请求,即在未来美国的登月任务中可以使用"嫦娥"4 号探测器和鹊桥中继卫星。

这是自 2011 年美国国会禁令以来,中美两国在太空探索领域的首次重大合作。即便如此,从 2019 年 10 月 21 日在华盛顿举行的国际宇航大会(International Astronautical Conference)上的讨论来看,中国没有成为"阿尔忒弥斯"载人登月计划的合作伙伴,甚至不是一个临时参与者。时间会证明两国之间是否会有合作的可能性。尽管如此,本文还概述了这种潜在的合作可能是什么。

在 2019 年 1 月 3 日"嫦娥"4 号着陆月球之前,中美两国科学家进行了定期接触。其中涉及在着陆过程中观察探测器排气口在月球表面上喷射出的羽流和粒子,以将观察到的结果与理论进行比较,但 NASA 的月球勘测轨道器(lunar reconnaissance or-biter)并没有处于观察着陆的正确位置。美国还向中国科学家通报了其在月球轨道上的卫星,而中国则与美国科学家分享了"嫦娥"4 号着陆的经度、纬度和时间。

2018 年 5 月,中国发射了鹊桥中继卫星及"龙江"1 号和"龙江"2 号两颗小型卫星。它位于距月球约 6.5 万千米的地月 L2 拉格朗日点的晕轨道上,故其能够将数据传回地球。如果美国能和鹊桥中继卫星实现通信,就可借助鹊桥中继卫星及这两颗小型卫星开展门户空间站和重返地球任务。

"嫦娥"4 号着陆器任务是中国探月工程第 2 阶段任务的一部分。2019 年 1 月 3 日,"嫦娥"4 号实现了有史以来首次在月球远地端的软着陆,在位于月球南极艾特肯盆地内的冯·卡门陨石坑内安全着陆。在那里,"嫦娥"4 号部署了"玉兔"2 号月球巡视车,这是"嫦娥"3 号的后续行动。"嫦娥"3 号任务是中国首次实现在月球近地侧着陆,并部署了第一辆月球巡视车"玉兔"号。"嫦娥"4 号飞船是作为"嫦娥"3 号的备份建造的,并在"嫦娥"3 号于 2013 年获得成功后投入使用。"嫦娥"4 号改变了原有的结构以满足新的科学目标,而"嫦娥"任务是为了纪念中国的月亮女神命名的。

中国探月计划设想了 3 个阶段的渐进式技术发展:第 1 阶段是到达月球轨道,由"嫦娥"1 号和"嫦娥"2 号分别与于 2007 年和 2010 年完成;第 2 阶段是在月球上着陆和部署月球巡视车,由"嫦娥"3 号和"嫦娥"4 号分别于 2013 年和 2019 年实现;第 3 阶段

知识链接:

"嫦娥"4 号是中国探月工程二期发射的月球探测器,也是人类第 1 个着陆月球背面的探测器。叶培建院士曾担任"嫦娥"1 号总设计师兼顾问,"嫦娥"3 号首席科学家,"嫦娥"2 号、"嫦娥"4 号、"嫦娥"5 号试验器总指挥、总设计师顾问,在各号"嫦娥"方案的选择和确定、关键技术攻关、大型试验策划与验证、"嫦娥"4 号首次实现月背软着陆等方面发挥了重要作用。2019 年 9 月 17 日,中华人民共和国国家主席习近平签署主席令,授予叶培建院士"人民科学家"国家荣誉称号。

"人民科学家"叶培建院士

嫦娥是中国古代神话中的人物，又名"姮娥、嫦娥、素娥、恒我"，后羿之妻，因偷吃了不死药而飞升至月宫。嫦娥典故最早出现于商朝卦书《归藏》，而嫦娥奔月的完整故事最早记载于西汉《淮南子·览冥训》。在汉代画像中，嫦娥的形象为人头蛇身、头梳高髻，身着宽袖长襦，而身后长尾上长有羽毛。南北朝以后，嫦娥的形象被描绘成绝世美女。中国探月工程又名"嫦娥工程"，发射的月球探测器以"嫦娥"命名。自2004年1月立项并正式启动以来，已连续成功实施"嫦娥"1号、"嫦娥"2号、"嫦娥"3号、"嫦娥"5号T1、"嫦娥"4号、"嫦娥"5号等6次任务。该项目标已经于2020年通过"嫦娥"5号任务成功实现。2020年12月17日凌晨，"嫦娥"5号返回器携带1731g的月球样品返回地球。

嫦娥奔月图

目前尚未完成，目标是从月球正面采集月壤样本，并将其带回地球进行分析。中国探月计划的目标是在2030年左右实现载人登月，并可能在月球南极附近建立一个前哨站。目前，中国航天已经开始利用民间和商业公司的投资，此举旨在加速航空航天创新、降低生产成本，并促进军民关系。

"嫦娥"4号的着陆点代表着未知的世界，因为创造南极–艾特肯盆地的古代撞击可能暴露了月球深部月壳和上月幔物质。如果"嫦娥"4号能够研究其中一些物质，这将是一个前所未有的、关于月球内部结构和起源的视角。具体的科学目标是：① 测量月球岩石和土壤的化学成分；② 测量任务期间的月球表面温度；③ 使用射电望远镜进行低频射电天文观测和研究；④ 研究宇宙射线；⑤ 观察日冕，研究其辐射特征和机制，探索日冕物质抛射（coronal mass ejections，CME）在太阳和地球之间的演化和传输。

从月球的背面直接与地球通信是不可能的，因为月球挡住了月球背面与地球直接通信的所有信道。通信必须借助中继卫星，因为中继卫星位于能够同时清楚看到着陆地点与地球的空间位置。2018年5月20日，中国国家航天局（China National Space Administration，CNSA）发射了鹊桥中继卫星，以实现与地月系统 L2 点晕轨道的联系。基于"嫦娥"2号的设计，425kg 的鹊桥中继卫星使用直径为 4.2m 的天线，接收来自"嫦娥"4号着陆器和"玉兔"2号月球巡视车的 X 波段信号，并在 S 波段将其中继到地球。为了节省燃料，鹊桥中继卫星用了24天的时间通过绕月飞行到达 L2 点。在 6 月 14 日最后一次机动后,它实现了在距离月球约 65000km 的晕轨道上运行,成为第 1 颗在此位置运行的月球中继卫星。

"嫦娥"4 号的总着陆质量为 1200kg。定点着陆器和"玉兔"2 号火星车都配备了放射性同位素加热装置,以防止其子系统在月球的漫漫长夜中冻结,而白天的电源则由太阳能电池板提供。抵达月面后,着陆器展开了一个坡道,将月球巡视车部署到月面。附图 10.1 为从"玉兔"2 号月球巡视车的视角看"嫦娥"4 号着陆器。附图 10.2 为"玉兔"2 号月球巡视车沿着斜坡降落到月球表面。月球巡视车的尺寸为 1.5m×1.0m×1.0m,质量为 140kg。标称运行时间为 3 个月,但在 2013 年成功运行了第 1 辆月球巡视车"玉兔"1 号之后,此次任务中月球巡视车"玉兔"2 号的设计有所改进,中国工程师希望它能够运行几年时间。附图 10.3 为从"嫦娥"4 号着陆器上看到的"玉兔"2 号。附图 10.4 为由 NASA 的月球勘测轨道器相机拍摄到的位于冯·卡门陨石坑的"嫦娥"4 号和"玉兔"2 号月球巡视车。附图 10.5 为对"嫦娥"4 号着陆点的注释。

附图 10.1 (见彩图)从"玉兔"2 号月球巡视车的视角看"嫦娥"4 号着陆器
(图片由中国探月工程及中国国家航天局提供)

附图 10.2 "玉兔"2 号月球巡视车沿着斜坡降落到月球表面

（图片由《华南早报》提供）

附图 10.3 从"嫦娥"4 号着陆器上看到的"玉兔"2 号

（图片由中国探月工程及中国国家航天局提供）

1. 科学有效载荷

通信中继卫星、轨道小卫星、着陆器和月球巡视车都携带有科学有效载荷，

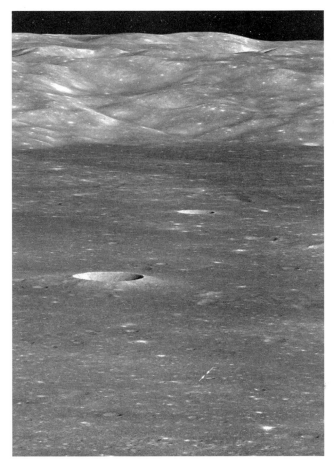

附图 10.4 由 NASA 的月球勘测轨道器相机拍摄的位于冯·卡门陨石坑的"嫦娥"4 号和
"玉兔"2 号月球巡视车。2019 年 2 月 8 日,"嫦娥"4 号月球巡视车再次被 NASA 的月球勘
测轨道器相机观测到。照片右下角有两个箭头,右箭头尖端的正上方是月球视游车,着陆
器位于左箭头尖端的右侧。图像显示为块状,因为它放大了 4 倍以便更容易看到它们。
右上方指向月球北极。着陆点的月面坐标为东经 177.5991,南纬 45.4446,位于月球基准
面下方 5935m 处(图片由 NASA、戈达德飞行中心及亚利桑那州立大学提供)

中继卫星还参与了射电天文学研究。"嫦娥"4 号着陆器和"玉兔"2 号月球巡
视车一起,正在开展对于着陆点的物理学研究。科学有效载荷部分由瑞典、德
国、荷兰和沙特阿拉伯的国际合作伙伴提供。

　　"嫦娥"4 号着陆器配备了以下有效载荷。

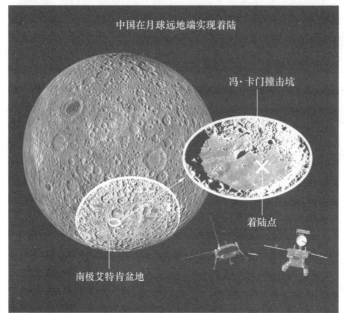

附图 10.5　对"嫦娥"4 号着陆点的注释(图片由 NASA 及亚利桑那州立大学提供,
着陆器及月球巡游车的效果图由中国航天科技集团和中国国家航天局提供)

（1）着陆相机,安装在航天器底部。当着陆器下降到距离月球表面 12km 时,着陆相机开启流式视频记录。

（2）地形摄像机,安装在着陆器顶部,能够 360°旋转。着陆后,地形摄像机被用来拍摄月球表面和月球巡视车的高清图像。

（3）低频光谱用于研究频率在 0.1~40MHz 的太阳射电爆发,研究月球电离层。

（4）月球着陆器中子及辐射剂量探测仪,是德国基尔大学开发的一种中子剂量计,用于收集辐射环境数据,以便为未来载人探月提供支撑。同时,它还监测了太阳风。

（5）质量为 3kg 的月球微生态系统。该系统的密封生物圈圆筒长 18cm,直径 16cm,用来保存种子和虫卵,以评估植物和昆虫能否协同孵化、生长。有 6 种生物类型:棉籽、马铃薯、油菜、拟南芥(一种开花植物),以及酵母和果蝇卵。除了低重力和侵入性辐射外,这些系统还维持着类似地球的环境。如果果蝇卵孵化,幼虫就会产生二氧化碳,而发芽的植物会通过光合作用释放氧气。人们希望植物和果蝇能够在容器内建立一种简单的协同生态。酵母将在调节二氧化碳和氧气方面发挥作用,并分解果蝇和植物尸体的残留物,为昆虫提供额外的食物来源。中国大约有28所大学参与了生物实验的设计。对封闭生态系统的研究可以为长期任务生命支持系统的开发提供信息,该生命支持系统可用于天体生物学研究,以及应用在空间站或开展空间耕作的空间栖息地等方面。

2019年1月3日,在着陆后几个小时内,生物圈的温度被调整到24℃,然后给种子浇了水。据1月15日的报道,棉籽、油菜籽和马铃薯种子已经发芽,但只公布了棉籽的图片。然而,据1月16日的报道,由于在月夜开始时外部温度下降至−52℃,并且生物圈无法加热到接近24℃,故实验被迫终止,即实验必须在9天后而不是原计划的100天后终止,但获得了有价值的信息。

"玉兔"2号月球巡视车配备了以下设备。

(1)全景摄像机,安装在月球巡游车的桅杆上,可360°旋转。它的光谱范围为420~700nm,可以通过双目立体视觉获取三维图像。

(2)探月雷达,是一种探地雷达,当探测深度约为30m时,其垂直分辨率为30cm;当探测深度超过100m时,其垂直分辨率为10m。

(3)可见和近红外成像光谱仪,提供成像光谱,可用于识别表面组分和大气微量气体。光谱范围包括可见光至近红外波长(450~950nm)。

(4)先进小型中性粒子分析仪,是瑞典空间物理研究提供的高能中性原子分析仪。这是为了研究太阳风粒子如何与月壤相互作用,因为这有助于确定月球水形成的潜在机制。

2. 着陆点

着陆地点位于月球远端南极艾特肯盆地内一个直径约180km的火山口内,该火山遗迹具有象征意义和科学价值。西奥多·冯·卡门是钱学森的博士导师,钱学森后来创立了中国太空计划。该着陆器于2019年1月3日协调世界时(UTC)02:26着陆,成为世界上第1艘在月球远地端着陆的航天器。大约12h后,"玉兔"2号月球巡视车完成部署。几天后,"玉兔"2号进入冬眠状态,这是它在月球上度过的第1个月夜。1月29日,"玉兔"2号复苏,所有仪器恢复正常运行,并在第1个完整的月球日行驶了120米。2019年2月11日,它关闭了电源,进入了第2个月夜。2019年5月,有报道称该任务已识别了可能来自月幔的岩石,从而实现了其主要科学目标。

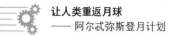
知识链接：

　　钱学森(1911—2009)，汉族，出生于上海，籍贯浙江杭州。1959 年加入中国共产党。空气动力学家、系统科学家，工程控制论创始人之一，中国科学院学部委员、中国工程院院士，两弹一星功勋奖章获得者。钱学森是中国载人航天事业的创始人和奠基人，被誉为"中国航天之父"。钱学森在美国师从匈牙利籍科学家西奥多·冯·卡门，美国政府曾多次阻挠钱学森归国，甚至对钱学森实施了监禁、控制与迫害。1955 年，钱学森在毛泽东主席和周恩来总理的争取下，以朝鲜战争空战中被俘的多名美军飞行员交换回中国。

钱学森

　　协调世界时，又称"世界统一时间、世界标准时间、国际协调时间"，是以本初子午线的平子夜起算的平太阳时。

　　西奥多·冯·卡门，匈牙利犹太人，是 20 世纪伟大的航天工程学家，开创了数学和基础科学在航空航天和其他技术领域的应用，被誉为"航空航天时代的科学奇才"。他所在的加利福尼亚理工学院实验室后来成为美国国家航空和航天喷气实验室，中国著名科学家钱伟长、钱学森、郭永怀都是他的亲传弟子。

相关图片链接

　　Fig. A10. 1 https://cdn. mos. cms. futurecdn. net/oacRnTV8PD8cUYhSbqErHn-320-80. jpg

　　Fig. A10. 2 https://s22380. pcdn. co/wp-content/uploads/20190103_yutu2_deployed_f840. jpg

　　Fig. A10. 3　https://planetary. s3. amazonaws. com/assets/images/spacecraft/2019/20190111_y2-from-ce4_f840. jpg

　　Fig. A10. 4　https://upload. wikimedia. org/wikipedia/commons/thumb/6/6f/LRO _ Chang%27e_4%2C_first_look. png/900px-LRO_Chang%27e_4%2C_first_look. png

　　Fig. A10. 5 https://image. businessinsider. com/5c2e70ec630d9b1b9045a445？ width＝1100 &format＝jpeg&auto＝webp

附录 11
飞行乘组选拔的进展

"阿尔忒弥斯"载人登月计划将注定成为载人火星探测的跳板。如此一来,预测谁能首次着陆火星将富有趣味。尽管目前无法预测这些宇航员的姓名,但我们可以进行大胆、科学的揣测,预测他们的国籍、特征、资历乃至性格。如今的宇航员已经与 20 世纪"太空黄金时代"的同行大不相同了。指令长、科学家、实验员和任务专家等细分角色已经替代了早年清一色由"白围巾"试飞员组成的宇航员队伍。早年在"水星"计划、"双子座"计划和"阿波罗"计划中担任飞行控制员时,我曾与这些人携手工作。当我撰写本书时,第 1 位进行太空行走的宇航员——阿列克谢·列昂诺夫已经逝世了,享年 85 岁。我曾有幸在华盛顿与他深入交流,讨论了人类开展的第 1 次舱外活动等问题。近来,有很多早年的太空英雄逝世了,但想想这也不奇怪,毕竟尤里·加加林(Yuri Gagarin)首次进行太空飞行是在 1961 年,那已经是

知识链接:

阿列克谢·列昂诺夫,苏联宇航员。1965 年 3 月 18 日,他作为副驾驶和别利亚耶夫共同完成了上升-2 号飞船的航天任务,成为第 1 个太空行走者。为表彰列昂诺夫在开发宇宙空间方面建立的功勋,苏联科学院授予他齐奥尔科夫斯基金质奖章 1 枚,国际航空联合会授予他"宇宙"金质奖章 2 枚。此外,他还荣获保加利亚人民共和国"社会主义劳动英雄"和越南社会主义共和国"劳动英雄"称号;获得"列宁勋章"2 枚,"红星勋章"和三级"在苏联武装力量中为祖国服务勋章"各 1 枚,奖章及外国勋章多枚。月球背面一座环形山以其名字命名。

列昂诺夫身着宇航服

一个甲子前的事情了。谁将执行首次载人火星探测任务,他们会是什么样的人,他们应该具备什么样的学历、经验和技能,谁来负责选拔工作?让我们先回顾一下当年的选拔过程,再预测未来吧!

1. 苏联的第 1 批宇航员

1960 年,苏联选拔了第 1 批宇航员共计 11 人,如附表 11.1 所列。

附表 11.1　苏联选拔的第 1 批 11 名宇航员

姓名	出生年份/年	入选年龄/岁	首飞年龄/岁
别利亚耶夫 （Belyayev）	1925	35	40
费奥蒂斯托夫 （Feoktistov）	1926	38	38
科马洛夫 （Komarov）	1927	36	37
尼古拉耶夫 （Nikolaev）	1929	31	33
波波维奇 （Popovich）	1930	31	32
加加林 （Gagarin）	1934	26	27
列昂诺夫 （Leonov）	1934	26	31
贝科夫斯基 （Bykovski）	1934	26	31
蒂托夫 （Titov）	1935	25	26
叶戈罗夫 （Yegorov）	1937	23	27
捷列什科娃 （Yegorov）	1937	25	26
出生于 1925—1937 年		平均年龄 29.27	平均年龄 31.45

　　这批宇航员在入选之时相当年轻,而当年航天工程和飞行操作中都存在着极高的风险。那是冷战的早期,而在几年后的 1962 年 NASA 才实现了首次载人飞行。还应关注的是,这批宇航员的选拔标准为体重不超过 72kg、身高不超过 1.7m。相比较而言,美国水星计划要求宇航员的身高不超过 1.8m。尽管没有明确的体重限制,但这批美国宇航员的体重都在 72~77kg。

2. 第1批水星计划宇航员

"水星"计划中7名宇航员的信息附如表11.2所列。

附表11.2　水星计划7名宇航员信息

姓名	出生年份/年	入选年龄/岁	首飞年龄/岁
格伦 （Glenn）	1921	38	41
斯基拉 （Schirra）	1923	36	39
谢泼德 （Shepard）	1923	36	38
斯莱顿 （Slayton）	1924	35	51
卡朋特 （Carpenter）	1925	34	37
格里索姆 （Grissom）	1926	33	35
库伯 （Cooper）	1927	32	36
出生于1921—1927年		平均年龄34.85	平均年龄39.57

可见，与苏联首批宇航员相比，美国首批宇航员的平均入选年龄大了5岁多、平均首飞年龄大了8岁多。

3. 首批参与"阿波罗"计划并登月的美国宇航员

首批参与"阿波罗"计划并着陆月球的美国宇航员信息如附表11.3所列。其中，只有谢泼德曾参与"水星"计划，其他人均为"双子座"计划选拔。

这批宇航员的年龄与苏联宇航员相当，但比"水星"计划中的宇航员年轻；尽管参与"阿波罗"计划的宇航员平均首飞年龄与"水星"计划宇航员相当，但他们经历了更加复杂的航天任务。

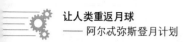

附表 11.3　参与"阿波罗"计划并着陆月球的宇航员信息

姓名	出生年份/年	入选年龄/岁	首飞年龄/岁
谢泼德 (Shepard)	1923	36	47
阿姆斯特朗 (Armstrong)	1930	32	39
奥尔德林 (Aldrin)	1930	33	39
康拉德 (Conrad)	1930	32	39
米切尔 (Mitchell)	1930	36	40
欧文 (Irwin)	1930	36	41
扬 (Young)	1930	32	42
斯科特 (Scott)	1932	31	39
比恩 (Bean)	1932	33	37
塞尔南 (Cernan)	1934	29	38
杜克 (Duke)	1935	34	36
施密特 (Schmitt)	1935	30	37
出生于 1923—1935 年		平均年龄 30.33	平均年龄 39.5

　　我们还可以发现,随着宇航员在数年中乘坐航天飞机不断对国际空间站的运行和维护进行支持,他们的年龄也与日俱增。1981 年,克里彭和扬参与了哥伦比亚号航天飞机的首次发射任务,二人入选宇航员时年仅 32 岁。克里彭首次进入太空时 44 岁;扬在 35 岁时参与了"双子座"计划发射任务,41 岁时登陆

月球,在后来参与哥伦比亚号任务时他已经 51 岁了。在航天飞机执行的众多飞行任务中,后来还出现了许多年龄更大的宇航员。有 4 人在执行任务时已经 44 岁,而附表 11.4 中的宇航员更为"高龄"。

附表 11.4　执行航天飞机任务的大龄宇航员

姓　名	执行航天飞机任务年龄/岁
卡尔·海因兹(Karl Henize)	58
万斯·布兰特(Vance Brandt)	59
丹尼斯·蒂托(Denis Tito)	60
斯多里·马斯格雷夫(Story Musgrave)	61
约翰·格伦(John Glenn)	77

对于未来执行火星探测任务的宇航员选拔而言,这些数据意味着什么? 除了捷列什科娃(Tereshkova)之外,其他人均为男性,这对女性又意味着什么? 根据 NASA 的统计数据,在 347 位进入太空的美国人中,有 49 位是女性。这样的话,12 位为"阿尔忒弥斯"载人登月计划的首次任务和商业发射任务选拔的女性宇航员如附表 11.5 所列。

这些女性宇航员的入选年龄与水星计划的宇航员相当,但相比苏联宇航员和阿波罗计划宇航员的入选年龄大了 3 岁左右。她们拥有硕士学位和博士学位的比例高于男性同行。总的来说,在执行首飞的宇航员中,苏联宇航员的平均年龄最小,而且这些人大都是冷战时期的战斗机飞行员。参与"阿波罗"11 号任务的宇航员平均入选年龄为 32.67 岁,平均登月年龄为 38.33 岁。这与为"阿尔忒弥斯"载人登月计划选拔的女性宇航员非常接近:她们的平均入选年龄为 33.58 岁、首飞平均年龄为 36.6 岁。尽管数据样本较小,但美国宇航员或苏联宇航员入选年龄的差异并不大。而未来参与载人火星探测计划的宇航员会有什么差异? 考虑到飞行任务所需的训练过程和经验传授,预计火星探测宇航员的入选年龄在 33~34 岁,与上述女性宇航员相当。但由于选拔标准问题,我估计他们入选时至少得 40 岁了。如果届时其中有人年龄已经超过 50 岁,那也不足为奇。

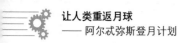
附表 11.5   12 位为"阿尔忒弥斯"载人登月计划的首次任务
和商业发射任务选拔的女性宇航员

姓　　名	出生年份/年	入选年龄/岁	首飞年龄/岁
赛伦纳·奥农·钱塞勒 （Serena Aunon-Chancellor）	1976	33	42
特蕾西·考德威尔·戴森 （Tracy Caldwell Dyson）	1969	29	38（航天飞机）
珍妮特·伊普 （Jeanette Epps）	1970	39	尚未参与飞行任务
克里斯蒂娜·科赫 （Christina Koch）	1979	34	40（国际空间站）
尼科尔·曼 （Nicole Mann）	1977	36	尚未参与飞行任务
梅根·麦克阿瑟 （Megan McArthur）	1971	29	38（航天飞机）
安妮·麦克莱恩 （Anne McClain）	1979	34	40（国际空间站）
杰西卡·梅厄 （Jessica Meir）	1977	36	42（国际空间站）
凯特·鲁宾斯 （Kate Rubins）	1978	31	38（国际空间站）
苏尼塔·威廉姆斯 （Sunita Williams）	1965	33	41（国际空间站）
史蒂芬妮·威尔逊 （Stephanie Wilson）	1966	30	40（航天飞机）
香农·沃克 （Shannon Walker）	1965	39	45（航天飞机）
出生于 1965—1979 年		平均年龄 33.58	平均年龄 36.6

4. 选拔标准和资质

乐观估计,"阿尔忒弥斯"载人登月计划有望在2024年实现。而从天体运行以及德尔塔5号火箭的研制进展来看,实现载人火星探测的"最佳"时间窗口将是21世纪30年代末至40年代。尽管"阿尔忒弥斯"载人登月计划的发射时间尚未确定,但载人火星探测至少是其后10多年的事了。载人火星探测所需的行星连珠现象到2045年才会出现,这意味着载人火星探测要比"阿尔忒弥斯"载人登月晚15~20年。这样我们就有充足的时间来制定选拔标准并挑选飞行乘组。目前,飞行乘组的选拔标准和资质如下。

1)基本的资历要求

在提交宇航员候选人申请时,申请人必须满足以下基本要求:在官方认可的机构获得工程学、生物科学、物理科学、计算机科学或数学专业学士学位,并在相关领域拥有3年以上工作经验或1000小时以上飞机机长(Pilot-in-Command,PIC)时间。硕士学位可等效1年工作经验,博士学位可等效3年工作经验。如果申请人是在科学、工程或数学领域获得学位,则包括K-12阶段在内的教学履历也可视为相应的工作经验。

申请人的体质要求包括以下内容。

(1)双眼的矫正视力均应达到1.0/1.0。申请人可以佩戴眼镜。准分子激光趋光性角膜切削术(PRK)或准分子激光原位角膜磨镶术(LASIK)一类的屈光外科手术不影响申请人的资格。

(2)由于飞行乘组需要搭乘飞船并进行太空行

知识链接:

1.0视力是指能清楚地看到6m处的物体。

走等舱外活动,申请人必须符合飞船和舱外宇航服等设备的人体测量学要求。

2) 学历要求

宇航员候选人项目的申请者必须满足 NASA 工程和科学职位的基本学历要求,即在官方认可的学院或大学顺利完成标准专业课程,并在工程学、生物科学、物理科学或数学等相关领域获得学士或更高学位。

尽管以下专业与工程学和科学相关,但它们不符合申报要求。

① 技术学位(工程技术、航空技术、医学技术等)。

② 心理学学位(但具有临床心理学、生理心理学或实验心理学学位者可以申报)。

③ 护理学学位。

④ 运动生理学或相关专业的学位。

⑤ 航空、航空管理或相关专业的学位。

3) 国籍要求

宇航员候选人计划的申请人必须为美国公民。双重国籍人士可以申请。

4) 选拔

在对申请人进行初步筛选后,NASA 可能要求申请人提交补充信息,甚至为了深入了解申请人而联系申请表中的导师和推荐人。入围面试者需要进行体检,以确保符合体质要求。

所有现役军人或非军人申请者都将经历为期 1 周的个人面谈、医学筛检和培训。选拔结果将会告知所有申请者。NASA 还会对入围者进行必要的背景调查。

5) 基本的项目要求

入选者将成为预备宇航员,并被派驻到 NASA 约翰逊航天中心宇航员办公室。预备宇航员将经历为期约 2 年的训练和评估,在此期间他们将参与基础训练项目,从而获得执行正式飞行任务所需的知识和技能。具有飞行员背景的预备宇航员仍有机会驾驶飞机,从而保持其驾驶技能。

在正式训练开始前,预备宇航员需要完成海洋生存能力训练,并在开始舱外活动训练前获得水肺潜水认证。这意味着所有预备宇航员都需通过游泳测试。

申请人需要明白,入围预备宇航员并不意味着他们能够成为真正的宇航员。最终能否成为宇航员取决于他们能否顺利完成相关的训练和评估。预备宇航员在训练期间需要完成国际空间站系统培训、舱外活动技能培训、机器人操作技能培训、俄语培训以及航空飞行训练。顺利完成训练和评估并入选宇航员序列的非军职人员将成为美国联邦政府正式雇员,而未入选者可能会根据NASA 的相关要求和当时的工作岗位设置在其他部门获得职务。入选宇航员的军人将被调动至 NASA 服役。

NASA 坚定支持合格预备宇航员中的少数族裔和女性申请成为正式宇航员。

6)工资和福利

● 非军职人员

基于个人的学术成就和工作经历,预备宇航员的薪水将被划定在美国联邦政府 GS-11 至 GS-14 普通等级范围内。

● 军人

入选的军职人员将被派遣至 NASA 约翰逊航天中心工作,并享有相应的工资、福利和年假等待遇。

在了解了 NASA 宇航员的选拔标准后,我们自然会想到,既然载人火星探测已经不是一个遥不可及的梦想,那么其宇航员的选拔标准应更加具体。

我认为,载人火星探测宇航员的选拔标准和资历应包括以下内容。

(1)申请人必须至少经历过 1 次太空飞行,如有 2 次以上经历更佳。

(2)申请人必须通过飞行体质及心理测试,入选时应具备飞行状态。

(3)申请人必须完成针对火星探测飞行器全部组成单元、系统和分系统的培训,而担任猎户座飞船驾驶员的申请人应接受更全面的培训。

(4)申请人必须至少拥有以下资格之一:医学博士学位,地理学、地球物理学或天体物理学博士学位,500 小时太空飞行经验,机器人专业的硕士或博士学位,空间飞行器工程专业的硕士或博士学位。

(5)首次飞行时年龄不超过 50 岁,但特殊情况下飞行外科医生岗位可免

除这一限制。佩吉·惠特森(Peggy Whitson)在 57 岁时进入太空,并成为在太空中行走次数最多的女性。

5. 飞行乘组的人数和类型

由于首次载人火星探测将涉及多个飞行器,因此飞行乘组至少应由 4 人组成,而 6 人可能更佳。飞行乘组人数要考虑多项因素:需要几人操控猎户座飞船;应有几人着陆在火星或其卫星表面;一旦发生着陆人员失联的紧急情况,至少需要几人才能驾驶飞行器组合体返回地球? 在猎户座飞船的起飞、交会和再入阶段,至少需要 1~2 名驾驶员;而在着陆和上升阶段,则额外需要 1 名驾驶员。参与飞行任务的科学家虽然不需要成为专业的驾驶员,但需要进行相应的飞行器操控培训以备不时之需。

尽管大多数早期的美国和苏联宇航员都是战斗机飞行员出身,国际空间站的情况却并非如此。然而,这些宇航员在训练中可能也接受过一些飞行培训课程。火星之旅需要 2 名驾驶员开展多次动力飞行和在轨机动操作。等到"阿尔忒弥斯"载人登月计划成功之日,国际空间站可能已经退役或出售。因此,未来火星探测宇航员能够拥有的太空飞行经历将是有限的。

在介绍了以上情况和 NASA 的参考资料之后,我将对未来载人火星探测进行预测。考虑到此次任务将会发生在 21 世纪 30 年代中期至晚期(甚至可能延误到 40 年代),我将预测其飞行乘组的技能、学历和飞行经验。

考虑到 4~6 人的飞行乘组人数,以及需要操控飞行器组合体、月表设备和科学载荷所需的经验,飞行乘组的平均入选年龄将在 34~36 岁。他们的首次飞行将在 3~4 年之后。因此,我估计他们将在 40~50 岁时执行首次火星探测飞行任务。而飞船上的机器人仅为 4~6 岁。

飞行乘组应由以下成员组成如下。

(1) 美籍医师 1 名;

(2) 美籍或国际空间飞行器工程师 1 名;

(3) 具有博士学位的美籍科学家 1 名;

(4) 美籍工程师/驾驶员/机器人学家 1 名。

可选的成员则包括:① 来自 ESA 的工程师 1 名;② 国际工程师/科学家

1 名。

　　尽管猎户座飞船可以短期容纳多达 6 名宇航员，但是他们在往返火星的旅途中大部分时间仍将生活在居住舱中。这样规模的飞行乘组不但能容许更多的人员着陆，还能在飞行器组合体中保留足够的人员开展轨道交会和返回等操作。如果登月任务能够一次发射 2 艘猎户座飞船则更好，那样不但能提高系统的冗余度，还能相应增加飞行乘组人数。

　　假如能在 21 世纪 30 年代中期的前 3 次发射窗口执行首次载人火星探测任务，这批宇航员将是在 2000 年左右出生的，其平均入选年龄在 35 岁左右。如果载人火星探测任务推迟到 21 世纪 40 年代，则飞行乘组将是在 2008 年左右出生、目前仅 12~13 岁的"Z 一代"（也称"数字原生代"）。这些孩子是伴随着互联网和短视频网站成长起来的。他们有充足的时间成长，获得良好的教育，并且获得 1~2 个高等学位，如果他们能学会驾驶飞机则更好。我们尚有 20 年的时间来激励和引导这些孩子，使他们具备加入火星探测飞行乘组必需的知识和技能。

6. 飞行乘组中的其他岗位

　　目前，NASA 还设置了其他类别的宇航员职位。这些职位在未来的载人火星探测中是否会存续，我现在还不敢断言。

　　1）管理岗宇航员

　　这些宇航员虽受雇于 NASA，却不再有资格参加飞行任务。他们的工作地点位于 NASA 约翰逊航天中心和其他研究中心。

知识链接：

　　在美国，高等学位指硕士和博士学位。

2）国际宇航员

在以下航天局的官方网站上可以找到曾与 NASA 宇航员共同受训或共同工作的国际宇航员的个人简历。

① 加拿大航天局；

② 欧空局；

③ 日本宇宙航空研究开发机构；

④ 俄罗斯联邦航天局。

3）商业宇航员

访问曾与 NASA 合作开发载人空间运输系统的相关商业机构网站，可以找到那些商业宇航员的个人简历。

目前，尚难预测商业航天企业将在首次载人火星探测任务中发挥何种作用。也许商业航天企业在未来将支持载人火星探测任务，但商业宇航员参加这一计划的程度还不明朗。在我看来，商业航天企业将为首次载人火星探测提供硬件和运载火箭，但商业宇航员还难以参与其中。

7. 训练

1）目前国际空间站的训练

（1）基础训练。

NASA 预备宇航员（AsCans）在接受了为期 2 年的训练和教导之后才能成为合格的宇航员。所有的预备宇航员在开始阶段都必须接受基础训练，从而掌握所需的技术和软技能。16 门课程涵盖了以下领域：① 生命保持系统；② 轨道动力学；③ 有效载荷的部署；④ 地球观测；⑤ 航天生理学与医学。

目前，预备宇航员不但会在联盟号飞船和国际空间站接受飞行安全与操作训练，还在陆地接受训练并需掌握海域生存技能。具有飞行员背景的预备宇航员还将在 NASA 的 T-38 教练机中接受飞行驾驶训练。此外，由于太空探索涉及多个国家且是高度公开可见的竞技场，宇航员还要接受职业和文化训练以及俄语课程。

（2）高级训练。

完成了基础训练后，预备宇航员将进入高级训练阶段。他们将利用全尺寸模型获得在太空中行动的感受。在航天飞机时代，这一过程采用了仿真实体模型和航天飞机训练机；而在航天飞机退役之后，只能采用飞机对指令长和驾驶员开展着陆训练。所有的预备宇航员都会采用先进的仿真系统设备，以便学习如何在太空环境工作并完成任务。模拟器和舱外活动训练装置将协助候选宇航员为一系列的任务行动做好准备，而真空罐、抛物线飞行和中性浮力实验体等装置将帮助他们适应舱外活动面临的微重力环境。近年来，能够使受训者"沉浸"在空间环境中的虚拟现实技术逐渐成为常规的训练手段。

（3）强化训练。

强化训练是预备宇航员面临的终极训练阶段。这一训练将在发射前3个月开始，从而使他们为执行具体任务做好准备。设计飞行任务集成仿真系统的目的在于为任务规则和飞行程序提供动态测试机制。最终的乘组与飞行控制员联合训练将与任务规划同步开展。在这一阶段中，预备宇航员将经历与任务相关的操作训练，以及与其承担实验任务相关的操作训练。为了识别在出现医疗状况时需要采取的主动措施和被动措施，该阶段还包含了飞行乘组医师训练。

目前，国际空间站中的机器人任务已经司空见惯，因此机器人也将在载人火星探测中发挥重要作用。这为充分理解人机交互、在人类和机器人之间建立和谐关系开辟了一条新途径。这些机器人不但将辅助宇航员处理日常事务，还将协助宇航员开展下一代极端环境探测等危险任务。目前，Robonaut 2 号机器人宇航员已经开始在国际空间站协助宇航员处理艰巨的任务。对于人类在外星的长期驻留而言，跨文化培训和人机交互培训都非常必要。

2）NASA 约翰逊航天中心的现有训练设施

NASA 约翰逊航天中心目前为国际空间站提供训练的设施在经过改造后可以满足载人火星探测任务的需求。

（1）中性浮力实验室。

中性浮力实验室（neutral buoyance laboratory，NBL）可以帮助宇航员为舱外活动等任务做好准备。NASA团队成员利用中性浮力实验室开发飞行程序、验证硬件兼容性、训练宇航员并改进飞行过程中的太空行走规则——这一切都是为了确保任务成功。在未来的航天技术发展中，在轨组装和维护将是不可或缺的。

为了组装设备、开展科学实验和维护空间站，宇航员需要完成数百小时的太空行走。中性浮力实验室周围布满了各种训练系统，而负责设计、制造、组装、测试、维护、运输和存储训练模型的人员处于随时待命状态。中性浮力实验室模拟控制区为太空行走训练项目提供了设备运维、安全防护、通信服务、视频支持、医疗保障等服务，以及宇航服技师、辅助潜水员、乘组训练员和技术观察员等人员支持。专业的医疗保障团队密切监测着入水人员的状态，遇到需要开展急性减压病治疗时，实验室还能提供配置完整的高压舱。载人火星探测必然需要进行更多的舱外活动，为此飞行乘组将在中性浮力实验室开展大量训练。

（2）太空飞船模拟设备。

NASA约翰逊航天中心曾经配备多种模拟设备。最初，这一设备包括用于航天飞机的训练舱，尤其是1台全机身训练器和2台乘员舱训练器。当亚特兰蒂斯号航天飞机于2011年完成谢幕之旅后，NASA仅保留了1个乘员舱训练器，其他设备被拆除并改造成了博物馆。

NASA约翰逊航天中心的9号楼保存着月面巡游器功能样机，以及瓦尔基里号（Valkyrie，也称R5）和NASA下一代仿生机器人等空间机器人。国际空间站的各舱段有助于宇航员充分了解空间站的组成，从而为飞行任务做好准备。当工程师完成猎户座飞船的设计后，宇航员将对其进行评估和测试并给予反馈意见。尽管该建筑内的设施时常发生改变，训练装置却一直保持着原貌。宇航员将在这里将接受约200课时的训练，从而熟悉飞行器的构造、掌握系统组成并为任务中的紧急情况做好准备。附图11.1为2020年阿尔忒弥斯宇航员毕业照。

这一培训装置已经成为解决飞行任务故障和紧急情况的中央枢纽。一旦国际空间站出现在轨问题，研究人员将依托该装置提出解决方案，并发送给空间站中的宇航员。

附图 11.1　2020 年阿尔忒弥斯宇航员毕业班(图片由 NASA 提供)

我确信,升级改造后的训练装置可以满足载人火星探测任务高逼真度模拟的需求。

(3) 杰克·加恩任务模拟器与训练装置

位于 NASA 约翰逊航天中心 5 号楼的杰克·加恩(Jack Garn)任务模拟器与训练设备包括 3 台为航天飞机开发的模拟器——动态模拟器、固定模拟器和 T-38 模拟器。其中,大多数设备已被拆除,少量得以保留的设备经改造后用于国际空间站训练。由于目前的飞行乘组需要驾驶 T-38 教练机,T-38 模拟器才保留下来。位于埃林顿·菲尔德(Ellington Field)机场附近的飞行指令小组负责管理这一由前后驾驶舱组成的模拟器,而它可以用来训练宇航员的驾驶能力。

8. 欧洲

总部位于德国科隆的欧洲宇航员中心(European Astronaut Centre)负责欧洲宇航员的训练。其训练过程包括了 3 个阶段:基础训练、高级训练和进阶专项训练。

ESA 选拔的宇航员都将在欧洲宇航员中心总部接受基础训练。这一为期16 个月的训练由 4 个单独的训练单元组成。宇航员首先将接受入门培训,了解主要航天大国、相应的航天局以及主要的载人和无人空间探测任务等情况。这一阶段还将使学员了解与航天事业相关的法律和政策问题。基础技术培训包括工程学、航天动力学、推进技术以及轨道动力学,而基础科学培训包括人体生理学、生物学、地球观测技术和天文学。以上课程将确保这些“菜鸟”宇航员获得必要的通识知识。

完成这一阶段培训后,宇航员将在国际空间站和相关培训装置中进行训练,其中包括掌握国际空间站配置的载人空间实验室所需的全部核心操作系统。这一阶段还包括在地面控制和发射设备中进行的训练,并深入了解俄罗斯联盟号和进步号飞船、欧洲自动转移飞行器、日本 H-II 转移飞行器和商业货运飞船等将与国际空间站进行交会对接的航天器,以及机器人和交会对接操作等技能,俄语课程和人类行为与效能课程。在去 NASA 约翰逊航天中心的大型设施开展训练之前,宇航员需要在欧空局中性浮力设施中开展公开水域潜水课程,以完成舱外活动基础训练。

高级培训包括更深入地了解国际空间站,如学习操作其中的各类系统。这一阶段的强化科学训练旨在确保宇航员在国际空间站开展科学实验,本阶段将持续约 1 年时间。与基础培训不同,这一阶段的培训地点涵盖国际空间站合作伙伴关系中的国家。只有顺利完成本阶段的训练,宇航员才有机会参与真正的发射任务。

只有当 1 名宇航员入选某项飞行任务后,他才需要参加为期 18 个月的进阶专项训练。这一训练过程将帮助他为相应的工作岗位做好准备。在这一阶段,飞行乘组将与候补宇航员共同训练。考虑到每位宇航员的经验和职业背景存在差异,将按照“量体裁衣”的原则在国际空间站分配工作。在轨设备的用户等级分为 3 个级别:使用级、操作级和专家级。某位宇航员可能是某几个系统的专家,但可能只是其他系统的使用者或操作者,因此相应的培训也需要有针对性地进行调整。进阶专项训练还包括针对异常情况的处置培训,宇航员还需要学会执行预先规划的科学实验任务。

9. 火星长期驻留任务

显然,火星的首批飞行乘组所需的培训将远超国际空间站的同行。他们将根据任务具体需求接受基础训练、高级训练和强化训练。在月球或火星进行长期驻留的宇航员需要自主工作,因此必须能够开展多种任务并具备多项技能。

为了满足长期驻留任务的需要,宇航员需要接受医护、科学家、工程师、技师、飞行器驾驶员等岗位以及地质学等科目的培训。在长期隔离的封闭环境中,宇航员容易出现幽闭恐惧、焦虑、易怒、思乡等心理问题,因此他们在密封空间长期驻留的心理动力学问题成了关切重点。目前,在国际空间站上驻留6个月时间已然需要宇航员进行5年训练,因此载人火星探测所需的训练必将耗时更长。尽管发射阶段和再入阶段的培训内容类似,但两个阶段使用的飞行器并不相同。因此,还需要针对深空居住舱、后勤舱、太空探索飞行器等新设备,月面巡视器、机器人操控,以及巡航段和月表段的科学实验设备、工程实验设备的使用开展培训。

采用NASA极端环境任务操作、沙漠研究和技术开发、Envihab(规划中)、飞行模拟研究中心、霍顿–火星计划等模拟环境以及在国际空间站这样的真实环境对宇航员进行培训是非常有效的。事实上,已经有15位宇航员在极端环境任务操作模拟环境中接受了针对小行星探测任务的培训,但遗憾的是该任务最终因故取消。虚拟现实技术有助于降低成本,将用于舱外活动等训练任务。

由于载人火星探测任务至少要耗时3年,因此飞行乘组的心态、技能和活动都将成为关键因素。需要对参与者进行通才式培训,培训内容应易于掌握和调整,受训者应具有临场应变能力。

机器人未来必将深度参与载人火星探测任务。除了辅助宇航员处理日常任务外,机器人还将执行较为危险的工作,而人工智能技术的进步将赋予机器人更强大的能力。飞行乘组将接受相关培训,从而利用机器人开展以下工作。

(1)系统监测与维护;

(2)舱外活动;

(3)部署设备和科学实验装置;

(4)数据采集(如无人机);

（5）监视；

（6）飞行乘组/机器人协同操作。

本书第 5 章介绍了"阿尔忒弥斯"载人登月计划中的宇航员培训。

相关图片链接

Fig. A11. 1 https：//io. wp. com/www. lapagina. com. sv/wp－content/uploads/2019/12/astro-nauta. jpg？resize＝4096%2C3277 & ssl＝1

附录 12
引语

循着太阳的光辉,我们离开了旧世界。

——"哥伦布"船上的铭文

最大的失败不是目标过高以致失之交臂,而是目标过低且触手可及。

——米开朗琪罗·博那罗蒂

一旦有人展示了飞行技艺,出自我辈的定居者便不会缺席。谁曾想到,宽阔的海洋比狭窄的亚得里亚海、波罗的海或英吉利海峡更平静、更安全? 当能够凭御天堂之风的船帆出现时,勇士们便不会退缩。因此,为了那些渴望尝试远航的人,让我们建立天文学吧! 伽利略,你负责木星,我负责月亮。

——约翰尼斯·开普勒

相比于往昔历史,我更爱未来之梦。

——托马斯·杰斐逊

远航兴国。

——拉尔夫·沃尔多·爱默生

为未来奋斗乃当下之责。

——吾乃汝眼,赐汝勇气! ——维克多·雨果追逐繁星的火箭拥有最高的荣耀。

——威廉·华兹华斯

科学和技术的进展日新月异。它们越来越显著地决定了我们交流和思考的语言。我们要么使用这些语言，要么只能保持沉默。

——詹姆斯·格雷厄姆·巴拉德

不敢告别海岸，便无法遨游大海。

——安德烈·纪德

一旦掌握了天堂之风的本质，生命之花将遍地开放，普天之下皆为生命之乡，生命也有了意义。

——赫尔曼·奥伯特

我们将在这里欢迎所有对空间科学感兴趣的人。我们将加强 NASA 和美国大学之间的合作。我们将建立科学合作的新模式，这将对人类认识宇宙产生深远影响。

——林登·贝恩斯·约翰逊

未知之事无穷尽，思虑之物千百万。

——尼尔·阿姆斯特

太空对我们的所作所为无动于衷——它没有感觉、没有构思，对我们是否已经驾驭它也不感兴趣。但是我们不能也如此对待太空，因为人类智慧伟大而缓慢的步伐已经让我们这一代人步入目前的境地，我们可以探索、理解和利用太空。现在退缩将是否认我们的历史、否定我们的能力。

——詹姆斯·米切纳

我们下一个前沿领域无比重要，那就是太空。没有任何地方能如此有效地展示我们的技术领导力以及提高美国人生活水平的能力。太空时代仅有 1/4 世纪的历史，但我们在科学和技术方面的进步已经推动了文明的发展。随着我们不断打破新的知识壁垒并深入未知领域，新的机遇和工作岗位将成倍增加。我们可以追随我们的梦想抵达遥远的星空，利用太空以实现世界和平、经济发展和科学进步。今夜，我指示 NASA 开发一个永久性的载人空间站，并在 10 年内完成开发工作。空间站将使我们在科学、通信、金属材料和制药技术方面的研究产生质变，而这些都只能在空间中实现。

——罗纳德·里根

今天的科学就是明天的技术。

——爱德华·泰勒

这条被称为"空间探索愿景"的道路并不具有远见,最终也不会成功恢复美国在太空中的领导地位。像其前身的阿波罗计划一样,这个计划将被证明是一个死胡同——充斥着破败的航天器、破碎的梦想和错误的政策。虽然月球表面可以用来开发先进的技术,但它不是一个适合建立家园的地方。月球是一个没有生命的荒芜世界,其严酷的荒凉与它对所有生命的敌意旗鼓相当。重现阿波罗计划的光辉岁月不会推动美国的太空霸权事业,也不会激发公众和下一代太空探险家的支持和热情。

——巴兹·奥尔德林

从一开始,NASA 就必须面对太空计划缺乏支持的现实。这一现状目前尚未改变,而且在可预见的未来也无法改变。因此,NASA 追求的载人航天对大众的吸引力就如同镜花水月。

——罗杰·D. 劳尼厄斯

通过前往月球,我们可以学习如何从探索太空的发现中提取我们所需的东西。从根本上说,这是所有航天文明必须掌握的一项技能。如果你学会这一点,就拥有了一项技能,它将使你能够抵达火星和更远的地方。

——保罗·D. 斯普迪斯

我呼吁 NASA 采取新的政策,接受新的思维方式。如果目前的承包商不能实现我们的目标,那么我们应该重新任贤使能。

——麦克·彭斯

很明显,以 1 次或最多 2 次 SLS 发射的成本,有可能激起一场竞争,可在更短的时间内和用更少的成本实现月球的着陆和开发。它基于只为成绩付费的原则。如果没有人能够到达并着手开发月球,那么纳税人将不会支付一分钱。

——纽特·金里奇

月球是试验场,火星才是目的地。

——詹姆斯·布林登斯汀

参考文献

来自 Springer 及 Praxis 出版社的著作

Mapping of the Moon：*Past and Present*
Authors：Zdeněk Kopal, Carder, R. W. , 1974
ISBN 978-94-010-2133-3

Return to the Moon：*Exploration, Enterprise, and Energy in the Human Settlement of Space*
Authors：Harrison Schmitt, 2006
ISBN 978-0-387-31064-0

Soviet and Russian Lunar Exploration
Authors：Brian Harvey, 2007 Edition
ISBN-13：978-0387218960
ISBN-10：0387218963

Exploring the Moon：*The Apollo Expeditions*
Authors：David M. Harland, 2008
ISBN 978-0-387-74641-8

NASA's New Robotic Lunar Program...Seeking Water on the Moon,
Authors: David M. Harland, Space Exploration 2008, Springer-Praxis, pages
116-127, (2008)

John F. Kennedy and the Race to the Moon
Authors: John Logsdon, 2010
ISBN 978-0-230-11631-3

Moon: Prospective Energy and Material Resources
Authors: Badescu, Viorel (Ed.), 2012
ISBN 978-3-642-27969-0

Mars via the Moon: The Next Giant Step
Authors: Erik Seedhouse, 2016
ISBN-13: 978-3319218878

The Artemis Mission
Authors: Christopher Russell and Vassilis Angelopoulos, Editors, 2014
ISBN-13: 978-1461495536

Building Habitats on the Moon: Engineering Approaches to Lunar Settlements
Authors: Haym Benaroya, 2018
ISBN 978-3-319-68244-0

Returning People to the Moon After Apollo: Will It Be Another Fifty Years?
Authors: Pat Norris, 2019
ISBN 978-3-030-14914-7
Springer Singapore, Editor-in-Chief: Shanyi Du

Advances in Astronautics Science and Technology
ISSN: 2524-5252 Journal no. 42423, 2018

Space Mining and Manufacturing：*Off-World Resources and Revolutionary Engineering Techniques*
Davide Sivolella，2019
ISBN：978-3-030-30880-3

来自其他出版社的著作

Mission Moon 3-D：*A New Perspective on the Space Race*
by David J. Eicher，Brian May，et al.（The MIT Press），Oct 23，2018

Apollo Expeditions to the Moon：*The NASA History* 50th Anniversary Edition
by Edgar M. Cortright（Author），Paul Dickson（Foreword）
（Dover Books on Astronomy）Hardcover-April 17，2019

来自 NASA 的报告

Resource Utilization and Site Selection for a Self-Sufficient Martian Outpost
NASA/TM-98-206538G. James，Ph. D. ，G. Chamitoff，Ph. D. D. Barker，
M. S. ，M. A. ，April,1998

VIPER：*Virtual Intelligent Planetary Exploration Rover*
Laurence Edwards Lorenzo Fluckiger，Laurent Nguyen，Richard Washington.
Autonomy and Robotics Area，NASA Ames Research Center，2001
Proceeding of the 6th International Symposium on Artificial Intelligence
and Robotics & Automation in Space：i-SAIRAS 2001，CSA St-Hubert，
Quebec，Canada，June 18-22，2001

NASA/TP-2005-213164；*Managing Lunar and Mars Mission Radiation Risks*，
Part I：*Cancer Risks*，*Uncertainties*，*and Shielding Effectiveness*，Francis
A. Cucinotta NASA Lyndon B. Johnson Space Center，Myung-Hee Y. Kim，
Wyle Laboratories Houston，Texas，Lei Ren U. S. R. A. ，Division of

Space Life Science Division, Houston, Texas, 2005

NASA/CP—2008-214564, *Lunar Regolith Biomining*
Workshop Report Compiled and Edited by: Bonnie P. Dalton, NASA
Ames, Frank F. Roberto, Idaho National Laboratory, 2007

Planetary protection for humans in space: *Mars and the Moon*
Catharine A. Conley, John D. Rummel, NASA Headquarters,
Science Mission Directorate 3X63, Washington, D. C. Received
October 2007; revised 2008.

*Particle Removal by Electrostatic and Dielectrophoretic Forces for Dust
Control During Lunar Exploration Missions.*
C. L. Callea, C. R. Buhler, J. L. McFallb, and S. J. Snyder
NASA KSC Electrostatics and Surface Physics Laboratory, 2009

NASA Press Kit, 2009: *Lunar Reconnaissance Orbiter (LRO)*: *Leading NASA's
Way Back to the Moon Lunar Crater Observation and Sensing Satellite
(LCROSS)*: *NASA's Mission to Search for Water on the Moon*, 2009
*Progress Made in Lunar In-Situ Resource Utilization under NASA's
Exploration Technology and Development Program*
G. B. Sanders, W. E. Larson, NASA/Johnson Space Center, Houston, TX,
William E. Larson, NASA/Kennedy Space Center, Cape Canaveral, FL, 2012

Report of the Mars 2020 *Science Definition Team*
J. F. Mustard, chair; M. Adler, A. Allwood, D. S. Bass, D. W. Beaty, J. F.
Bell III, W. B. Brinckerhoff, M. Carr, D. J. Des Marais, B. Drake, K. S.
Edgett, J. Eigenbrode, L. T. Elkins-Tanton, J. A. Grant, S. M. Milkovich,
D. Ming, C. Moore, S. Murchie, T. C. Onstott, S. W. Ruff, M. A. Sephton,
A. Steele, A. Treiman, July 1, 2013

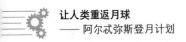
A Class Of Selenocentric Retrograde Orbits With Innovative Applications To Human Lunar Operations

Daniel R. Adamo, Independent Astrodynamics Consultant, Salem, OR

Dr. Daniel F. Lester, University of Texas, Austin, TX

Dr. Harley A. Thronson, NASA Goddard Space Flight Center, Greenbelt, MD

Brent W. Barbee, NASA Goddard Space Flight Center, Greenbelt, MD

NASA/TM—2015-218460, Development of NASA's Small Fission Power System for Science and Human Exploration, Marc A. Gibson, Lee S. Mason, and Cheryl L. Bowman, Glenn Research Center, Cleveland, Ohio, David

I. Poston and Patrick R. McClure, Los Alamos National Laboratory,

John Creasy and Chris Robinson, National Security Complex, Oak

Ridge, Tennessee, 2015

50 year Window to Establish a Space Faring Civilization,

A. Scott Howe, Ph. D. , Jet Propulsion Laboratory, California

Institute of Technology, 4800 Oak Grove Drive, Pasadena, California, 2015

Advanced Technologies for Robotic Exploration Leading to Human Exploration, Results from SpaceOps 2015 Workshop,

Mark L. Lupisella

NASA's Kilopower Reactor Development and the Path to Higher Power Missions, NASA Glenn Research Center.

The Lunar Exploration Roadmap: *Exploring the Moon in the 21st Century*: *Themes, Goals, Objectives, Investigations, and Priorities*
A Community Endeavor Coordinated by the Lunar Exploration Analysis Group (LEAG) VERSION 1. 3, 2016

Spacecraft Network Operations Demonstration Using Multiple

Spacecraft in an Autonomously Configured Space Network Allowing Crosslink Communications and Multipoint Scientific Measurements
NASA Ames Research Center, FS-2016-08-01-ARC

Solar Electric Power Fact Sheet
Glenn Research Center
FS-2017-07-049-GRC

Back to the Moon: Report of the 2017 *Workshop,*
Lunar Exploration Analysis Group
Report of the Consensus Findings of the Community Workshop
Columbia, MA, 12/2017

NASA Strategic Technology Investment Plan, 2017
NASA's Office of the Chief Technologist
Washington, D. C.

Construction with Regolith
Robert P. Mueller, Senior Technologist/Engineer
Kennedy Space Center Swamp Works, 2017

Zero boil-off methods for large-scale liquid hydrogen tanks using integrated refrigeration and storage
W. U. Notardonato, A. M. Swanger, J. E. Fesmire, K. M. Jumpe,r
W. L. Johnson and T. M. Tomsik. NASA KSC, Cryogenics Test
Laboratory, and NASA GRC, Cryogenics and Fluids Branch, 2017 National

Space Exploration Campaign Report
Pursuant to Section 432(b) of the NASA Transition Authorization Act
of 2017 Published September, 2018

NASA HEOMD Strategic Knowledge Gaps（*SKGs*）

Lunar Exploration Analysis Group（LEAG）, the Mars Exploration

Program Analysis Group（MEPAG）, and the Small Bodies Assessment

Group（SBAG）.

NASA Lunar Polar Prospecting Workshop: *Findings and Recommendations*

This report was prepared by Gareth Morris and George Sowers.

It was reviewed by Chris Dreyer, Angel Abbud-Madrid, Sam Lawrence,

and Clive Neal, 2018.

National Space Exploration Campaign Report

Pursuant to Section 432(b) of the NASA Transition Authorization Act

of 2017（P. L. 115-10）, September 2018

FY 2020 Exploration Technology Budget Update

NAC TI&E Committee Meeting, Exploration Technology Strategic Investments

James Reuter, Associate Administrator（Acting）for NASA STMD, April 2019

RASSOR, *the reduced gravity excavator.*

J. M. Schuler, J. D. Smith, R. P. Mueller, and A. J. Nick

NASA, Kennedy Space Center, Bionetics, 2019

NASA Gateway Memorandum for the Record: *A statement from NASA regarding*

partnerships and development of the Lunar Orbital Platform-Gateway, 2019

NASA Administrator James Bridenstine

NASA's Human Lunar Exploration Planning

Provide an overview of NASA's NextSTEP-2 Broad Agency

Announcement（BAA）, Appendix H, July 19, 2019

Cislunar and Gateway Overview

William Gerstenmaier, HEOMD AA, Jason Crusan, AES Director and Gateway Formulation Lead, NASA HQ, 2019

NASA 2020 *Technology Taxonomy*, *May*, 2019
Forward to the Moon: NASA's Strategic Plan for Lunar Exploration, Updated 6/06/2019

NASA/TP-2019-220391, *NASA Lunar Lander Reference Design*
L. D. Kennedy, Marshall Space Flight Center, Huntsville, Alabama

NASA 咨询委员会

Human Exploration and Operations Committee (HEOC) Report
N. Wayne Hale, Chair, May 28-29, 2019
NASA JPL

Regenerative Fuel Cells for Space-Rated Energy Storage
2016 Space Power Workshop
Thomas I. Valdez, Keith J. Billings, William R. Bennett,
Ian J. Jakupca, Kenneth Burke, and Mark A. Hoberecht
JPL, the NASA Glenn Research Center and the Analex Corporation

月球与行星研究所

Regolith and Local Resources to Generate Lunar Structures and Shielding,
Khalili, E. Nader, Papers Presented to the Second Symposium on Lunar
Bases and Space Activities of the 21st Century, ed. Mendell, W. W, 1988
The Geology of the South Pole of the Moon and Age of Shackleton Crater,

Paul D. Spudis, Lunar and Planetary Institute, Houston, TX, Jeffrey
Plescia, Ben Bussey, Johns Hopkins University Applied Physics
Laboratory, Laurel MD; J. -L. Josset, S. Beauvivre and the AMIE

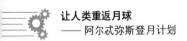

team，Space Exploration Institute and Micro-cameras & Space Exploration，Neuchatel，Switzerland，2008

A Global Lunar Landing Site Study to Provide the Scientific Context for Exploration of the Moon
Edited by David A. Kring and Daniel D. Durda，2012，Lunar and Planetary Institute，LPI Contribution No. 1694

Exploring the Moon in the 21st Century：*Themes，Goals，Objectives，Investigations，and Priorities*
Lunar Exploration Roadmap（LER），Lunar and Planetary Institute，2016

Next Steps on the Moon Specific Action Team（*NEXT-SAT*）
Lunar and Planetary Institute，Lunar Exploration Analysis Group（LEAG）
Advancing Science of the Moon Specific Action Team（ASM-SAT）Final Report
Lunar and Planetary Institute，Lunar Exploration Analysis Group（LEAG），2018

Requirement Analysis and Night Survival Concept for Lunar Landing Mission Using Fuel Cell
50th Lunar and Planetary Science Conference 2019（LPI Contrib. No. 2132）
Satishchandra C. Wani，Udit Shah，Adithya Kothandapani，Prateek Garg，Mrigank Sahai，Mannika Garg，Sunish Nair. TeamIndus - Axiom Research Labs Pvt. Ltd. Bangalore，Karnataka，India and Orbit Beyond，Inc. ，100 Menlo Park，Ste. 500. Edison，NJ. ，2019

Lunar Exploration Analysis Group Update and Community Input to the Planetary Decadal Survey Process
Brett W. Denevi，Vice Chair，LEAG
Johns Hopkins University Applied Physics Laboratory，9/2019

美国联邦航空管理局(FAA)

Commercial Human Space Flight Medical Issues

Presented at: CSTC, By: Melchor J. Antuñano, M. D., M. S.

Director, Civil Aerospace Medical Institute, 2014

火星研究所

Terrestrial Analogs for Lunar Science and Exploration: A Systematic Approach.

Pascal Lee, Mars Institute, et al. The SETI Institute, Ames Research Center,

Johnson Space Center, National Space Biomedical Research Institute, 2008

美国能源部

NASA Fuel Cell and Hydrogen Activities

Department of Energy, Ian Jakupca

Annual Merit Review, 2019

社会团体

Near Rectilinear Halo Orbits and their Application in Cis-Lunar Space

Emily M. Zimovan, Kathleen C. Howell, and Diane C. Davis

IAA-AAS-DyCoSS3-125

Introducing the Resource Prospector (RP) Mission

Daniel R. Andrews, Anthony Colaprete, Jacqueline Quinn, Donald Chavers

and Martin Picard, 2014

AIAA 2014-4378 Session: Lunar and Planetary Exploration

Stationkeeping and Transfer Trajectory Design for Spacecraft in Cislunar Space

Diane C. Davis, Sean M. Phillips, Kathleen C. Howell, Srianish Vutukuri,

and Brian P. McCarthy, AAS/AIAA, 2017

The Scientific Context for Exploration of the Moon

The National Academies Press，2007

https：//www. nap. edu/catalog/11954/the － scientific － context － for －
explorationof-the-moon

Vision and Voyages for Planetary Science in the Decade 2013-2022
The National Academies Press，2011

https：//www. nap. edu/catalog/13117/vision － and － voyages － for －
planetaryscience-in-the-decade2013-2022

美国国家研究委员会
Pathways to Exploration：*Rationales and Approaches for a U. S. Program of
Human Space Exploration.*
The National Academies Press，2014.

*NRC Review of the Planetary Science Aspects of NASA SMD's Lunar Science
and Exploration Initiative*
Committee on Astrobiology and Planetary Science，Space Studies Board
Division on Engineering and Physical Sciences
The National Academies Press，2019
https：//www. nap. edu/read/25373

阿尔忒弥斯计划承包商
The Orion Spacecraft as a Key Element in a Deep Space Gateway
A Technical Paper Presented by Lockheed Martin and the following：
Timothy Cichan，Kerry Timmons，Kathleen Coderre，Willian D. Pratt
July 2017

大学报告
Extraction of Metals and Oxygen from Lunar Soil
Yuhao Lu and Ramana G. Reddy

Department of Metallurgical and Materials Engineering
The University of Alabama, Tuscaloosa, AL, 2009

Potential ISRU of Lunar Regolith for Planetary Habitation Applications
Eric J. Faierson, Kathryn V. Logan, Virginia Polytechnic Institute
and State University, USA, 2012

A Fixed Mars In-Situ Resource Utilization Base for Accelerated Exploration
Robert L. Ash, Old Dominion University, Warren L. Dowler,
Brookings, OR, Giulio Varsi, Port Washington, NY, 11050, USA
The Political Dimension of Space Exploration; A Master Thesis
American Public University, Andreea I. Mosila, 2015

Deep Structure of the Lunar South Pole-Aitken Basin,
Peter B. James, Assistant Professor of Planetary Geophysics in
Baylor's College of Arts & Sciences. Published in the Geophysical
Research Letters, 2019

其他报告

On the Origin of Lunar Sinuous Rilles: Oberbeck, V. R., Quaide, W. L.,
and Greeley, R., Modern Geology, 1969

Comparing Structural Metals for Large Lunar Bases, Kelso, Hugh,
et al., Engineering, Construction, and Operations in Space II: Proceedings
of Space 90, ed. Johnson, Stewart W. and John P. Wetzel; New York:
American Society of Civil Engineers, 1990

Mars In-Situ Resource Utilization Based on the Reverse Water Gas Shift:
Experiments and Mission Applications
Robert Zubrin, Brian Frankie, and Tomoko Kito
Pioneer Astronautics, published by AIAA, 1997

Space weathering effects on lunar cold traps, D. H. Crider and
R. R. Vondrak. Proceedings of the Lunar and Planetary Science
Conference, page 1922, held March 12-16, 2001

Evolving Public Perceptions of Human Spaceflight in American Culture
Presented at the Thirty-Sixth History Symposium of the International
Academy of Astronautics, October, 2002, Houston, Texas, U. S. A.
Roger D. Launius, Division of Space History, National Air and
Space Museum, Smithsonian Institution, Washington, D. C. , U. S. A.

Interpreting the Moon Landings: Project Apollo and the Historians
Roger D. Launius
History and Technology: An International Journal Volume 22, 2006 - Issue 3
ISSN 0734-1512 (print)/ISSN 1477-2620 (online) © 2006 Taylor & Francis

Dynamical Systems, the Three-Body Problem and Space Mission Design,
Wang Sang Koon, CalTech, Martin W. Lo, JPL, Jerrold E. Marsden,
CalTech, Shane D. Ross, Virginia Polytechnic Institute and State Univ. , 2006

Faxing Structures to the Moon: Freeform Additive Construction System (FACS)
A. Scott Howe, , Brian Wilcox, Christopher McQuin, Julie Townsend
Richard Rieber, Martin Barmatz, John Leichty, JPL/CalTech,
AIAA 2013 Conference and Exposition.

Powering a Moon base through the lunar night
Joseph Barrett Bland, Michael Abramson, and Roger Arnold
December 14, 2015

NASA's Quest for Human Spaceflight Popular Appeal
Roger D. Launius

Social Science Quarterly, Volume 98, Number 4, December, 2017
DOI: 10. 1111/ssqu. 12473

The Global Exploration Roadmap
International Space Exploration Coordination Group (ISECG)
January 2018

Regenerative Solid Oxide Stack for Lunar and Mars Oxygen Production and Surface Energy Storage.
Precision Combustion, Inc. , Vilekar, Saurabh, Junaedi, Christian Gao, Zhan, Howard, Chris, Roychoudhury, Subir, 2018

New Glenn Payload Users Guide
NGPM-MA0001, October, 2018

Commercial Lunar Propellant Architecture: A Collaborative Study of Lunar Propellant Production, A collaborative input from some 40 individuals across 25 organizations including industry, government, and academia, 2019

互联网链接
NASA
https://www. nasa. gov/(enter the Center you want then search for the subject)

NASA 技术报告服务
https://ntrs. nasa. gov/search. jsp

NASA 技术路线图
https://www. nasa. gov/offices/oct/home/roadmaps/index. html

2020 年度 NASA 技术分类标准
https://www. nasa. gov/offices/oct/taxonomy/index. html, May, 2019

NASA 科技信息计划

https：//www. sti. nasa. gov/

NASA JPL 行星数据系统图册

https：//pds-imaging. jpl. nasa. gov/search/？q＝＊%3A＊

美国国家创新驱动概念

https：//www. nasa. gov/directorates/spacetech/niac/index. html

月球与行星研究所

https：//www. lpi. usra. edu/lunar/

LPI 数据库访问路径

https：//www. lpi. usra. edu/search/？cx＝0028034156026684413512%3Acu4craz862y&cof ＝ FORID% 3A11&q ＝ cave + research&sa ＝ Search&siteurl ＝ https%3A%2F% 2Fwww. lpi. usra. edu%2Fpublications%2Fabsearch%2F

月球轨道器图像复原项目（Lunar Orbiter Image Recovery Project，LOIRP）
2018 年 1 月 31 日，NASA 在行星数据系统制图和成像科学网站发布了月球轨道器图像恢复项目在线数据包。读者可以在这里访问由月球轨道器图像复原项目恢复的所有图像：https：//pds-imaging. jpl. nasa. gov/volumes/loirp. html。

Robotics History：Narratives and Networks Oral Histories：Brian Wilcox
https：//ieeetv. ieee. org/history/robotics－history－narratives－and－networks－oralhistories－brian-wilcox？

缩略语

ABMA   Army's Ballistic Missile Agency, 陆军弹道导弹局

ACO   announcement of collaboration opportunity 合作机会声明

AETB   alumina enhanced thermal barrier 氧化铝增强型热障材料

ACES   advanced cryogenic evolved stage 先进低温演进级

AI   artificial intelligence 人工智能

ALARA   as low as reasonably achievable 可合理达到的尽量低原则

ALHAT   autonomous landing and hazard avoidance technology 自主着陆与风险规避技术

ALSEP   Apollo Lunar surface experiments package "阿波罗" 月面实验装置

AM   additive manufacturing 增材制造

ANGSA   Apollo next-generation sample analysis "阿波罗" 下一代样本分析

ARC   Ames Research Center 艾姆斯研究中心

AR&D   automated rendezvous and docking 自动交会对接

ASI   Italian Space Agency 意大利航天局

ATK   Alliant Techsystems 阿连特科技系统公司

ATV   automated transfer vehicle 自动转运飞船

BAA   broad agency announcement 广泛机构公告

BEAM   bigelow expandable activity module 毕格罗可扩展活动舱

BFR   Big Falcon rocket 大型猎鹰火箭

BIRCHES   broadband infraRed compact high – resolution exploration spectrometer 宽带红外紧凑型高分辨率探测光谱仪

BNNT   boron nitrate nanotubes 硝酸硼纳米管

BPA   Boeing phenolic ablator 波音公司酚醛烧蚀体

BRI   Boeing rigid insulation 波音硬质绝缘材料

CMC   Community Coordinated Modeling Center 社区协调建模中心

CCDev   Commercial Crew Development Program 商业载人航天发展计划

CCP   commercial crew program 商业载人航天项目

CCtCap   commercial crew transportation capability 商业乘员运载能力

CDR   critical design review 关键性设计审查

CFM   cryogenic fluid management 低温流体管理

CH4   methane 甲烷

CLEP   China Lunar Exploration Program 中国探月工程

CLPS   commercial Lunar payload services 商业月球有效载荷服务

CLV   commercial launch vehicle 商业运载火箭

CM   crew module 载人舱

CMA   crew module adapter 载人舱适配器

CME   coronal mass ejections 日冕物质抛射

CMU   Carnegie Mellon University 卡耐基梅隆大学

CNSA   China National Space Administration 中国国家航天局

CNES   French Space Agency 法国太空局

CO   carbon monoxide 一氧化碳

CO_2 carbon dioxide 二氧化碳

COSPAR   Committee on Space Research 空间研究委员会

COTS   commercial orbital transportation services 商业轨道运输服务

CRS   commercial resupply services 商业补给服务

CS　　core stage 核心级

CST　　crew space transport（boeing）载人空间运输

CSA　　Canadian Space Agency 加拿大太空局

CSP　　commercial service providers 商业服务供应商

CuSP　　CubeSat for Solar Particles 太阳风暴立方体卫星

DCSS　　Delta cryogenic second stage "德尔塔"火箭低温第 2 级

DEC　　dual engine Centaur 双发动机"半人马"号

DLR　　German Aerospace Center 德国宇航中心

DM　　descent module,降落舱

DOD　　Department of Defense 国防部

DOE　　Department of Energy 能源部

DOI　　descent orbit insertion 降落轨道切入

DRM　　design reference mission 设计参考任务

DRO　　distant retrograde orbit 远距离逆行轨道

DSAC　　deep space atomic Clock 深空原子钟

DSM　　deep space habitat 深空栖息地

DSN　　deep space network 深空网络

DSOC　　deep space optical communications 深空光学通信

DSS　　Deployable Space Systems, Inc. 可展开空间系统公司

DSV　　deep space Vehicle 深空飞行器

ΔV　　delta velocity（m/s or km/s）速度增量

ECF　　early career faculty 从业者职业早期扶植计划

ECLS　　environmental control and life support 环境控制与生命保障系统

EDL　　entry, descent, and landing 进入,降落与着陆

ELV　　expendable launch vehicle 一次性运载火箭

EP　　electric propulsion 电推进

ESA　　European Space Agency 欧洲航天局

ESI　　early stage innovations 初始阶段创新资助

ESOC   European Space Operations Centre 欧洲太空运营中心

EUS   exploration upper stage 探索上面级

EVA   extravehicular activity 舱外活动

FPS   fission power source 裂变电源

FLT   flight laser transceiver 飞行激光收发器

FRCI   fibrous refractory composite Insulation 纤维耐火复合保温材料

FRSI   felt reusable surface insulation 毡合可重复使用表面绝缘材料

GCR   galactic cosmic rays 银河宇宙射线

GCD   game changing development 颠覆性技术开发项目

GHe   gaseous helium 氦气

GH_2 gaseous hydrogen 氢气

GMRO   granular mechanics and regolith operations 颗粒力学与风化层作业

GMT   Greenwich mean time 格林尼治标准时间

GO_2 gaseous oxygen 氧气

GPS   global positioning system 全球定位系统

GSO   geosynchronous orbit 同步轨道

GTO   geostationary or geosynchronous transfer orbit 地球同步或地球同步转移轨道

GRAIL   Gravity Recovery and Interior Laboratory（Ebb & Flow）重力回溯及内部结构实验室

GRC   Glenn Research Center 葛兰研究中心

HAT   Human Spaceflight Architecture team 人类航天体系结构团队

HD   high definition 高清晰度

HDL   high definition lidar 高清激光雷达

HDP   high-density polyethylene 高密度聚乙烯

HEO   high-earth orbit 地球高轨道

HEOMD   human exploration and operations mission directorate 人类探索与

运营任务部

HERACLES　Human-Enhanced Robotic Architecture and Capability for Lunar Exploration and Science 用于月球探测及科研的人类增强机械结构

HEU　high enriched uranium 高浓缩铀

HGTA　habitat ground test article 居住舱地面测试样机

HHP　human health and performance 人类健康与机能

HPSC　High-performance spaceflight computing（processor）高性能航天计算（处理器）

HRP　human research program 人类研究计划

HRR　human research roadmap 人类研究路线图

HTVH Ⅱ Transfer Vehicle（also called Kounotori）H-Ⅱ型运载火箭（又称"白鹳"号,由日本研发）

HZE　High atomic number（Z）Energy 高原子序数"Z"能

ICPS　interim cryogenic propulsion stage 过渡低温推进级

I-HAB　international habitation module 国际居住舱

ILC　international latex corporation 国际乳胶公司

IR　integrated review and infraRed 综合审查

IRP　integrated research plan 集成研究计划

ISECG　International Space Exploration Coordination Group 国际空间探索协调小组

Isp　secific impulse（seconds）比冲(s)

ISRO　Indian Space Research Organization 印度空间研究组织

ISRU　in-situ resource utilization 原位资源利用

ISA　Israeli Space Agency 以色列太空局

ISS　International Space Station 国际空间站

ITS　interplanetary transport system 星际运输系统

IVA　intravehicular activity 舱内活动

IVF　integrated vehicle fluids 综合火箭流体

JAXA   Japan Aerospace Exploration Agency 日本宇宙航空研究开发机构

JPL   Jet Propulsion Laboratory 喷气推进实验室

JSC   Johnson Space Center 约翰逊航天中心

KRUSTY   Kilopower Reactor Using Stirling Technology 采用斯特林技术的千瓦电源反应堆

KSC   Kennedy Space Center 肯尼迪航天中心

L1-5   Lagrange libration points 1-5 1~5 号拉格朗日点

LADEE   Lunar atmosphere and dust environment explorer 月球大气与尘埃环境探测器

LANL   Los Alamos National Laboratory 洛斯阿拉莫斯国家实验室

LaRC   Langley Research Center 兰利研究中心

LAT   Lunar Architecture Team 月球建筑团队

L-CIRiS   Lunar compact infraRed imaging system 月球小型红外成像系统

LCAM   landing camera 着陆相机

LCRD   laser communications relay demonstration 激光通信中继演示

LCH_4 liquid methane 液体甲烷

LCROSS   Lunar CRater observation and sensing satellite 月球环形山观测和感知卫星

LDEP   Lunar discovery and exploration program 月球发现与探索计划

LEA   launch, entry & abort 发射, 进入与中止

LEAG   Lunar Exploration Analysis Group 月球探索分析团队

LEL   Launch, Entry & Landing (pressure suit) 发射, 进入与着陆

LEM   Lunar excursion module 登月舱

LEO   low Earth orbit 地球低轨

LEXI   Lunar environment heliospheric X-ray imager 月球环境月光层 X 射线成像纹

LFS   low frequency spectrometer 低频光谱

LH_2 liquid hydrogen 液氢

LIDAR　　Light Detection and Ranging 光探测与测距

LIFE　　large inflatable fabric environment 大型充气织物环境

Li-ion　　lithium ion（battery）锂离子

LISTER　　Lunar Instrumentation Subsurface Thermal Exploration Rapidity 月球地热高速探测仪

LLO　　low Lunar orbit 月球低轨

LM　　lockheed Martin 洛克希德·马丁

LM　　Lunar module 登月舱

LND　　Lunar lander neutrons and dosimetry 月球着陆器中子及辐射剂量探测仪

LOLA　　Lunar orbiter laser altimeter 月球轨道激光测高仪

LOR　　Lunar orbit rendezvous 月球轨道交会

LOI　　Lunar orbit insertion 月球轨道插入

LOX　　liquid oxygen 液氧

LPDS　　Lunar payload and data service 月球有效载荷与数据服务

LPI　　Lunar and Planetary Institute 月球与行星研究所

LPR　　Lunar penetrating radar 探月雷达

LROC　　Lunar reconnaissance orbiter camera 月球勘测轨道飞行器照相机

LRV　　Lunar rover vehicle 月球巡游车

LSA　　Luxembourg Space Agency 卢森堡航天局

LuSEE　　lunar surface electromagnetics experiment 月球表面电磁环境

LunaH-Map　　Lunar polar hydrogen mapper 月球极地氢测绘仪

LV　　Launch Vehicle(s)运载火箭

MAF　　Michoud Assembly Facility 米丘德装配厂

MARA　　Matroshka AstroRad Radiation Experiment 马特罗什卡天体辐射实验

MBWG　　Moon Base Working Group（NASA Ames Research Center）月球基地工作组

MCC　　Midcourse Correction/Mission Control Center 中段修正/任务控制中心

ML　　mobile launcher 移动发射

MLI　　multi-layer insulation 多层绝缘

MMH　　monomethyl hydrazine 一甲基肼

MMRTG　　multi-mission radioisotope thermoelectric cenerator 多任务放射性同位素热电发电机

MPCV　　multi-purpose crew vehicle 多用途载人飞船

MSFC　　Marshall Space Flight Center 马绍尔太空飞行中心

MSolo　　mass spectrometer observing Lunar operation 月球观测质谱仪

MSL　　Mars Science Laboratory（Curiosity）火星科学实验室（好奇号）

MVA　　Moon Village Association 月球村协会

NAC　　NASA Advisory Council NASA 咨询委员会

NASA　　National Aeronautics and Space Administration 美国国家航空航天局

NDL　　navigation Doppler lidar 导航多普勒雷达

NEXT　　NASA evolutionary xenon thruster 新型氙离子推进器

NextSTEP　　next space technologies for exploration partnerships 下一代空间探索技术合作伙伴关系

NG　　Northrop Grumman 诺斯罗普·格鲁曼

NGIS　　Northrop Grumman Innovation Systems 诺斯罗普·格鲁曼创新系统公司

NGLR　　next generation Lunar retroreflectors 下一代月球回射器

NGLS　　next generation launch system 下一代发射系统

NIA　　National Institute of Aerospace 国家航空航天研究所

NIAC　　NASA Innovative Advanced Concepts NASA 创新发展概念计划

NIRVSS　　near infraRed volatiles spectrometer system 近红外挥发物光谱仪系统

NOAA　　National Oceanic and Atmospheric Administration 国家海洋和大气管理局

NRC　　National Research Council 国家研究委员会

NRHO　　near rectilinear halo orbit 近直线晕轨道

NSLS　　national security launch systems 国家安全发射系统

NSRL　　NASA Space Radiation Laboratory NASA 空间辐射实验室

NSTGRO　　NASA space technology graduate research opportunities NASA 空间技术研究生探索机遇项目

NSS　　neutron spectrometer system 中子谱仪系统

NTL　　NASA tournament lab NASA 竞赛实验室

NTO　　nitrogen tetroxide 四氧化二氮

N_2O　　Nitrous Oxide 氧化二氮

N_2O_4　　Nitrogen Tetroxide 四氧化二氮

OCSS　　Orion crew survival system suits 猎户座乘员生存系统套装

OCT　　NASA's Office of the Chief Technologist NASA 首席技术专家办公室

OHB　　Orbitale Hochtechnologie Bremen 不来梅轨道高科技公司

OPP　　Office of Planetary Protection 行星保护办公室

ORNL　　Oak Ridge National Laboratory 橡树岭国家实验室

PCAM　　panoramic camera 全景摄像机

PCI Precision Combustion, Inc. 精密燃烧公司

PERSEO　　PErsonal Radiation Shielding for intErplanetary missiOns 星际任务个人辐射防护

PDR　　preliminary design review 初步设计评审

PLSS　　portable life support system 可移动生命支持系统

P-n-P　　Perfluoro-normal-pentane 全氟正戊烷

POLSA　　Polish Space Agency 波兰太空局

PPE　　power and propulsion element 动力推进模块

PPIRB   Planetary Protection Independent Review Board 行星保护独立审查委员会

PSR   permanently shadowed regions 永久阴影区

PV   photovoltaic 光伏

RAC   regolith adherence characterization (Payload) 风化层黏附特性

RASSOR   regolith advanced surface systems operations robot 风化层先进表面系统操作机器人

RBO   reduced boil off 蒸发损耗减少

RCS   reaction control system 反应控制系统

RF   radio frequency 射频

RFC   regenerative fuel cell 再生燃料电池

RFI   request for information 信息请求

RHU   radioisotope heater unit 放射性同位素加热装置

RMC   Robotic Mining Competition 机器人采矿大赛

ROSA   roll out Solar array 卷轴式展开太阳能电池板

RP   Resource Prospector Rover "资源勘探者"号

RSA   Russian Space Agency 俄罗斯航天局

RTG   radioisotope thermoelectric generator 放射性同位素温差发电机

RUAG   Rüstungs Unternehmen Aktiengesellschaft 国防股份公司(德国一家军工企业)

SAT   Specific Action Team 具体行动小组

SBIR   small business innovation research 小型企业创新研究

SBTR   small business technology transfer 小型企业技术转让

SEC   single engine Centaur 单引发动机"半人马"座飞船

SELENE   The SELenological and ENgineering Explorer Spacecraft 月球科学与工程探索者号宇宙飞船

SETI   Search for Extraterrestrial Intelligence 地外文明搜寻计划

SEP   Solar electric power 太阳能电力

SEP   Solar electric propulsion 太阳能电推进

SHLLV   Super heavy lift launch vehicles 超级重型运载火箭

SKG   strategic knowledge gaps 战略知识空白

SLC   space launch complex 太空发射中心

SLIM   smart lander for investigating the Moon 智能探月着陆器

SLS   space launch system and selective laser sintering 空间发射系统/选择性激光烧结

SM service module 服务舱

SMD   science mission Directorate 科学任务理事会

SNC   sierra Nevada Corporation 内华达山脉公司

SNL   Sandia National Laboratory 桑迪亚国家实验室

SOA   state of the art 技术发展水平

SOEC   solid oxide electrolysis cell 固体氧化物电解池

SOFC   solid oxide fuel cell 固体氧化物燃料电池

SPA   South Pole Aitken（Basin）南极艾特肯（盆地）

SpaceX   Space Exploration Technologies Corporation 太空探索技术公司

SPE   Solar particle events 太阳粒子事件

SPEL   space permissible exposure limits 空间容许接触限值

SPLICE   safe & precise landing integrated capabilities evolution 安全和精确着陆综合能力演进

SRB   solid rocket booster(s) 固体火箭助推器

SSL   Space Systems Loral 劳拉空间系统公司

STEM   science, technology, engineering and mathematics 科学、技术、工程与数学

STIP   Strategic Technology Investment Plan 战略技术投资计划

STMD   Space Technology Mission Directorate 空间技术任务局

STP   Space Test Program 空间测试计划

STRG   space technology research grants 空间技术研究资助

STRI   Space Technology Research Institutes 空间技术研究所

STS   space transportation system 空间运输系统

TA   technology area 技术领域

TABS   technology area breakdown structure 技术领域细分结构

TCAM   terrain camera 地形摄像机

TDM   technology demonstration missions 技术演示任务

TEI   trans-Earth injection 跨地球注入

TPS   thermal protection system 热防护系统

TRIDENT   the regolith and ice drill for exploring new terrain 新地形风化层与冰层勘测钻头

TRL   technology readiness level 技术成熟度

TUFROC   toughened unipiece fibrous reinforced oxidationresistant composite 增韧单件纤维增强抗氧化复合材料

TX   taxonomies 分类学

UA   university of Arizona 亚利桑那大学

UAV   unmanned aerial vehicle (AKA drone) 无人驾驶飞行器

UDMH   unsymmetrical dimethylhydrazine-$H_2NN(CH_3)_2$ 偏二甲肼

UTC   Coordinated Universal Time (GMT) 世界统一时间

USGS   United States Geological Survey 美国地质调查局

USRA   Universities Space Research Association 高校空间研究协会

VNIS   Visible and Near-Infrared Imaging Spectrometer 可见和近红外成像光谱仪

WSMR   vhite sands missile range 白沙导弹发射场

xEMU   exploration extravehicular mobility unit 探索舱外活动装置

Z   Atomic number, e. g. Z=1 for hydrogen 原子序数

ZBOT   Zero Boil Off Tank 零蒸发罐

单位对照表

单位名称	符号
时间单位	
秒	s
分钟	min
小时	h
天	d
长度单位	
毫米	mm
厘米	cm
米	m
千米	km
重量单位	
克	g
千克	kg
吨	t
力学单位	kg
牛顿	N

毫牛顿	mN
千牛顿	kN
速度单位	
米每秒	m/s
千米每小时	km/h
马赫	*Ma*
功率单位	
瓦	W
千瓦	kW
毫瓦	mW
兆瓦	MW
能量单位	
电子伏特	eV
兆电子伏特	MeV
频率单位	
赫兹	Hz
千赫兹	kHz
兆赫兹	MHz
吉赫兹	GHz
信息量单位	
比特	b
兆比特	Mb
吉比特	Gb
温度单位	
摄氏度	℃
角度单位	
度	(°)

作 者 简 介

1961 年 5 月 4 日,就在艾伦·谢泼德(Alan Shepard)执行"水星–红石"3 号任务的前一天,本书作者曼弗雷德·"荷兰人"·冯·埃伦弗里德(Manfred "Dutch" von Ehrenfried)非常幸运地在兰利研究中心接受了 NASA 太空任务组的采访。当时,曼弗雷德对水星计划还知之甚少,因为他觉得自己的专业是物理学,所以未来应该在物理学相关领域工作。然而,造化弄人,毕业后他被分配到了吉恩·克兰兹(Gene Kranz)领导的飞行控制操作科,而吉恩·克兰兹后来又成了他的主管和导师。他在水星项目中的工作涉及任务规则、倒计时、操作程序以及与远程跟踪站飞行控制员的协调等方面。在刚入职的前半年,他在戈达德太空飞行中心接受飞行控制相关工作的培训,在这里他经历了"水星–大力神"4 号、"大力神"5 号任务。在此期间,他学习的业务是水星任务中心和载人太空飞行网络(包括所有远程跟踪站)之间的通信。

曼弗雷德作(附图 A. 1)为飞行控制员的第 1 次

正在执行任务的艾伦·谢泼德

339

(a)

知识链接：

　　"水星-红石"3号任务是
NASA"水星"计划的第一次载人
任务,于1961年5月5日佛罗里
达州卡纳维尔角发射,运载火箭
为红石火箭。航天器被命名为
"自由"7号,未进入地球轨道,是
一次亚轨道任务。执行此次任务
的艾伦·谢泼德成为美国历史上
第1位、人类历史上第2位进入
太空的宇航员。"水星-红石"3
号还是航天史上首次宇航员留在
载人航天器中返回地球的任务。

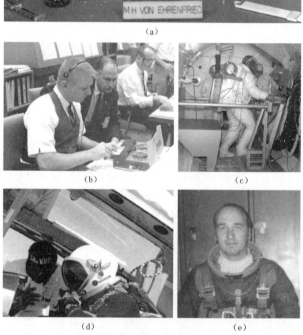

(d) (e)

附图 A.1 　(a)1961年底年轻的作者在空间任务小组中
承担飞行控制员的工作;中部左图:控制台前的作者(b);
　(c)作者正在飞行高度为载人飞行器中心的真空室中测
试尼尔·阿姆斯特朗的宇航服,真空室内气压相当于海拔高度
120千米处的气压;(d)、(e)作者穿着 RB-57F 任务所需的
A/P22S-6 全压力服(图片由 NASA 提供)

340

任务是在水星任务控制中心为"水星-大力神"6号轨道飞行行动服务,该飞行器由约翰·格伦驾驶。任务期间,曼弗雷德在吉恩·克兰兹手下学习飞行控制的操作流程。在水星任务控制中心,他还支持了卡彭特(Carpenter)、施艾拉(Schirra)和库珀(Cooper)执行的水星计划其余的载人轨道飞行任务、双子座任务模拟试验,以及由格里索姆(Grissom)和杨(Young)执行的"双子座"3号任务。

在太空任务组从兰利搬到休斯敦后,曼弗雷德又参与了"双子座"载人任务,并担任"双子座"4~7号任务的飞行控制副指挥。在1965年6月的"双子座"4号任务中,爱德华·怀特(Edward White)执行了第1次出舱活动,而同年8月发射的"双子座"5号则是一个长达1周、麻烦缠身的飞行任务。双子座6号、7号任务在1965年12月同期发射,并在太空中进行了首次交会对接。1966年,曼弗雷德成为"阿波罗"1号的导航官,在任务发生事故并终止后,成为"阿波罗"7号的任务工程师和"阿波罗"8号的候补人员。在此期间,曼弗雷德也充当了阿波罗压力服测试员,这使他有机会在高度超过12000米的真空室内进行压力服测试,其中包括对尼尔·阿姆斯特朗所穿的压力服。他还在离心机中经历了9倍地球引力加速度的过载,还乘坐过零重力飞行器。他甚至还拥有专属的阿波罗A7LB太空服。这些经历使他有机会加入地球资源飞行器计划,因此他成为第1个传感设备操作员和高海拔RB-57F任务的主管。作为一名探测器操作员,曼弗雷德通过协助实现科学家的研究目标获得了与科学家合作的经验。期间,

知识链接:

"阿波罗"1号是追溯给"阿波罗-土星"204号任务的正式名称。在1967年1月27日位于美国佛罗里达州卡纳维拉尔角的一次例行测试中,34号发射台的"土星1B"号运载火箭顶部的阿波罗指令舱突然发生大火,指令长维吉尔·格里森(Virgil Grissom)、高级驾驶员爱德华·怀特及驾驶员罗杰·查菲(Roger Chaffe)在17秒内丧生

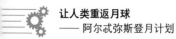

他需要穿上全套压力服,因为这些任务的飞行高度一般在 20000m 左右。

　　1970—1971 年,曼弗雷德在约翰逊航天中心担任科学需求和行动处处长。该处负责规划、协调和记录阿波罗与天空实验室的科学实验,包括阿波罗月面实验包(lunar surface experiment packages,ALSEP)以及月球和地球轨道实验。ALSEP 包括地震传感器、磁强计、光谱仪、离子探测器、热流传感器、带电粒子与宇宙射线探测器、重力仪等。月球轨道试验仪器包括"阿波罗"指令与服务舱内科学仪器模块携带的相机和其他传感器,以及在离开月球轨道前释放的粒子与场探测子卫星。这项工作还确定了宇航员在月球和月球轨道上部署这些仪器和进行实验的程序。曼弗雷德还在戈达德空间飞行中心的一个承包商那里工作了 1 年,从事地球资源技术卫星的相关工作,该卫星后来被命名为 Landsat 1。

　　曼弗雷德还在核工业领域工作了 7 年,期间他主要从事燃料循环设施和反应堆的评估工作,并将 NASA 的"任务规则"理念应用于应对这些设施的各种突发状况和威胁。他将这些经历写成了《核恐怖主义初探》(*Nuclear Terrorism-A Primer*)一书。作为外包人员,他还与 NASA 总部空间站任务分队一起工作了 10 年。

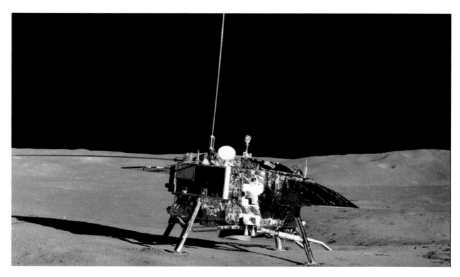

附图 10.1 从"玉兔"2 号月球巡游车的视角看"嫦娥"4 号着陆器

（图片由中国探月工程及中国国家航天局提供）

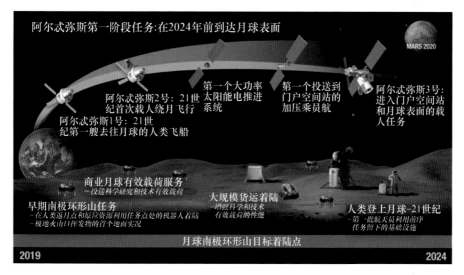

阿尔忒弥斯第一阶段任务:在2024年前到达月球表面

MARS 2020

第一个大功率太阳能电推进系统

第一个投送到门户空间站的加压乘员航

阿尔忒弥斯2号：21世纪首次载人绕月飞行

阿尔忒弥斯3号：进入门户空间站和月球表面的载人任务

阿尔忒弥斯1号：21世纪第一艘去往月球的人类飞船

商业月球有效载荷服务
－投送科学研究和技术有效载荷

大规模货运着陆
－增强科学和技术有效载荷的性能

早期南极环形山任务
－在人类返月落点和原位资源利用任务点处的机器人着陆
－极地火山口挥发物的首个地面实况

人类登上月球-21世纪
－第一批航天员利用前序任务留下的基础设施

月球南极环形山目标着陆点

2019 2024

图 2.1 "阿尔忒弥斯"载人登月计划第一阶段：

到 2024 年着陆月球表面(图片由 NASA 提供)

阿尔忒弥斯1号

NASA的猎户座飞船和SLS火箭的首次无人集成飞行测试，从现代化的肯尼迪航天中心发射

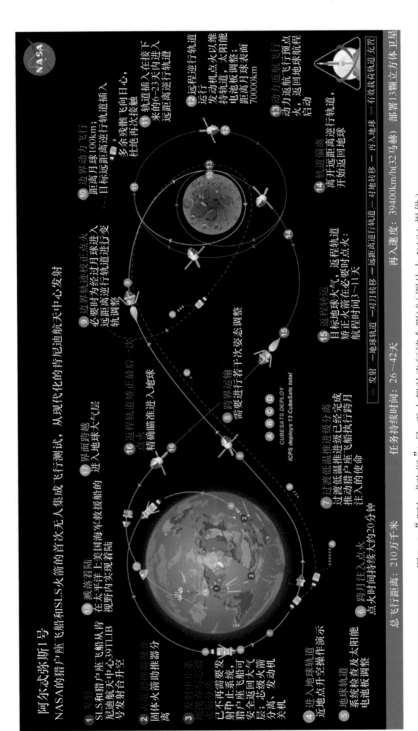

图 2.2 "阿尔忒弥斯" 1号: 无人驾驶飞行综合测试 (图片由 NASA 提供)

彩 2

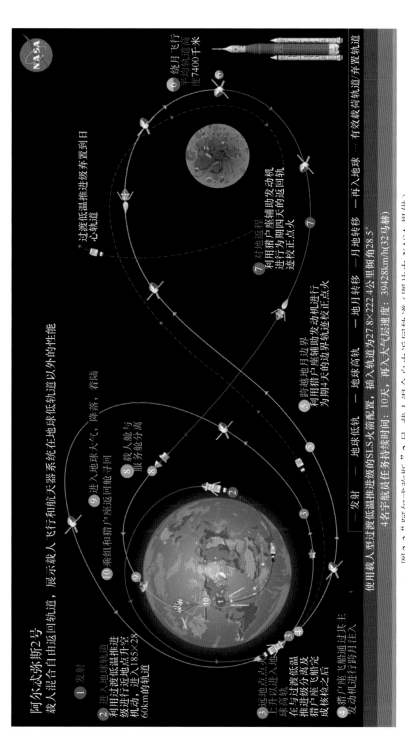

图 2.3 "阿尔忒弥斯" 2 号：载人混合自由返回轨道（图片由 NASA 提供）

彩 3

图 3.4　水平集成装配厂中的载人龙飞船 1 号样机

（图片由 NASA 与 SpaceX 提供）

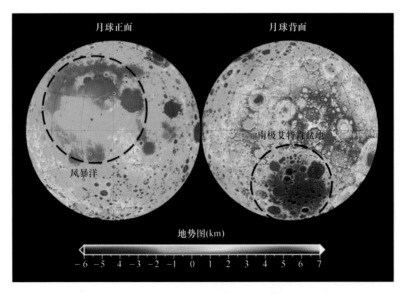

图 3.14　月球正面和背面的地貌图

注:对风暴洋(Procellarum)和南极艾特肯盆地进行了标注(图片由 NASA 及月球勘探者号提供,图片链接 Fig3.4)

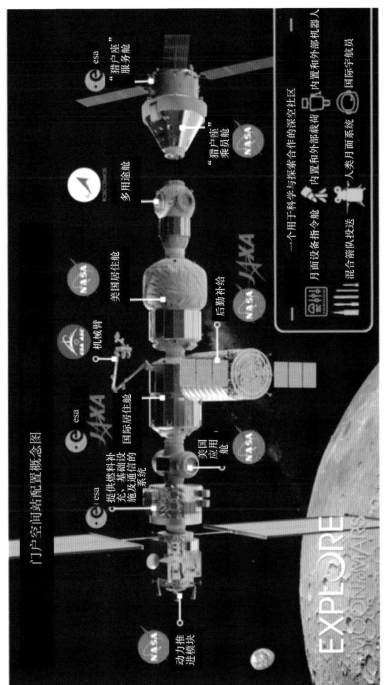

图4.11 "门户空间站国际舱结构示意（图片由NASA提供）

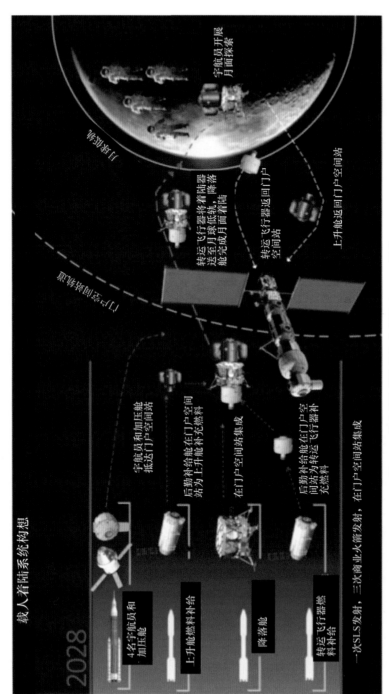

图4.14 载人着陆系统的构建(图片由NASA提供)

图 5.10　在月球表面装备 xEMU 的宇航员(图片由 NASA 提供)

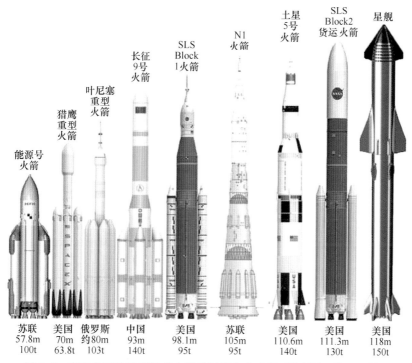

图 6.5　来自各国的重型运载火箭及运载能力参数(图片源于维基百科)

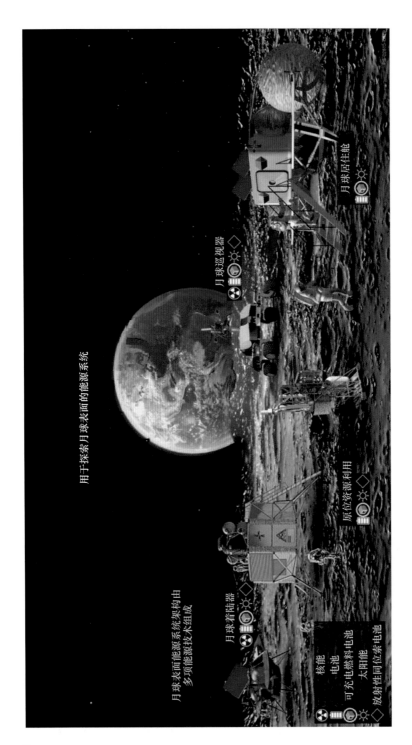

图7.9 用于月球探测的能源系统。月球基地由许多月球车和单元组成，它们将协同工作以支持长期月球探索（图片源自美国能源部）